教育部面向21世纪信息管理与信息系统系列教材

计算机组成原理

杨　楠　付虹蛟　柴云鹏／编著

中国人民大学出版社
· 北京 ·

教育部面向21世纪信息管理与信息系统系列教材
编委会

内容简介

计算机专业的教学包括算法、程序和系统三个方面。《计算机组成原理》是计算机系统方面重要的基础课程。随着计算架构和计算资源不断多样化，软件与硬件协同设计的深度和广度不断扩展，系统方面的教学对于计算机专业的教学显得越来越重要。良好的上层算法和程序设计必须依赖对底层硬件系统的深入了解，甚至必须和系统进行紧密的结合。

本教材的编写特点是综合考虑了现有教材的一些问题，考虑到计算机技术发展快的特点，根据学生学习一些基本概念的难点，从以下几个方面加强了对教材内容的修改：(1) 增加趣味性，在介绍基本概念和原理的同时，增加计算机的文化知识介绍，包括一些历史人物和历史事件的介绍；(2) 加强内容的及时性，教材增加了计算机发展的一些新技术，如多核、闪存、移动平台、传感技术等内容；(3) 强调实验的重要性，重要的基本概念和原理通过相关的实验加强理解，培养学生对实验的动手能力。

总　序

自 1997 年教育部调整专业目录以来，新组成的“信息管理与信息系统”专业得到了非常迅速的发展。据统计，设置这个专业的高等学校已经接近 500 所。随着信息化建设的进一步深化，社会各界对于信息管理人才的需求越来越多，要求越来越高。特别是电子商务和电子政务的兴起、物流管理的发展以及首席信息官（CIO）的出现，使得这种需求的增长趋势更为引人注目。这表明，“信息管理与信息系统”作为管理科学的一个重要分支，不但没有由于某些泡沫的破灭而销声匿迹，而且还健康地、稳步地、越来越快地向前发展。培养这方面的专业人才已经成为信息时代不可缺少的一个重要方面。

当初由 5 个分别来自工学、管理学等不同门类的学科，组成“信息管理与信息系统”这个新学科的时候，曾有不少同志对之表示过疑虑：这些背景不同、来源不同的学科能够形成一个有确定内涵、有统一培养目标和学科体系的新学科吗？几年来的事实已经给出了肯定的回答。信息化建设的实践已经表明，信息技术的巨大潜力只有同各行各业的具体业务紧密地、有机地结合在一起，才能充分地发挥出来。它与商业，特别是营销活动的有机结合，派生出了越来越广泛的电子商务；它与政府工作的具体实际相结合，引出了方兴未艾的电子政务，如此等等。现代信息技术这支“利箭”，必须切实瞄准各行各业的业务需求这个“的”，做到“有的放矢”，才能真正发挥作用。现代信息技术造就了“利箭”本身，但是并没有回答如何做到“有的放矢”的问题。正因为如此，近 20 年来，许多学校苦于没有合适的教材，而只是简单地用计算机专业的部分教材，加上管理专业的若干教材，形成了所谓“拼盘式”的教学方案，并没有实现交叉与融合的初衷。出现这种情况的原因，在于我们对信息管理的内涵与实质还没有深入理解。简单地把“矢”和“的”罗列出来，还没有达到“有的放矢”的高度。要做到“有的放矢”，必须认真地研究和认识人们做事的规律。这就是美国著名学者赫伯特·西蒙提倡的“关于人为事物的科学”，也正是我国著名学者许国志先生提倡的“事理学”。具体到教材来说，要求我们针对“有的放矢”的要求，编写具有本专业特色的，真正能够回答如何做到“有的放矢”的教材。这种教材的立足点在于如何在各行各业用好信息技术，而不是信息技术本身，与介绍“矢”本身的教材是有根本区别的。这就是我们组织编写这套教材的出发点。

从 20 多年的实践中，我们深深地体会到信息管理与信息系统这个新专业具有的特点：综合性、实践性、新颖性。从传统的学科分类体系看，这个专业确实有点“不三不四，非驴非马”，然而这正是它的特色与生命力所在。它在实践中的发展非常迅速，以致人们常常困惑于新名词、新概念的层出不穷，然而，这也正是它与社会实践相互促进、相互影响的具体表现。当今时代（包括技术与社会）确实变化太快，理论研究与学科建设不得不追着实践跑步前进。这也许可以为这 20 多年来一直困扰着这个专业的种种议论和非议，找到一点根源和缘由。

当然，这并不等于为理论研究的不足找借口，也不等于这个专业根本就没有理论，或者不需要理论思维。恰恰相反，实践的源头活水为人类深入认识和掌握“事理学”的规律提供了持续不断的推动力和取之不尽的营养和素材。我们相信，以信息化建设的伟大实践为背景和基础，信息管理与信息系统这个专业一定会继续迅速健康地成长，逐步走向成熟和完善，最终成为人类知识宝库中一个有机的、不可缺少的一部分。

基于上述认识，我们对于“信息管理与信息系统”专业教材的理解，就和一般的专业有所不同。在内容的选择上，我们把视野放得比较宽。作为综合性、交叉性、实践性非常突出的一个学科，开阔学生的眼界是非常重要的。我们的信条是：“不是给学生金条，而是给学生点金的手指；不是给学生将来要用的具体知识，而是为学生终身的主动学习打好基础。”具体地说，对于现代信息技术的各个领域，让学生对将来可能用到的“利箭”有广泛的了解；对于当今社会应用信息技术比较广泛的各个领域，让学生对于目标，即“的”有所了解和准备；对于科学的认识论和方法论，是为学生如何做到“有的放矢”做准备的。因此，我们考虑了从计算机、通信等基本技术到信息安全、数据挖掘等一系列课程。其次，我们考虑了企业的信息管理、电子商务、电子政务以及物流管理等方面的内容。再次，主要是系统科学的内容。简单地说，就是这三个方面构成了我们这个学科的三大支柱。

与此相关，本套教材的另一个特殊的地方就是它的使用方法。我们绝不是认为任何一个学校的“信息管理与信息系统”专业，包括我们自己学校的这一专业，都必须开设这里列出的所有课程。我们认为，各学校必须根据自己的具体情况和环境，有重点、有选择地设计符合自己学校的教学计划。教育是实事求是的、需要因势利导的艺术。教条和僵化与培养创新型人才是水火不相容的。我们希望尽可能地为各位老师，提供充分的选择余地，而不是设置新的条条框框。

另外，需要说明的是有关教学方法。从前面的说明很自然地引出，我们的教学方法必须简明扼要、突出实践。每门课程的时间短一些，开设的课程多一些，少讲一点，多练一点。所谓突出实践，包括两个方面，直接联系社会实践，充分利用实验条件。在有条件的课程和章节，尽可能地为学生创造直接接触和了解最新的社会实践的机会。同时，大力建设实验室，为学生动手提供现代技术（包括教育技术）支持的平台和环境。关于这方面，我们正在准备另外一套课程和教材。

总之，这个学科是相当年轻的，相当不成熟的。我们编写这套教材，并不是表明我们已经有了完全成熟的想法，而是为了总结已有的认识，与同行共勉和交流，共同推动这个学科的发展。因此，我们真诚地期待着同行和社会各界的批评意见，因为，只有通过集思广益、互相切磋，才能逐步形成比较成熟的、新的学科体系，这是人类认识发展的规律，也是任何新学科成长的必由之路。

中国人民大学　信息学院

陈禹

2005 年 5 月 29 日　于北京

前　言

随着信息时代的到来和高新技术的进步，计算机技术已经普遍应用到了社会的各个领域，因此，了解和掌握计算机技术是当代大学生必须具备的基本知识。计算机系统是计算机领域的核心方向，是计算机程序设计的基础，是算法和应用实现的平台。本书将全面介绍计算机的各个组成部件的工作原理和实现技术，有助于读者深入理解上层软件如何在硬件系统上执行的详细过程，进而对软件的效率、安全等问题能有深刻的认识。

尽管目前已经有很多《计算组成原理》的相关教材，但我们在长期的实际教学过程中仍发现一些不尽如人意之处，因此本教材的编写过程中，我们注重对于计算机组成原理的教学引入以下三方面新的特色：

（1）新颖性：计算机技术的发展非常迅速，教材必须加快更新的频率，不断引入最新的技术。因此我们在处理器一章增加了多核技术的介绍，在存储相关章节中增加了对闪存、NVRAM、PCM 等新兴存储技术的讲解。

（2）整体性：计算机专业各门课程不是孤立的，而是紧密相关的。因此本教材从内容上整合了数字电路和汇编语言课程中的一些基础知识，一方面让读者能有自上而下的整体视角，可以全面了解程序从汇编语言层次一直到底层逻辑门电路的执行过程，另一方面也有助于为计算机专业不断涌现的新课程提供空间。

（3）文化性：作为一个充满活力的行业，计算机技术的发展过程中包括很多相关的历史和文化方面的因素，因此本书还添加了很多计算机技术、计算机产业的发展历史中的文化知识和历史事实，让学生了解计算机技术对于整个人类社会发展起到的重要影响。

此外，为加强对本课程的深入理解，本书的教学过程还配有相关的实验课程，内容涵盖简单的逻辑电路设计到复杂的模型 CPU 设计，采用先进的 EDA 实验系统，基于设计软件 Quartus 和 FGPA 的硬件电路，完成指定题目的设计和下载。本书可作为计算机技术相关专业的大专和本科教学的教师用书和学生参考用书。

本教材共分为 8 章。第一章介绍计算机的发展历史和相关基本概念。第二章介绍数字逻辑基础和计算机的基本逻辑电路。第三章介绍各类信息在计算机中的表示和计算方法。第四章介绍计算机存储器系统中的主存储器。第五章介绍计算机的汇编语言和指令系统。第六章介绍CPU工作原理，包括计算机执行指令的过程和实现方法。第七章介绍辅助存储器，主要包括硬盘存储原理和闪存工作原理。第八章介绍I/O系统，包括I/O接口及工作原理、总线、外部设备。

本教材第一章、第四章、第五章、第七章由柴云鹏编写，第二章、第三章由付虹蛟编写，第六章、第八章由杨楠编写。

由于作者水平有限，书中难免存在错误之处，欢迎读者批评指正。

目　录

第一章

计算机系统概论

一般来说，计算机学科可以分为人工智能（artificial intelligence）、编程语言（programming language）、系统（systems）和理论（theory）四个大的研究方向。计算机系统是其中最大的方向，包括的内容非常多，比如体系结构、操作系统、分布式系统、并行计算、数据库、存储、网络等很多具体的方向。计算机系统的发展决定了计算机行业及整个人类社会有什么样的计算机可用，因此一直是计算机科学中的核心学科。

计算机系统学科在早期（从20世纪40年代开始），主要目的是制造出可用的计算机，越来越快、越来越强的计算机。后来，从20世纪80年代开始迎来大发展，先是迅速普及的个人电脑，然后90年代后期开始普及互联网，最近几年智能手机和移动计算发展也非常迅速，可以说计算机设备和互联网络已经在社会上逐渐普及。计算机系统的大发展，给信息的传递构造了一个非常庞大、便捷的平台。可以说，计算机系统的大发展，极大地推动了其他计算机学科（例如，人工智能、多媒体）的发展，也推动了很多相关产业（从IT设备生产、软件公司、互联网公司，甚至到出版、电子商务、互联网金融等）的进步。

展望未来，以大数据、云计算为代表的计算机系统领域新技术的出现，对整个人类社会都将会产生非常大的影响，可以说，计算机系统已经成为人类社会进步的一大推动力，正如航海技术进步推动大航海和新大陆的发现，蒸汽机推动工业革命和社会生产力的极大提升一样。因此，学习计算机系统知识，可以让大家至少能够了解这个领域的过去、现在和未来的发展趋势，跟上时代的潮流。

1.1　计算机系统的发展

1.1.1　计算机的发展历史

在追溯计算机发展历史的时候，一般都会从20世纪40年代的第二次世界大战期间开始研发的第一台电子计算机ENIAC开始讲起。但实际上，计算机的思想早在几千年前就开始在人类社会中出现和发展，并以一些初级和逐步进化的形态对人类的进步做出了巨大的贡献，而电子计算机只是这种思想的一种高级实现，所以我们可以将眼光放得更长远一些，回溯到古代发明的存储和计算工具。

1. 结绳记事、算盘

结绳记事是文字发明前人们所使用的一种记事方法，如图1—1所示，在一条绳子上打结，用以记事。上古时期的中国及秘鲁印第安人皆有此习惯，即使到了近代，一些没有文字的民族，也仍然采用结绳记事来记录信息。

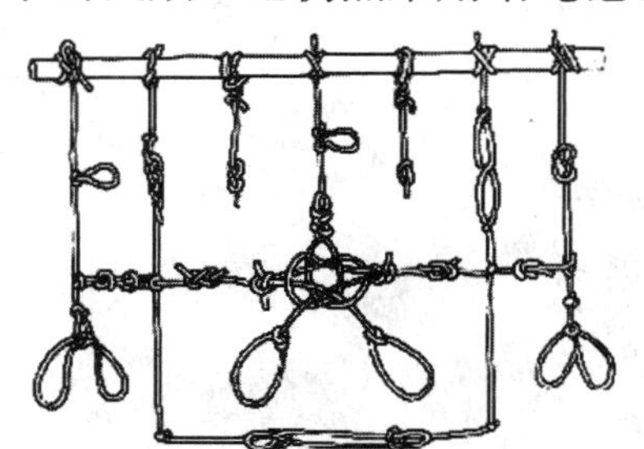

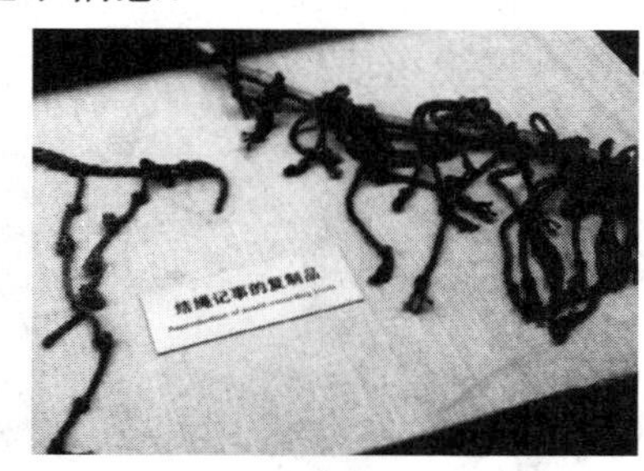

图1—1　结绳记事

结绳记事可以看作人类在大脑之外存储信息的一种原始方式，从本质上讲，与近年来计算机用来存储和记录的功能是一致的。

在计算方面，人类历史上也出现了一些经典的工具，例如中国古代流传至今的算盘，以及古罗马的算盘，如图1—2所示。

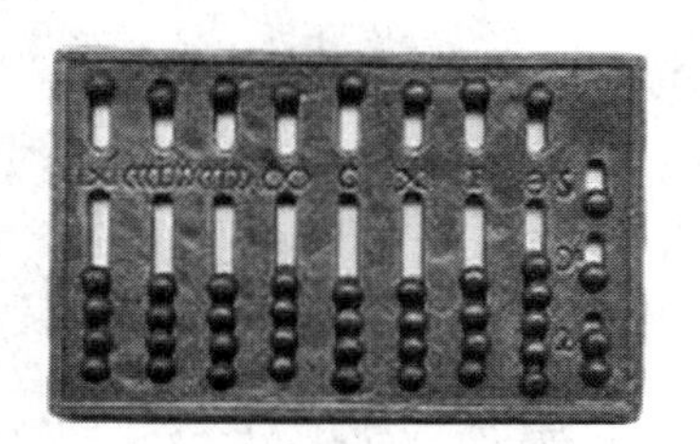

图1—2　中国和古罗马的算盘

2. 机械式计算机

随着科学技术的发展，商业、航海和天文学等都提出了许多复杂的计算问题，很多人都关心和参与到新式计算工具的设计当中。到了17世纪，计算设备有了相对于算盘这种简单工具的第二次重要进步。1642年，法国著名数学家和物理学家帕斯卡（Pascal，1623—1662）发明了世界上第一台机械式加法器，称为Pascalene，它解决了自动进位这一关键问题，如图1—3所示。

图1—3　帕斯卡和他发明的机械式加法器

1674年，德国著名数学家和哲学家莱布尼茨（Leibniz，1646—1716）设计并完成了自动乘法计算机，如图1—4所示。莱布尼茨不仅发明了手动的可进行完整四则运算的通用计算机（设计手稿如图1—5所示），还提出了“可以用机械替代人进行烦琐重复的计算工作”这一重要思想。

图1—4　莱布尼茨和他发明的自动乘法计算机

图1—5　莱布尼茨设计四则运算计算机的手稿

莱布尼茨发明的乘法计算机约有 1 米长，内部安装了一系列齿轮机构，其基本原理继承于帕斯卡。不过，莱布尼茨为计算机增添了一种名叫“步进轮”的装置。步进轮是一个有 9 个齿的长圆柱体，9 个齿依次分布于圆柱表面；旁边另有个小齿轮可以沿着轴向移动，以便逐次与步进轮啮合。每当小齿轮转动一圈，步进轮可根据它与小齿轮啮合的齿数，分别转动 1/10 圈、2/10 圈、…，直到 9/10 圈，这样一来，它就能够连续重复地做加法运算。

18 世纪末，法国数学界调集大批数学家，组成了人工计算的流水线，经过长期的努力，终于完成了 17 卷《数学用表》的编制工作。但是，手工计算出的数据出现了大量错误。这件事情强烈刺激了英国剑桥大学的科学家巴贝奇（C. Babbage），他从 20 岁开始着手计算机的研制工作。他的第一个目标是差分机，所谓“差分”，就是把函数表的复杂算式转化为差分运算，用简单的加法代替平方运算，快速编制不同函数的数学用表。

经过 10 年的努力，到 1822 年，巴贝奇终于完成了第一台差分机，它有 3 个寄存器，每个寄存器有 6 个部分，每个部分有一个字轮。它可以编制平方表和一些其他的表格，还能计算多项式的加法，运算的精确度达 6 位小数，如图 1—6 所示。

图 1—6　巴贝奇和他发明的差分机

巴贝奇的差分机主要用于计算导航表，但他发现差分机还只是专门用途的机器，于是开始设计包含现代计算机基本组成部分的分析机（analytical engine）。1834 年，巴贝奇完成了分析机的设计方案，它在差分机的基础上做了较大的改进，不仅可以进行算术运算，还可以完成逻辑运算。分析机的设计已具有现代计算机的概念。

可是，限于当时的机械制作工艺水平，所研制的部件精度不够；再加上在研制过程中，巴贝奇不断地修改设计方案，引起工程人员的不满，以致纷纷离开研制小组，因此，工作进展缓慢。10 年过去了，巴贝奇只完成了“分析机”的一部分，可政府资助的 1.7 万英镑经费早已用完，巴贝奇自己还花费了 1.3 万英镑。巴贝奇希望政府予以进一步的资助，可政府认为这是在造一部“吃英镑”的机器，因此不予资助。巴贝奇毫无办法，只好中断研制工作。半成品的分析机连同它的全部图纸，被送至伦敦的皇家学院博物馆保存。1991 年，为纪念巴贝奇诞辰 200 周年，伦敦科学博物馆制作了完整的分析机，它包含 4 000 多个零件，重达 2.5 吨。

研究科学史的专家认为，巴贝奇设计出的差分机和分析机，为现代电子计算机的诞生扫除了许多理论上的障碍，为现代计算机设计思想的发展奠定了重要基础。

3. 机电式计算机

1938 年，德国科学家楚泽（Zuse）成功制造了第一台二进制 Z-1 型计算机，此后他又研制了其他 Z 系列计算机。其中 Z-3 型是世界上第一台通用程序控制的机电式数字计算机，它不仅全部采用继电器，同时采用了浮点记数法、带数字存储地址的指令形式等，如图 1—7 所示。Z-3 是第一台可编程的电子计算机，可处理 7 位指数、14 位小数，使用了大量的真空管。每秒钟能作 3～4 次加法运算，一次乘法运算需要 3～5 秒。

图 1—7　楚泽和他发明的 Z-3 计算机

4 年以后，楚泽又制造出 Z-3 的改进版 Z-4。二战后，他把这项技术卖给苏黎世工业大学。楚泽的公司共生产过 250 台计算机，后来他的公司被西门子收购。很可惜，西门子公司对这项技术没有给予足够的重视，美国的 IBM 公司则后来者居上，成为计算机业的老大。

1944 年，在 IBM 公司的赞助下，美国科学家艾肯（Aiken，1900—1973）研制成功了第一台机电式计算机，它被命名为自动顺序控制计算器 MARK-I，如图 1—8 所示。MARK-I 当时价值 50 万美元，重达 5 吨，核心是 71 个循环寄存器，包括 3 000 多

图 1—8　艾肯与他发明的 MARK-I 和 MARK-III

个由电机驱动的继电器，加法计算仅需 0.3 秒，乘法 6 秒，除法 11.4 秒，用于计算弹道和编制射击表，也曾在曼哈顿计划中计算原子弹的相关问题。MARK-I 实际上工作到 1958 年才退休。

1947 年，艾肯又研制出了运算速度更快的机电式计算机 MARK-Ⅱ。1949 年，由于当时电子管技术已经取得了重大进步，因此艾肯研制出了采用电子管的计算机 MARK-Ⅲ，MARK-Ⅲ还曾登上过《时代周刊》（*TIME*）的封面。

值得一提的是，艾肯于 1946 年在哈佛大学创立了计算实验室，缔造了哈佛的计算机学科，培养了一系列人才，包括图灵奖和计算机先驱奖获得者“IBM 360 之父”布鲁克斯、1979 年图灵奖获得者“APL 之父”艾弗逊、1994 年获得计算机先驱奖的荷兰学者勃洛夫。此外，艾肯的同事郝柏（Grace Hopper）发明了编程语言 COBOL，设计了第一个高级语言的编译器，发现了世界上第一个 Bug，被誉为“计算机业有史以来最杰出的女性”，如图 1—9 所示。

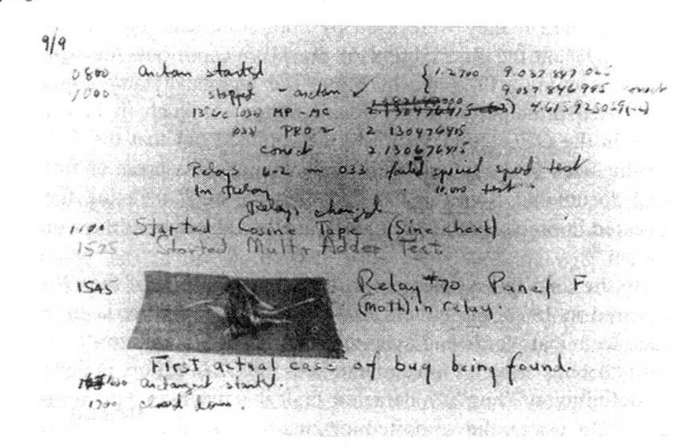

图 1—9　郝柏和她的编程手稿

4. 电子计算机

电子计算机的发展经历了 4 代。

（1）第一代：电子管计算机（1945—1956 年）。

1904 年弗莱明在真空中加热的电丝（灯丝）前加了一块板极，从而发明了第一只电子管，他把这种装有两个极的电子管称为二极管。弗莱明为此获得了这项发明的专利权。人类第一只电子管的诞生，标志着世界从此进入了电子时代。弗莱明的二极管是一项崭新的发明，它在实验室中工作得非常好，但它实际用于检波器上时却很不成功，还不如同时发明的矿石检波器可靠。因此，它对当时无线电技术的发展没有产生什么冲击。

此后不久，贫困潦倒的美国发明家德福雷斯特，在二极管的灯丝和板极之间巧妙地加了一个栅板，从而发明了第一只真空三极管。这一小小的改动竟带来了意想不到的结果。它不仅反应更为灵敏，能够发出音乐或声音的振动，而且集检波、放大和振荡三种功能于一体。因此，许多人都将三极管的发明看作电子工业真正诞生的起点。

德福雷斯特自己也非常惊喜，认为“我发现了一个看不见的空中帝国”。

1946年2月14日，世界上第一台通用电子计算机ENIAC（electronic numerical integrator and computer）在美国宾夕法尼亚大学诞生，主要的设计者为美国科学家John Mauchly和J. Presper Eckert。ENIAC用了18 000个电子管、1 500个继电器，重30吨，占地170平方米，功率140kw，每秒可以计算5 000次加法。ENIAC建造的目的是取代人工来计算导弹弹道，其计算速度相当于手工计算的20万倍、机电式计算机的1 000倍。但是，ENIAC体积庞大，并且属于程序外插型，使用起来并不方便。计算机运算几分钟或几小时，需要用几小时到几天来编制程序，它的存储容量也太小，尚未完全具备现代计算机的主要特征。

在ENIAC研制工作的后期，冯·诺依曼也参与了其中的工作。由于ENIAC的程序外插式结构使I/O成为系统瓶颈，无法充分发挥高速计算的优势，Mauchly、Eckert等人从1943年开始设计新型的存储程序式计算机的方案，冯·诺依曼于1944年加入他们的设计工作中，设计出一套全新的存储程序式计算机EDVAC（electronic discrete variable automatic computer）的方案。该方案采用了存储程序的体系结构，即在计算机内置的内存中存储程序，可以避免人工输入的瓶颈，显著提高计算速度。这个方案中的计算机包括运算器、控制器、存储器、输入设备、输出设备五大部件，到目前为止，这种存储程序的计算机体系结构仍然是电子计算机设计的基础。英国剑桥大学于1949年最先研制成了世界上第一台用电子延迟存储的程序内存电子计算机EDSAC（electronic delay storage automatic calculator）。而更早设计的EDVAC几经周折，在1952年终于研制成功。

在EDVAC的设计期间，冯·诺依曼以个人署名于1945年率先发表了一篇论文“First Draft of a Report on the EDVAC”，介绍了尚未完成的EDVAC的设计。随后图灵也于1945年发表了一篇更具体的报告“Proposed Electronic Calculator”，设计了一种存储程序式的自动计算引擎，图灵的报告引用了冯·诺依曼之前发表的论文。后来EDVAC的主要设计者Eckert和Mauchly合作申请了一项专利以保护这种存储程序式计算机的体系结构，这种结构下，程序和数据存储在内存的同一个地址空间中。但由于冯·诺依曼的论文过早发表，专利申请被驳回。冯·诺依曼的论文影响了很多人以及后续计算机的设计工作，也使这种体系结构经常被称作“冯·诺依曼结构”，但其行为也引起了很大的争议。

在电子管计算机时期（1945—1956年），计算机采用电子管作为基本电子元器件，体积大、耗电量大、寿命短、可靠性低、成本高。在这个时期，没有系统软件，用机器语言和汇编语言编程。计算机只能在少数尖端领域中得到运用，主要用于科学、军事和财务等方面的计算。主存储器是决定计算机技术性能的主要因素。当时，主存储器有水银延迟线存储器、阴极射线示波管静电存储器、磁鼓和磁芯存储器等类型，通常按此对计算机进行分类。一些计算机配置了汇编语言和子程序库，用于科学计算的高级语言 FORTRAN 崭露头角。

（2）第二代：晶体管计算机（1956—1963 年）。

晶体管是半导体做成的固体电子元件，体积比电子管小很多，而且工作更加稳定。19 世纪末，半导体材料被发现，二战期间，半导体在军事上发挥了重要作用，很多科学家都投身到半导体的深入研究中。美国物理学家肖克利、巴丁和布拉顿三人捷足先登，合作发明了晶体管——一种三个支点的半导体固体元件。晶体管被人们称为“三条腿的魔术师”。它的发明是电子技术史上具有划时代意义的伟大事件，它开创了一个崭新的时代——固体电子技术时代。他们三人也因研究半导体及发现晶体管效应而共同获得了 1956 年的诺贝尔物理学奖。

1956 年，晶体管在计算机中得以使用，它和磁芯存储器导致了第二代计算机的产生。第二代计算机体积小、速度快、功耗低、性能更稳定。在晶体管计算机时期（1956—1963 年），主存储器均采用磁芯存储器，磁鼓和磁盘开始用作主要的辅助存储器。不仅科学计算用计算机继续发展，而且中、小型计算机，特别是廉价的小型数据处理开始用计算机大量生产。1960 年，出现了一些成功应用于商业领域、大学和政府部门的第二代计算机。

在晶体管计算机阶段，事务处理的 COBOL 语言、科学计算机使用的 ALGOL 语言以及符号处理用的 LISP 等高级语言开始进入实用阶段。操作系统初步成型，使计算机的使用方式由手工操作改变为自动作业管理。

（3）第三代：集成电路计算机（1963—1971 年）。

最初的电子管和晶体管等元件都是零散地放在电路板上，通过导线连成电路，直到 1952 年英国的达默（Geoffrey Dummer）首先提出了集成电路的设计思想。1958 年，美国得州仪器公司的工程师基尔比（Kilby）发明了集成电路，将各种电子元件结合到一片小小的硅片上，第一块集成电路（integrated circuit，IC）出现了。后来更多的元件集成到单一的半导体芯片上，计算机变得更小、功耗更低、速度更快。

1963 年起，在集成电路计算机发展的同时，计算机也进入了产品系列化的发展时期。半导体存储器逐步取代了磁芯存储器的主存储器地位，磁盘成了不可缺少的辅助存储器，并且开始普遍采用虚拟存储技术。随着各种半导体只读存储器和可改写的只读存储器的迅速发展，以及微程序技术的发展和应用，计算机系统中开始出现固件子系统。

进入集成电路计算机发展时期以后，在计算机中形成了相当大规模的软件子系统，高级语言种类进一步增加，操作系统日趋完善，具备了批量处理、分时处理、实时处理等多种功能。数据库管理系统、通信处理程序、网络软件等也不断增添到软件子系统中。软件子系统的功能不断增强，明显地改变了计算机的使用属性，使用效率也显著提高。

（4）第四代：超大规模集成电路计算机（1971 年至今）。

20 世纪 70 年代以后，计算机用集成电路的集成度迅速从中小规模发展到大规模、超大规模的水平。到了 20 世纪 80 年代，超大规模集成电路（VLSI）在单个硬币大小的芯片上容纳了几十万个电子元件，后来的巨大规模集成电路（ULSI）将这个数字扩充到百万级。而最新的芯片可以集成十亿级别的逻辑单元。

在这种情况下，微处理器和微型计算机应运而生，各类计算机的性能迅速提高。随着字长 4 位、8 位、16 位、32 位和 64 位的微型计算机的相继问世和广泛应用，对小型计算机、通用计算机和专用计算机的需求量也相应增长了。1981 年，IBM 推出了个人计算机，用于家庭、办公室和学校。1984 年，苹果公司推出 Macintosh 系列个人计算机，提供了友好的图形界面，用户可以用鼠标方便地操作。

综上所述，计算机器件从电子管，逐步发展到晶体管、集成电路、超大规模集成电路，计算机整机也呈现体积越来越小、性能越来越高的发展趋势。电子计算机的发展历程如图 1—10 所示。

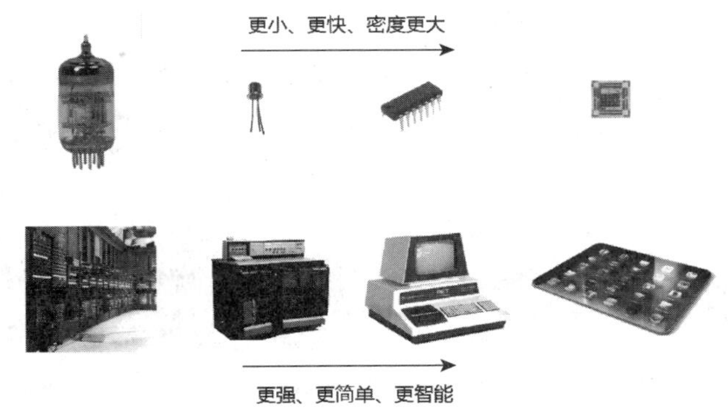

图 1—10　电子计算机的发展

5. 我国的计算机发展道路

自从 1946 年世界上第一台数字电子计算机在美国诞生以来，我国与计算机最邻近领域的数学和物理界的泰斗、世界数学大师华罗庚教授和中国原子能事业的奠基人钱三强教授，就十分关注这一新技术如何在国内发展。从 1951 年起，他们先后聚集国内外相近领域的人才加入计算机事业的行列中（研究地址在当时他们领导的中国科学院数学所和物理所）。

1956 年 3 月，中国代表团参加了在莫斯科主办的“计算技术发展道路”国际会议。随后在制定的 12 年规划中确定中国要研制自己的计算机，并批准中国科学院成立计算技术、半导体、电子学及自动化四个研究所，北京大学、清华大学也相应成立了计算数学专业和计算机专业。

在前苏联专家的帮助下，中国科学院计算技术研究所研制了中国第一台数字电子计算机103机（定点32二进制位，每秒2 500次），在1958年交付使用。103机如图1—11所示。随后中国第一台大型数字电子计算机104机（浮点40二进制位，每秒1万次）在1959年也交付使用，其中包括了磁芯存储器。中国第一个自行设计的编译系统在1961年试验成功（Fortran型）。

图1—11　我国自主研制的第一台计算机——103机

1964年，中科院计算技术研究所自行设计的119机（通用浮点44二进制位，每秒5万次）也交付使用。这是第一台中国自行设计的电子管大型通用计算机，也是世界上最快的电子管计算机。由于当时美国等国家已经进入晶体管计算机时代，因此并不能说明中国水平高。

为了发展我国“两弹一星”工程，1967年我国自行设计了一台专为“两弹一星”服务的计算机——109丙机并交付使用。这台计算机的使用时间长达15年，被誉为“功勋计算机”，是中国第一台具有分时、中断系统和管理程序的计算机，同时中国第一个自行设计的管理程序就是在其上建立的。

虽然我国自行设计研制了多种型号的计算机，但运算速度一直未能突破百万次大关。直到1973年，北京大学等单位联合研制的集成电路计算机150（通用浮点48二进制位，每秒1百万次）的问世，使我国拥有了第一台自行设计的百万次集成电路计算机，也是中国第一台配有多道程序和自行设计的操作系统的计算机。该操作系统由北京大学教授杨芙清领衔开发，这也是国内第一个自行设计的操作系统。

1983年，“银河Ⅰ号”巨型计算机研制成功，运算速度达每秒1亿次，这是我国高速计算机研制的一个重要里程碑。“银河Ⅰ号”巨型计算机如图 1—12 所示。

图 1—12 “银河Ⅰ号”巨型计算机

1992 年，国防科技大学研制了银河-Ⅱ通用并行巨型机，峰值速度达每秒 4 亿次浮点运算（相当于每秒 10 亿次基本运算操作），这是一个共享主存储器的四处理机向量机，其向量中央处理机是采用中小规模集成电路自行设计的，总体上达到了 20 世纪 80 年代中后期国际先进水平。1994 年，银河计算机Ⅱ型在国家气象局正式投入运行，用于天气中期预报。

1995 年，曙光 1000 大型机通过鉴定，其峰值可达每秒 25 亿次。曙光 1000 与美国 Intel 公司 1990 年推出的大规模并行机体系结构与实现技术相近，与先进国家的差距缩小到 5 年左右。

2000 年，我国自行研制成功高性能计算机“神威Ⅰ”，其主要技术指标和性能达到国际先进水平。我国成为继美国、日本之后世界上第三个具备研制高性能计算机能力的国家。2001 年，中科院计算所研制成功我国第一款通用 CPU——“龙芯”芯片。

2009 年 10 月 29 日，中国首台千万亿次超级计算机“天河一号”诞生。这台计算机每秒 1 206 万亿次的峰值速度和每秒 563.1 万亿次的 Linpack 实测性能，使中国成为继美国之后世界上第二个能够研制千万亿次超级计算机的国家。

2010 年 5 月 31 日，曙光公司和中科院共同研制的曙光“星云”以 Linpack 值 1 271 万亿次，在第 35 届全球超级计算机五百强排名中列第二位。2010 年 11 月 15 日，经过一年全面的系统升级后，“天河一号”在第 36 届全球超级计算机五百强排名中夺魁。升级后的“天河一号”实测运算速度可达每秒 2 570 万亿次。后续的“天河二号”则在世界上最快计算机的排名中取得三连冠，在 2014 年 6 月的测试中，“天河二号”每秒可以完成超过 33 千万亿次浮点运算，成绩是第二名的近 2 倍。“天河二号”超级计算机如图 1—13 所示。

图 1—13　“天河二号”超级计算机

回顾整个计算机的发展史，可以得出两点主要结论：一是计算机不是凭空产生的，也不是一蹴而就的，而是经历了上千年的逐步演进，才发展到今天的电子计算机；二是在整个计算机发展历史中，演进的速度是逐渐加快的，尤其是电子计算机出现之后，从 20 世纪 80 年代开始进入了指数级的发展速度，即符合摩尔定律，性能每 18 个月翻一番。所以计算机目前绝不仅仅是一个计算和记录的工具，而是对整个人类社会的方方面面已经产生或将要产生重要影响的技术。

计算机科学领域代表性人物

图灵

阿兰·麦席森·图灵（Alan Mathison Turing，1912—1954），英国数学家、逻辑学家，被称为“计算机科学之父”、“人工智能之父”。1931 年图灵进入剑桥大学国王学院，毕业后到美国普林斯顿大学攻读博士学位，二战爆发后回到剑桥，后曾协助军方破解德国的著名密码系统 Enigma，帮助盟军取得了二战的胜利。

图灵是计算机逻辑的奠基者，许多人工智能的重要方法也源自这位伟大的科学家。他对计算机的重要贡献在于有限状态自动机也就是图灵机的概念的提出，对于人工智能，他提出了重要的衡量标准“图灵测试”，如果有机器能够通过图灵测试，它就是一个完全意义上的智能机，和人没有区别了。他杰出的贡献使他成为计算机界的第一人，现在人们为了纪念这位伟大的科学家，将计算机界的最高奖定名为“图灵奖”。上中学时，他在科学方面的才能就已经显示出来了，这种才能仅仅限于非文科的学科上，他的导师希望这位聪明的孩子也能够在历史和文学上有所成就，但是他在这些方面都没有太大的建树。少年图灵感兴趣的是数学等学科。在加拿大他开始了他的职业数学生涯，在大学期间这位学生似乎对前人现

成的理论并不感兴趣，什么东西都要自己研究。大学毕业后，他前往美国普林斯顿大学，也正是在那里，他制造出了后来称为图灵机的东西。图灵机被公认为现代计算机的原型，这台机器可以读入一系列的0和1，这些数字代表了解决某一问题所需要的步骤，按这个步骤走下去，就可以解决某一特定的问题。这种观念在当时是具有革命性意义的，因为在20世纪50年代，大部分的计算机还只能解决某一特定问题，不是通用的，而图灵机从理论上却是通用机。在图灵看来，这台机器只需要保留一些最简单的指令，一个复杂的工作只需要把它分解为这几个最简单的操作就可以实现了，在当时他能够具有这样的思想确实是很了不起的。他相信有一个算法可以解决大部分问题，而困难的部分则是如何确定最简单的指令集，怎样的指令集才是最少的，而且又能够用，还有一个难点是如何将复杂问题分解为这些指令能解决的简单问题。

1936年，图灵向伦敦权威的数学杂志投了一篇论文，题为《论数字计算在决断难题中的应用》。在这篇开创性的论文中，图灵给"可计算性"下了一个严格的数学定义，并提出了著名的"图灵机"（Turing Machine）的设想。"图灵机"不是一种具体的机器，而是一种思想模型，可制造一种十分简单但运算能力极强的计算装置，用来计算所有能想象到的可计算函数。"图灵机"与"冯·诺依曼机"齐名，被永远载入计算机的发展史册。1950年10月，图灵又发表了另一篇题为《机器能思考吗?》的论文，成为划时代之作。也正是这篇文章，为图灵赢得了"人工智能之父"的桂冠。

图灵奖是国际计算机协会（ACM）于1966年设立的，又叫"ACM图灵奖"，专门奖励那些对计算机事业作出重要贡献的个人。这个奖设立的目的之一是纪念阿兰·图灵这位科学家。获奖者的贡献必须是在计算机领域具有持久而重大的技术先进性。大多数获奖者是计算机科学家。

图灵奖是计算机界最负盛名的奖项，有"计算机界诺贝尔奖"之称。图灵奖对获奖者的要求极高，评奖程序也极严，一般每年只奖励一名计算机科学家，只有极少数年度有两名以上在同一方向上做出贡献的科学家同时获奖。

每年，美国计算机协会都要求提名人推荐本年度的图灵奖候选人，并附加一份200～500字的文章，说明被提名者为什么应获此奖，任何人都可成为提名人。美国计算机协会将组成评选委员会对被提名者进行严格的评审，并最终确定当年的获奖者。

冯·诺依曼

冯·诺依曼（John von Neumann，1903—1957），20世纪最重要的数学家之一，在现代计算机、博弈论和核武器等诸多领域内有杰出建树的最伟大的科学全才之一，被称为"计算机之父"和"博弈论之父"。

他原籍匈牙利，是布达佩斯大学数学博士，先后执教于柏林大学和汉堡大学。1930年前往美国，后入美国籍。历任普林斯顿大学、普林斯顿高级研究所教授，美国原子能委员会会员，美国全国科学院院士。他早期以算子理论、量子理论、集合论等方面的研究闻名，开创了冯·诺依曼代数。第二次世界大战期间他为第一颗原子弹的研制作出了贡献；为研制电子数学计算机提供了基础性的方案。1944年他与摩根斯特恩（Oskar Morgenstern）合著了《博弈论与经济行为》，该书是博弈论学科的奠基性著作。晚年，他研究自动机理论，著有对人脑和计算机系统进行精确分析的著作《计算机与人脑》。

他的主要著作有《量子力学的数学基础》（1926）、《计算机与人脑》（1958）、《经典力学的算子方法》、《博弈论与经济行为》（1944）、《连续几何》（1960）等。

1.1.2　计算机系统相关产业

1. 计算机的分类

历史上，人们按照计算机的性能和体积，将计算机分为巨型机、大型机、中型机、小型机和微型机。但随着20世纪80年代以来个人计算机的迅速发展，微型机已经成为当今计算机的主流标准，无论是服务器还是个人计算机，基本都是微型机，因此这种划分标准也成为历史。取而代之的是，人们更习惯将计算机分为超级计算机、服务器、桌面计算机、嵌入式计算机。

（1）超级计算机。

在科学研究、气象预报等很多领域，对计算机能力的追求实际上是永无止境的。因此，从计算机诞生开始到现在，科学家们一直在努力提高单个计算机系统的计算能力极限。世界上第一台计算机ENIAC每秒可以执行5 000次加法，而截至2014年6月，世界上最快的计算机是中国的“天河二号”，每秒可以完成超过33千万亿次浮点运算。

每年的6月和11月，TOP 500组织会排出世界上最快的500个计算机系统，具体可以查看网站www.top500.org。由国防科技大学研制并落户国家超级计算广州中心的“天河二号”超级计算机，连续第三次排名榜首。美国能源部下属橡树岭国家实验室的“泰坦”则连续三次屈居亚军，其浮点运算速度为每秒17.59Pflop/s（千万亿次）。美国劳伦斯-利弗莫尔国家实验室的“红杉”以17.17 Pflop/s、日本理化研究所的“京”以10.51 Pflop/s、美国阿尔贡国家实验室的“米拉”以8.59 Pflop/s分别位列第三名到第五名。目前TOP 500的超级计算机中，一大半都是由微机构成的集群（cluster）。也就是说，超级计算机领域实际上也逐渐被微型机所占领。

（2）服务器。

服务器市场对计算机的要求，最重要的不是性能和价格，主要是可靠性。表1—1

是各种企业应用在服务器停机的情况下，每小时的经济损失。由表1—1可见，服务器系统停机所带来的损失可能远远超过服务器本身的成本，所以企业愿意在服务器上投入很多预算，来换取服务器稳定性上的一点点提升。这也就说明，为什么以银行为代表的很多企业到今天也不使用X86架构的服务器，而仍然在使用不太通用的、性能不太突出、价格非常昂贵的IBM小型机，甚至大型机，其原因就是小型机和大型机能够提供更高的稳定性。这些机型和PC服务器完全不通用，相对而言主要的优点是高I/O吞吐率和RAS（reliability，availability，serviceability，即高可靠性、高可用性、高服务性）；但同时也非常昂贵。但是由于其在稳定性上的显著优势以及技术惯性，在短期内还很难被完全替代。

表1—1　　服务器停机带来的经济损失

应用	每小时的经济损失（千美元）
经纪人业务	6 450
信用卡核查	2 600
货运服务	150
家庭购物频道	113
目录销售中心	90
航空预定中心	89
手机服务激活	41
网络在线费用	25
ATM服务费	14

例如IBM的大型机有S/390，中型机有AS/400，小型机有RS/6000、S/390，运行z/OS或者Linux/390操作系统。AS/400主要应用在银行和制造业；RS/6000比较常见，用于科学计算、事务处理。相对于PC，大型机和小型机在技术上还有很多领先的地方，而且积累了很多行业应用，很多非关系数据库/Cobol程序之类没法移植，这成为它们吃老本的资本。

除了最重要的可靠性外，服务器市场对计算机的要求主要在于可扩展性和高效的吞吐量。因为服务器要面对大量用户，而且用户数量的增长可能会非常迅速（这一点在一些新兴的互联网公司尤其显著），服务器所承担的压力越来越大。不仅需要单个服务器能够在单位时间内为用户提供更多的数据，即高效的吞吐量，而且要求系统能够通过增加更多服务器硬件资源或节点的方式，在不降低效率的前提下支撑更多用户的访问，即具有可扩展性。

（3）桌面计算机。

桌面计算机主要指个人用户的办公或娱乐用途的计算机，包括台式机、笔记本电脑、超极本等。与服务器市场的要求不同，桌面计算机主要面向个人用户，因此是对性价比要求最为苛刻和敏感的产品。这也是整个计算机市场中销售额最大的市场。这个领域占统治地位的是 Intel 公司，它推出的各种 CPU，再加上少量的 AMD 公司的 CPU，基本上垄断了整个桌面计算机的 CPU 市场。相对而言，生产整机的厂家只是这个领域的下游产业，利润率远远低于 Intel，尤其是台式机整机产品，利润率非常低，这也是 IBM 公司很早就将 PC 部门整体卖给联想的原因。

（4）嵌入式计算机。

嵌入式计算机实际上就是专用计算机，一般是针对某个特定领域而专门设计的计算机。所以嵌入式计算机与它所要解决的问题密切相关，设计也千差万别。不过一般意义上，嵌入式计算机都追求实时性、小体积、低功耗和轻量级。比如打印机、扫描仪、数码相机等产品中的嵌入式计算机只需要满足该设备所要求的几项简单任务，因此无论是硬件还是软件，相对于标准计算机来说都少了很多，这样能够达到更小的体积、更低的功耗、更快的处理速度和更低的成本。不过嵌入式计算机也包括一些高性能的计算机，比如互联网上的枢纽设备“路由器”也是一种嵌入式计算机，但核心路由器的价格比一般的服务器要高出许多。

近年来，嵌入式计算机发展最迅速的类型是智能手机和平板电脑，由于轻便、节能等方面的苛刻要求，在桌面计算机领域占据垄断地位的 Intel 在这个领域并不十分擅长，而是呈现多极化的趋势，很多嵌入式 CPU（例如 ARM）都占有较大市场。

2. 计算机产业的发展

伴随着计算机技术的不断进步，计算机产业也随之获得高速发展的机会，成为目前世界上增长最快、影响最大的产业之一。同时，计算机工业界也通过商业行为，反过来对计算机技术的进步起到了巨大的推动作用。

下面粗略地将计算机产业的发展分为四个阶段来介绍，它们分别是早期计算机时代（从计算机诞生到 20 世纪 70 年代）、个人计算机和通用操作系统时代（从 20 世纪 70 年代到 20 世纪 90 年代）、互联网时代（20 世纪 90 年代至今）和移动计算时代（2007 年至今）。这几个时代之间彼此有交集，并不是严格的切分，但是这样的划分有助于理解每个时代的主旋律。

（1）早期计算机时代。

第一台真正意义的计算机 ENIAC 于 1946 年诞生，但计算机领域的一些公司在此之前就成立了：IBM 公司于 1924 年成立，创始人为老托马斯·沃森，后来公司在他的儿子小托马斯·沃森的率领下开创了计算机时代。HP 公司于 1939 年成立，创始人是斯坦福大学的两位毕业生威廉·休利特及戴维·帕卡德，HP 这个名字正是两人名字的缩写。从车库起家并大获成功的 HP 公司刺激了很多后来创业的公司，包括苹果公司。

早期计算机时代进行的都是计算机行业的开创性工作，那时计算机的能力还比较弱，但是相对于人工和之前的计算机器，已经有了跨时代的进步。由于早期计算机体积都非常庞大，造价也非常高，一般只有政府部门、科研机构以及大型企业才能够承担得起。小托马斯·沃森就曾经说过："全世界只需要5台计算机就足够了"，这正是那个时代人们对计算机技术的预期。

下面是这个时代的一些标志性事件：

1935年：IBM推出IBM 601机。这是一台能在一秒钟内算出乘法的穿孔卡片计算机。这台机器无论在自然科学还是在商业应用上都具有重要的地位，大约制造了1 500台。

1950年：日本东京帝国大学的Yoshiro Nakamats发明了软磁盘，其销售权由IBM公司获得。由此开创了存储时代的新纪元。

1951年：第一台商用计算机系统UNIVAC-1诞生，设计者是J. Presper Eckert和John Mauchly。它被美国人口普查部门用于人口普查，标志着计算机进入了商业应用时代。

1953年：磁芯存储器被开发出来。

1954年：IBM的John Backus和他的研究小组开始开发FORTRAN（FORmula TRANslation），FORTRAN于1957年完成。这是一种适合科学研究使用的计算机高级语言。

1957年：IBM成功开发了第一台点阵式打印机。

1960年：第一个结构化程序设计语言ALGOL推出。

1963年：DEC公司推出第一台小型计算机PDP-8。

1964年：IBM发布IBM 360，这是世界上首套系列兼容机，对计算机行业影响深远。

1965年：摩尔定律发表，处理器的晶体管数量每18个月增加一倍，价格下降一半。

1965年：Thomas E. Kurtz和John Kemeny完成了BASIC（Beginner's All-purpose Symbolic Instruction Code）语言的开发。它特别适合计算机教育和初学者使用，得以广泛推广。

1965年：Douglas Englebart提出了鼠标器的设想，但没有进一步研究，直到1983年才被苹果电脑公司大量采用。

1967年：Niklaus Wirth开始开发PASCAL语言，并在1971年完成。

1969年：IBM宣布将产品明确区分为硬件和软件，真正意义的软件行业诞生。

（2）个人计算机和通用操作系统时代。

早期计算机只有少数机构才能配备，但是随着集成电路按照摩尔定律呈现指数级增长，小小的芯片上可以集成比以往大型计算机还复杂的逻辑单元，因此以CPU芯片作为主驱动力的微型计算机开始登上历史舞台，并逐渐成为计算机领域的主流，计算机产业进入了个人计算机时代；同时软件方面，以Unix和微软的DOS、Windows为代表的操作系统成为计算机中最为重要的软件平台。

在这个时代，站在历史前沿的主要企业包括Intel、微软、IBM和苹果等。历史上的大事件包括：

1968 年：Robert Noyce 和他的几个朋友创办了 Intel 公司。

1969 年：第一个通用操作系统在贝尔实验室开发成功。

1970 年：第一块 RAM 芯片由 Intel 推出，容量为 1KB。

1970 年：Ken Thomson 和 Dennis Ritchie 开始开发 UNIX 操作系统。

1971 年 11 月 15 日：Marcian E. Hoff 在 Intel 公司成功开发了第一块微处理器 4004，它包含 2 300 个晶体管，字长为 4 位，时钟频率为 108KHz，每秒执行 6 万条指令。

1972 年：C 语言开发完成。其主要设计者是 UNIX 系统的开发者之一 Dennis Ritche。这是一种非常强大的语言，特别受人喜爱。

1974 年 4 月 1 日：Intel 发布其 8 位微处理器芯片 8080。

1975 年：贝尔·盖茨和保罗·艾伦创办 Microsoft 公司。3 年后就收入 50 万美元，员工增加到 15 人。1992 年达 28 亿美元，1 万名雇员。1981 年 Microsoft 为 IBM 的 PC 机开发操作系统，从此奠定了其在计算机软件领域的领导地位。

1976 年：史蒂芬·沃兹尼亚克和史蒂夫·乔布斯创办苹果计算机公司，并推出其 Apple 计算机。

1977 年 6 月：Larry Ellison 与 Bob Miner 和 Ed Oates 在硅谷共同创办了一家名为软件开发实验室（software development laboratories，SDL）的计算机公司，即 Oracle 公司的前身。

1978 年 6 月 8 日：Intel 发布其 16 位微处理器 8086。1979 年 6 月又推出准 16 位的 8088 来满足市场对低价处理器的需要，并被 IBM 的第一代 PC 机所采用。该处理器的时钟频率为 4.77MHz 、8MHz 和 10MHz，大约有 300 条指令，集成了 29 000 个晶体管。

1979 年：IBM 公司看到个人计算机市场被苹果等电脑公司占有，决定开发自己的个人计算机。为了尽快推出自己的产品，IBM 将大量工作交给第三方来完成（其中微软公司就承担了操作系统的开发工作，这同时也为微软后来的崛起奠定了基础），于 1981 年 8 月 12 日推出了 IBM-PC 机。

1981 年：施乐公司开始致力于图形用户界面、图标、菜单和定位设备（如鼠标）的研制。结果研究成果为苹果所借鉴，而苹果电脑公司后来又指控微软剽窃了它们的设计，开发了 Windows 系列软件。

1981 年 8 月 12 日：MS-DOS 1.0 和 PC-DOS 1.0 发布。Microsoft 受 IBM 的委托开发 DOS 操作系统，他们从 Tim Paterson 那里购买了一个叫 86-DOS 的程序并加以改进。由 IBM 销售的版本叫 PC-DOS，由 Microsoft 销售的版本叫 MS-DOS。Microsoft 与 IBM 的合作一直到 1991 年的 DOS 5.0 为止。最初的 DOS 1.0 非常简陋，每张盘上只有一个根目录，不支持子目录，直到 1983 年 3 月的 2.0 版才有所改观。

1982 年 2 月：Intel80286 发布，时钟频率提高到 20MHz ，增加了保护模式，可访问 16MB 内存，支持 1GB 以上的虚拟内存，每秒执行 270 万条指令，集成了 13.4 万个晶体管。

1985 年：Philips 和 Sony 合作推出 CD-ROM 驱动器。

1992 年：Windows NT 发布，可寻址 2GB 内存。

1993 年 3 月 22 日：Intel 的 Pentium 发布，该处理器集成了 300 多万个晶体管，早期版本的核心频率为 60MHz～66MHz，每秒钟执行 1 亿条指令。

1998 年 6 月 25 日：Microsoft 公司发布 Windows 98 操作系统。

（3）互联网时代。

随着个人计算机的逐渐普及，社会上通过网络将计算机连接起来的意愿越来越强烈。1970 年，Internet 的雏形 ARPANet 基本完成，开始向非军用部门开放。哈佛大学 Bob Metcalfe 的博士论文首先提出了以太网的概念。他的概念在 Xerox 公司的 PARC 的 Alto 计算机上进行了测试，第一个以太网叫做 Alto Aloha System。1982 年，基于 TCP/IP 协议的 Internet 初具规模。1989 年，欧洲物理粒子研究所的 Tim Berners-Lee 创立了万维网（World Wide Web）的雏形。通过超文本链接，新手也可以轻松上网浏览。这大大促进了 Internet 的发展。到 20 世纪 90 年代中期，互联网产业迎来了大发展，其对社会各行各业及人们生活的影响非常巨大。互联网时代的大事件包括：

1994 年：Netscape 1.0 浏览器发布。

1994 年：社区开始直接连入 Internet（美国马萨诸塞州的 Lexington 和 Cambridge 社区）。美国参议院和美国众议院开始提供信息服务，购物中心也开始提供网上服务。

1994 年 4 月：Yahoo! 的两位创始人大卫·费罗和杨致远，系美国斯坦福大学电机工程系的博士生，建立了自己的网络指南信息库，他们将其命名为“Jerry 万维网指南”。到 1994 年秋季，它的访问量已首次突破 100 万人次。1995 年，杨致远和费罗根据斯威福特所著的《格列佛游记》中的野兽将其网站命名为雅虎（Yahoo!）。

1995 年 8 月 9 日：一些网络行业的公司上市，Netscape 为其中的佼佼者，它成为纳斯达克 IPO 价值第三高的公司。

1995 年：WWW 浏览器之间的战争爆发，主要是在 Netscape 和 Microsoft 之间展开，这开创了软件开发的新时代。

1998 年：Google（谷歌）创始人 Larry Page 和 Sergey Brin 在斯坦福大学的学生宿舍内共同开发了全新的在线搜索引擎，此后成长为全球最大的搜索引擎公司。

2004 年 2 月：Mark Zuckerberg 在哈佛大学宿舍中发布了 Facebook。

此外，从 20 世纪 90 年代后期开始，中国的互联网行业也进入高速发展阶段，涌现出了搜狐、新浪、网易、百度、腾讯、阿里巴巴等一些至今仍然非常活跃的互联网公司。

（4）移动计算时代。

在互联网时代，技术发展的速度进一步加快了。从 2007 年 iPhone 发布开始，智能手机在短短几年内就超过了传统PC机，成为接入互联网的最主要的终端，因此也对互联网产生了巨大的影响。目前，智能手机领域已经形成苹果的iOS、Google的Android和微软的WinPhone三大手机操作系统平台（不过WinPhone的市场份额不断萎缩，前途未卜）；PC机和手机全都包括在内，在全球的浏览器市场形成了微软的IE、Google的Chrome和苹果的Safari三大浏览器竞争的局面。而且移动计算的发展还远没有结束，智能手表、眼镜等下一代可穿戴计算设备正在大规模进入市场。移动计算时代的大事件包括：

2007年1月9日：史蒂夫·乔布斯在Macworld上首度推出iPhone，将移动电话、可触摸宽屏iPod，以及桌面级电子邮件、网页浏览、搜索和地图等互联网功能完美地融合在一起。iPhone的出现彻底改变了智能手机市场的格局。

2007年11月：Google公司宣布推出基于Linux平台的开源手机操作系统Android，而且和几十个手机制造厂商成立了开放手机联盟，成为Apple的iPhone和iOS操作系统最大的竞争对手。

2008年9月：美国运营商T-Mobile在纽约正式发布第一款Android手机——T-Mobile G1。

2012年6月：我国手机网民规模达到3.88亿，网民中用手机接入互联网的用户占比已达到72.2%，首次超过PC机，成为我国网民的第一大上网终端。互联网产业中，面向以智能手机为代表的移动设备开发应用的价值，已经达到甚至超过在PC机上使用浏览器接入互联网的方式。

截至2014年3月31日，全球IT企业市值排名前20名的企业如表1—14所示。这些公司可以分为以下几类：

表1—2　　2014年第一季度全球IT企业市值排名前20位

排名	季度排名升降	IT企业	2014年3月31日市值（亿美元）	2014年3月31日股价（亿美元）	2013年12月31日股价（亿美元）	季度涨幅
1	0	苹果	4 787.7	536.74	557.68	−3.75%
2	0	谷歌	3 745.3	1 114.51	1 120.71	−0.55%
3	0	微软	3 402.5	40.99	37.13	10.40%
4	0	三星电子	2 079.8	1 343 000	1 372 000	−2.11%
5	0	IBM	2 004.5	192.49	186.55	3.18%
6	1	甲骨文	1 824.1	40.91	38.14	7.26%
7	−1	亚马逊	1 544.8	336.37	398.79	−15.65%
8	0	Facebook	1 536.0	60.24	54.65	10.23%
9	1	高通	1 333.6	78.86	73.9	6.71%
10	2	腾讯	1 297.6	538.27	493.47	9.08%
11	−2	英特尔	1 283.5	25.81	25.71	0.39%
12	−1	思科	1 154.7	22.23	22.07	0.72%
13	1	台积电	1 038.2	20.02	17.44	14.79%

续前表

排名	季度排名升降	IT 企业	2014 年 3 月 31 日市值（亿美元）	2014 年 3 月 31 日股价（亿美元）	2013 年 12 月 31 日股价（亿美元）	季度涨幅
14	−1	SAP	970.6	81.31	87.14	−6.69%
15	0	eBay	715.2	55.24	54.87	0.67%
16	0	塔塔咨询	697.1	2 133.15	2 168.19	−1.62%
17	1	Priceline	621.5	1 191.89	1 162.4	2.54%
18	1	惠普	613.3	32.36	27.85	16.19%
19	2	EMC	555.2	27.41	24.96	9.82%
20	−3	百度	533.4	152.27	177.88	−14.40%
21	1	得州仪器	511.3	47.16	43.6	8.17%
22	−2	埃森哲	507.0	79.72	82.22	−3.04%
23	重返榜单	VMware	470.3	108.02	89.71	20.41%
24	1	爱立信	430.7	13.33	12.24	8.91%
25	−2	ASML	411.6	93.36	93.7	−0.36%

1）平台公司。

平台公司包括苹果、谷歌、微软，这三家公司在手机、移动设备、PC 机的操作系统、浏览器和应用商店等平台性软件方面占有绝对的优势。它们也是 IT 领域最强势和最有价值的企业。

2）高技术含量产品主要供应商。

这些企业一般具有较长的历史，在技术上积累了很大优势，其产品具有很高的技术含量和市场份额，在自己的领域具备很大的优势，甚至占据垄断地位。包括甲骨文（数据库）、思科（网络设备）、英特尔（桌面和服务器市场的 CPU）、EMC（存储设备）、HP（服务器）和高通（通讯产品、手机 CPU）等。

3）电子商务企业。

电子商务企业包括亚马逊、eBay、淘宝、京东等。

4）互联网企业。

相对于其他公司，互联网企业都比较年轻，但发展速度很快，包括 Facebook、阿里巴巴、腾讯、百度等。

5）综合性公司。

历史较长，产品比较丰富，在多个市场都有一定优势，典型的如 IBM 和三星等。

1.2 理解计算机系统

1.2.1 从高级语言到硬件执行

本节将从一个非常简单的 C 语言程序入手，逐层深入到计算机系统内部，探索一下高级语言的源代码是如何在计算机的硬件上获得真正执行的。这个 C 语言程序仅在屏幕上打印“hello，world!”一行文字，其源代码为：

```
#include <stdio.h>

int main() {
  printf(“hello, world! \n”);
}
```

1. 信息的存储和传输格式

上述 C 语言源程序 hello. c 一般是由程序员通过编辑器创建并保持的文本文件，文本文件中的字符在计算机中是以 ASCII 码的形式来表示的，每个字符用一个 0～255 的数字来表示，在计算机中占用一个字节（每个字节固定为 8 个二进制位）。例如，字符“#”的 ASCII 码为 35（十进制数字），字符“i”的 ASCII 码为 105。按照这样的规则，hello. c 在计算机中保存的形式如下所示：

```
 #     i     n     c     l    u    d    e   <sp>      <    s    t    d    i    o    .
 35    105   110   99    108  117  100  101  32       60   115  116  100  105  111  46
 h     >     \n    \n    i    n    t   <sp>           m    a    i    n    (    )    {    \n
 104   62    10    10    105  110  116  32            109  97   105  110  40   41   123  10
<sp>  <sp>  <sp>  <sp>   p    r    i    n     t       f    (    “    h    e    l    l    o    ,
 32    32    32    32    112  114  104  110   116     102  40   34   104  101  108  108  111  44
<sp>   w     o     r     l    d    !    \     n       “    )    ;    \n   }
 32    119   111   114   108  100  33   92    110     34   41   59   10   125
```

当然，ASCII 码主要用来表示文本文件，以便文本可以在屏幕或打印机上以人们熟悉的形式表示出来。计算机中其他的文件基本都是二进制文件，即直接用二进制的 0、1 串来表示信息，包括磁盘文件、存储器中的程序、存储器中存放的用户数据，以及网络上传输的数据。但是不同类型的二进制文件（一般用不同的后缀表示，C 语言的源代码用. c 后缀，普通文本文件可以用. txt 后缀）的解析规则是不同的。例如，hello. c 属于一种文本文件，因此每个字节对应一个 ASCII 码；而可执行程序文件中，若干个二进制字节可能对应某一条计算机硬件可以识别的指令，指挥计算机硬件执行某些操作。

2. 从高级语言源代码到可执行程序文件生成的过程

如图 1—14 所示，在 Unix 系统中，当程序员写好了 C 语言的源代码 hello. c 文件之后，首先通过预处理器转换为 hello. i。预处理器根据以字符 # 开头的命令，修改原始的 C 程序。比例 hello. c 中的第 1 行 #include <stdio. h>命令告诉预处理器读取系统头文件 stdio. h 的内容，并把它直接插入程序文本中。结果就得到了以. i 为后缀的另一个 C 程序文件 hello. i。

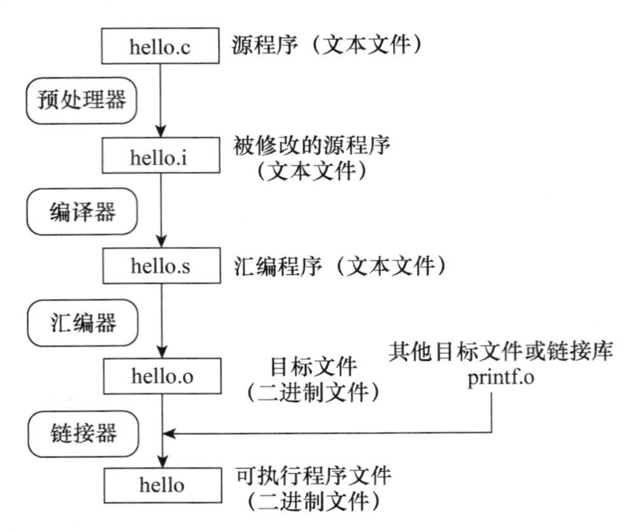

图 1—14　从高级语言到可执行程序的过程

然后编译器将 hello. i 翻译为汇编语句构成的汇编语言程序 hello. s。每条汇编语句都以一种标准的文本格式确切地描述了一条低级机器语言指令。接下来，汇编器会将汇编语句翻译为二进制的机器语言，并形成目标文件 hello. o。

最后，由于 hello. c 中调用了系统函数 printf，该函数存在于一个名为 printf. o 的单独预编译好的目标文件中，当这个文件以某种方式与 hello. o 合并起来后，程序才能正确执行，在屏幕上打印"hello world!"字符串。链接器就负责处理这种合并，结果得到了可执行程序文件 hello，它可以被加载到内存当中，由操作系统执行。

3. 计算机的主要硬件结构

生成可执行文件 hello 后，在 Unix 下可以在命令行输入. /hello 运行该程序。操作系统会负责将可执行程序文件的内容加载到内存中，并启动一个进程来执行 hello 程序的一系列操作（当然这里只输出一句话，进程就结束了）。进程是操作系统对正在运行的程序的一种抽象，操作系统中可以同时运行多个进程，而且每个进程看起来都好像在独占地使用硬件。看上去多个进程是并行执行的，但实际上操作系统负责管理每个进程自己的内存空间，以及进程之间的切换，轮流占有硬件的控制权，交替执行。进程可以说是计算机科学中最重要和最成功的概念之一。

当然，具体的操作还是要依赖计算机的硬件来执行，因此先简要了解一下计算机底层的硬件结构。如果打开计算机的机箱，就会发现里面包括以下几种部件：主板、CPU（及风扇）、内存条、磁盘、电源，此外还可能有显卡、光驱等部件，如图 1—15 所示。

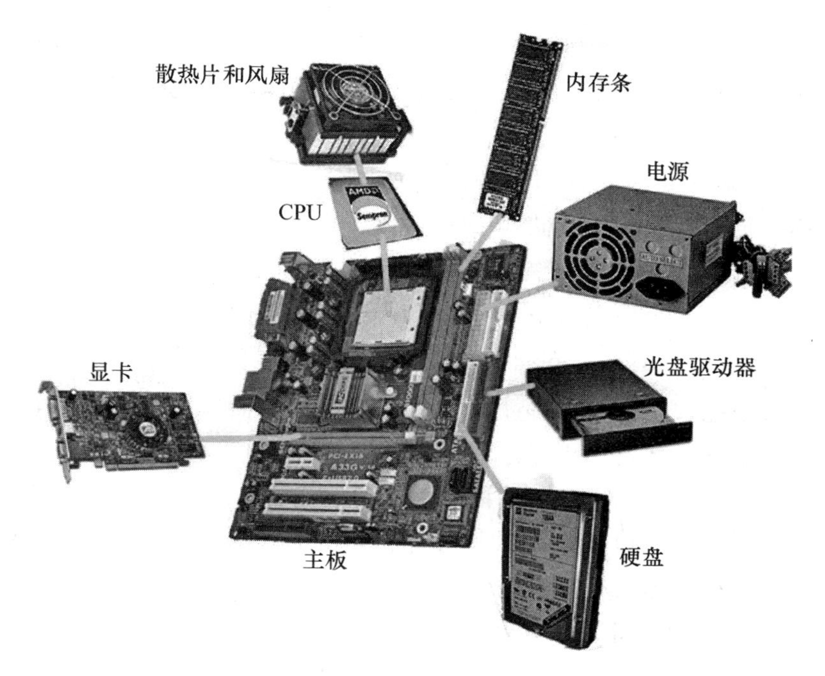

图 1—15　计算机中的主要部件

但这是厂家将产品封装的结果，更深层次的计算机组织结构如图 1—16 所示。

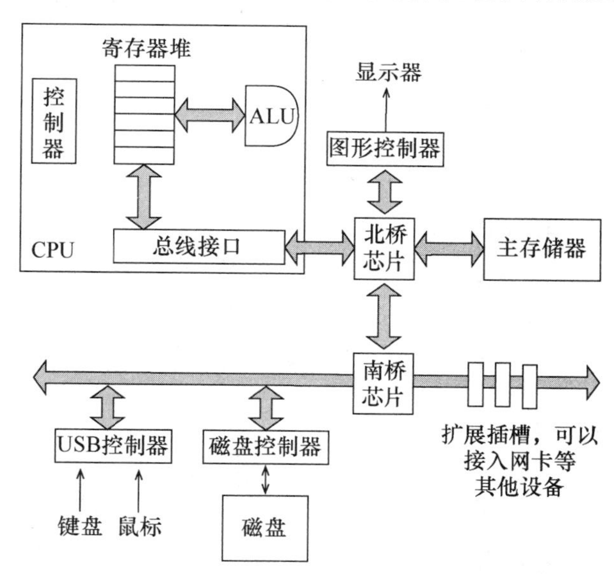

图 1—16　计算机的内部硬件结构，其中 CPU 为中央处理单元，ALU 为算术逻辑单元，USB 为通用串行总线

图 1—16 在计算机组成原理课程中非常重要，后面各个章节会分别介绍其中一些关键部件的功能和内部设计。这里先简单地对各个部件进行介绍：

（1）总线是连接各个设备的通道，负责在各个设备之间传输数据。CPU 与北桥芯片之间的总线称为系统总线或前端总线，主存储器与北桥芯片之前的总线称为存储器总线。一般内存、显卡等快速设备直接和北桥芯片相连，而鼠标、键盘、磁盘等慢速设备和南桥芯片相连。

(2) 主存储器是一个临时存储设备，也常被称为内存，在 CPU 执行程序时，程序的所有数据和指令都存放在主存储器中。存储器的访问速度很快，但是一旦断电，所有内容就都消失了。

(3) CPU 是计算机的核心部件，是解释或执行存储在主存储器中指令的引擎。CPU 主要包括运算器（ALU、寄存器堆等）和控制器。运算器负责计算机中核心的计算任务，计算机中绝大多数指令都涉及计算功能，即都需要用到运算器；控制器负责控制整个计算机中各个部件的工作。

(4) 磁盘是一种相对慢速的存储设备，但是容量大，价格便宜，而且断电之后所存储的内容不会消失，所以计算机中操作系统和用户的所有数据都会存放于磁盘中，在使用时再调入主存储器进行相关操作。

4. hello world 程序在计算机硬件上的执行

当用户在 Unix 操作系统的命令行中输入“. /hello \ n”时，计算机首先从键盘读入这些信息，并把它存放到主存储器中，如图 1—17 所示。然后操作系统会将 hello 目标文件中的代码和数据从磁盘复制到主存储器，如图 1—18 所示，然后启动一个进程执行 hello 程序中的指令，在屏幕上打印出字符串“hello，world! \ n”，如图 1—19 所示。

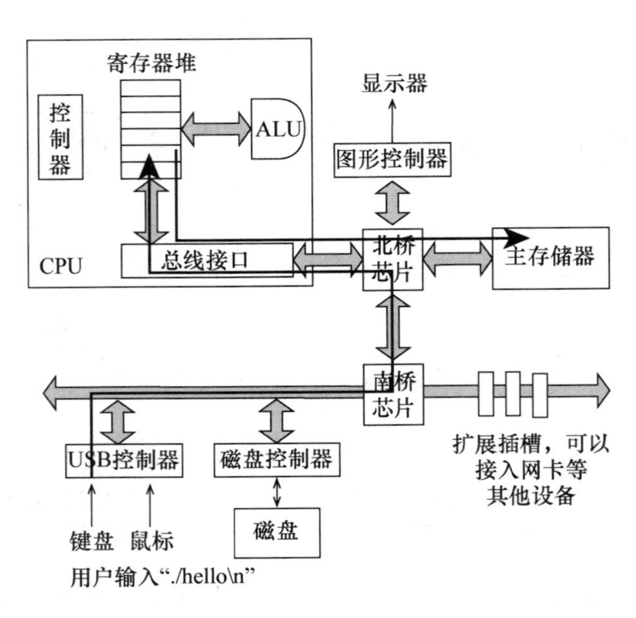

图 1—17　从键盘上读取 hello 命令

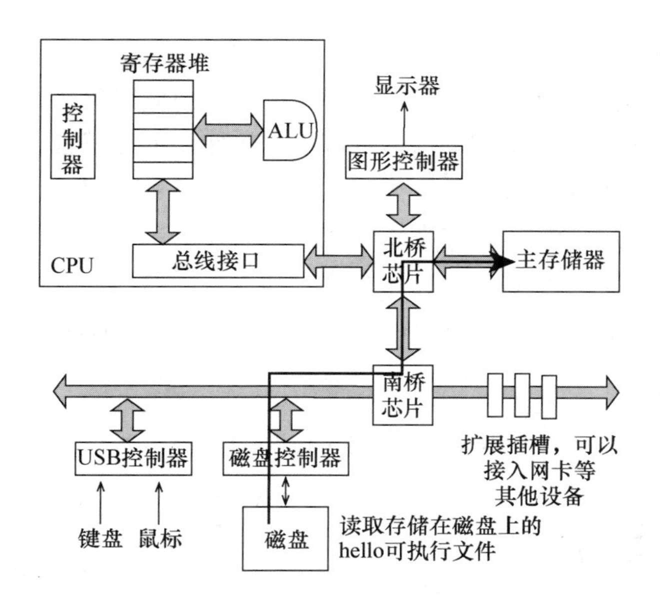

图 1—18 从磁盘加载可执行程序文件 hello 到主存储器

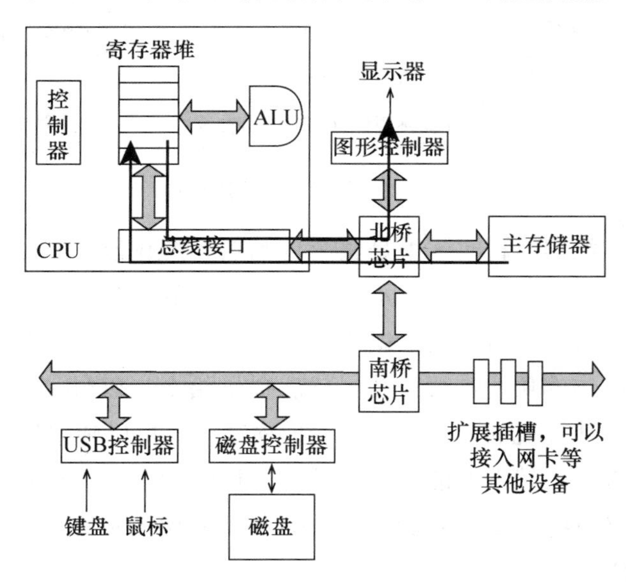

图 1—19 将输出字符串从内存写到显示器

1.2.2 计算机层次结构概述

通过上一节中 hello 程序的编写和执行过程，可以看出计算机系统实际上是一个层次化的结构，程序的工作实际上是逐层深入的，最终落实到硬件上执行。层次化的原因主要是由于计算机系统实在太过复杂，把所有功能都一起实现非常困难，维护和升级也不容易。层次化可以把任务分开，每个层次只负责自己的工作，各个层次之间有标准的接口，这样每个层次可以独立发展，甚至有多个可用的选择，例如操作系统可以选择 Windows、Linux 或 Mac OS 等，竞争可以促进发展。

计算机的层次结构如图 1—20 所示，程序员编写的应用程序一般直接调用高级语言的语句，或者操作系统的 API，当然也可以直接使用汇编语言，但这种情况比较少见。应用程序经过编译器翻译后转变为汇编语言，再经过汇编器翻译为机器语言，即计算机硬件所提供的指令集，最终在硬件上执行具体的功能。在本科阶段所需要学习的《计算机组成》、《汇编语言》、《操作系统》和《编译原理》就是逐个层次介绍计算机的工作原理；《程序设计》相关课程是介绍高级语言编程的方法，它们调用计算机系统提供的接口。

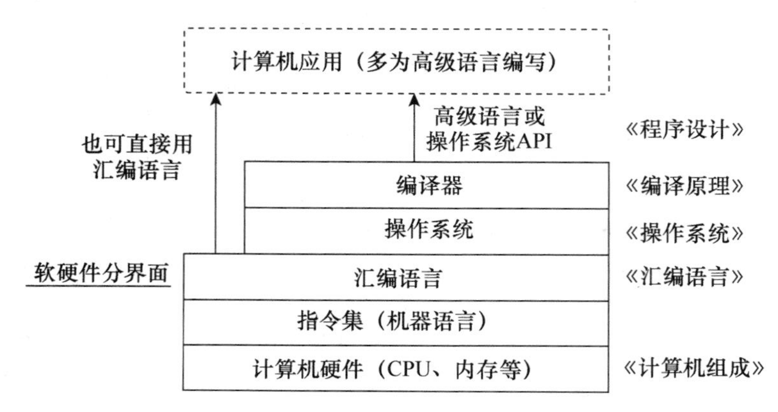

图 1—20　计算机的层次结构

值得注意的是，汇编语言实际上是整个计算机系统中软硬件的分界面，汇编语言之上属于计算机软件范畴，因为它们不需要了解硬件和指令集的具体内容，只要调用汇编语言提供的标准接口即可；而汇编语言之下是计算机硬件。所以汇编语言实际上是对底层硬件能够提供的功能进行封装，然后提供给上层软件使用。但是因为有了汇编语言层次的抽象，计算机的软件和硬件变成松耦合，可以独立地发展。

计算机各个层次中，越下面的层次，具有的权限越高，能够控制的资源越多。比如高级语言只能定义一些变量来存储数据，但是更底层的汇编语言，除了直接控制内存外，还能使用 CPU 中的寄存器。

1.2.3　冯·诺依曼体系结构

在了解了上述计算机的层次结构之后，我们了解了从高级语言到计算机硬件的层层解析的过程，计算机的所有复杂功能最终都要依赖硬件来实现，但是计算机硬件的最基本单位就是简单的半导体器件，目前计算机的基本硬件单位仍和早期的电子管、晶体管是一样的，只是实现方式不同。那么简单的二极管、三极管是如何实现这么多复杂的计算机功能的呢？

实际上从第一台电子计算机 ENIAC 建造器件，冯·诺依曼就提出了计算机的冯·诺依曼结构，后面的计算机一直都遵循这种经典的结构，直到今天。要了解计算机硬件的工作原理，就要先了解冯·诺依曼结构。冯·诺依曼结构的特点是：

（1）计算机硬件由运算器、控制器、存储器、输入设备和输出设备五大部分组成，如图1—21所示。

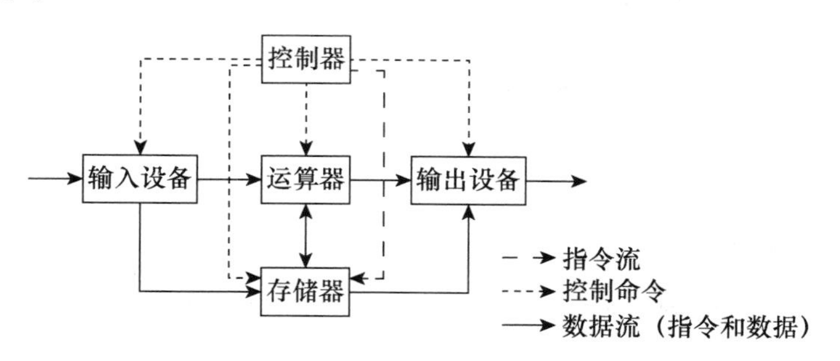

图1—21　冯·诺依曼结构

（2）数据和程序以二进制代码形式存放。

（3）控制器根据存放在存储器中的程序来工作，因此计算机是一种通用的设计，只需要修改存储器中的指令序列，就能控制计算机做不同的事情。（可以对比一下计算器，只能按照用户的按键执行数字计算，因此属于专用的计算设备，不能算是通用计算机。）

冯·诺依曼结构中五个部分的具体功能分别为：

（1）运算器。

运算器负责执行计算机中的各种运算，从最基本的逻辑运算（与、或、非等）到各种算术运算（加、减、乘、除等），而且多次基本运算的组合可以完成一个复杂的运算（例如矩阵的乘法等）。运算器是计算机指令具体执行的必不可少的设备。

计算机中最基本的硬件单位（二极管、三极管等）通过简单的电路就可以实现基本的与、或、非逻辑运算，然后通过这些逻辑运算可以实现复杂一些的加、减运算。具体实现的方法将在“第二章　数字逻辑与计算机基本电路”中详细介绍。

而基于加、减法，如何实现更为复杂的乘、除法等运算，将在“第三章　计算机的数据表示和运算”中详细介绍。

（2）控制器。

控制器负责从存储器中读取计算机指令，然后解析指令，并按照指令的要求，指挥计算机的其他部件协调工作。汇编语言及计算机指令将在“第四章　汇编语言与指令系统”中介绍。控制器是计算机中最为复杂，也最为重要的部分，具体内容将在“第六章　CPU工作原理”中详细介绍。

（3）存储器。

存储器以二进制形式存储程序（即一系列计算机指令的集合）和数据。存储器的抽象模型类似一个一维数组，每个基本单位都有一个地址，通过这个地址可以访问存储器中的内容。存储器可读也可写，一般访问速度较快，存储器的硬件实现将在“第五章　主存储器和存储系统”中介绍。

另外，尽管二进制中只包括 0、1 两个基本元素，但是用二进制可以表示出计算机中所有复杂的信息——包括整数、小数、字符串、图片、视频等都可以用二进制形式表示，这些信息表示的方法就是各种编码，将在“第三章　计算机的数据表示和运算”中详细讨论。

（4）输入设备和输出设备。

输入设备负责将信息输入计算机，例如键盘、鼠标、扫描仪等；而输出设备负责将计算结果或存储器中的内容从计算机中输出，例如显示器、打印机等。而磁盘等外部存储器由于具有非易失性，是数据的长期存放设备。磁盘既属于输入设备，也属于输出设备。以磁盘和最近几年流行的固态硬盘（SSD）为代表的外部存储设备将在“第七章　外部存储器”中详细介绍。其他的输入设备和输出设备（简称为 I/O 设备）以及冯·诺依曼结构中各个模块之间的数据传输功能将在“第八章　输入输出系统”中详细介绍。

从某种意义上看，冯·诺依曼结构可以看作计算机逻辑设计和物理实现的分界面：冯·诺依曼结构之下是如何实现冯·诺依曼结构中的五大部件；冯·诺依曼结构之上则是基于数学和逻辑，用最基本的与、或、非逻辑运算实现各种复杂的运算。

另外，除了冯·诺依曼结构（也被称为普林斯顿结构）之外，还有其他的计算机体系结构，典型的是哈佛结构。哈佛结构是为了高速数据处理而设计的，其最显著的特点是将指令和数据分开存储，因此可以同时读取指令和数据，从而大大提高了数据吞吐率。但是哈佛结构的缺点是结构复杂，成本更高。采用哈佛结构的 CPU 包括 Microchip 公司的 PIC 系列芯片、摩托罗拉公司的 MC68 系列、Zilog 公司的 Z8 系列、ATMEL 公司的 AVR 系列和安谋公司的 ARM9、ARM10 和 ARM11。而英特尔系列 CPU 采用冯·诺依曼结构。

1.2.4　学习计算机系统系列课程的意义

前面提到计算机专业的研究方向大体可以分为人工智能、编程语言、计算机系统和计算机理论四个方向。而本科阶段计算机专业的课程，一般以高级语言编程（例如，C 语言、C++语言或 Java 语言）和基本数据结构作为入门，后期课程主要分为计算机系统和计算机应用两大系列，计算机应用类课程比较丰富，包括算法、多媒体技术、数据挖掘等，主要属于人工智能的大类；而计算机系统的系列课程包括计算机组成原理、汇编语言、编译原理、操作系统、数字电路设计、计算机网络、数据库、信息安全、并行计算等，主要阐述计算机系统是如何设计和实现的。

即使很多同学将来未必有机会从事计算机或计算机系统的设计工作，但作为一名程序员，深入地理解计算机系统的原理和设计，也是有很大益处的，其原因如下：

（1）优化程序性能。

现代编译器都比较成熟，翻译的质量一般都比较好。作为程序员，一般无须为了写出高效的代码而自己去做编译的工作。但是，为了在C程序中做出好的编码选择，确实需要了解一些机器代码以及编译器将不同的C语句转化为机器代码的方式。例如，一个switch语句是否总比一系列的if-then-else语句高效得多？一个函数调用的开销有多大？while循环比for循环更有效吗？指针引用比数组索引更有效吗？为什么将循环求和的结果放到一个本地变量中，与将其放到一个通过引用传递过来的参数中相比，传递速度要快很多呢？为什么只是简单地重新排列一下一个算术表达式中的括号就能让一个函数运行得更快呢？通过学习《计算机组成》、《汇编语言》、《编译原理》、《操作系统》等课程，就可以得到这些问题的答案，并且写出高效的高级语言代码。

（2）理解编程时出现的错误。

在编写一些复杂程序时，经常会出现各种各样的错误，有些调试起来非常困难。比如经常出现的Segmentation Fault，它出现的原因是什么？另外，链接器报告它无法解析一个引用，这是什么意思？静态变量、全局变量和局部变量的区别是什么？静态库和动态库的区别是什么？在命令行上排列库的顺序有什么影响？最严重的，为什么有些链接错误直到运行时才会出现？只有学习了计算机系统课程，才能真正理解这些问题的解答，否则只能成为一个依靠搜索—模仿来编程的低层次程序员，无法解决复杂的问题。

（3）避免安全漏洞。

多年来，缓冲区溢出错误是造成大多数网络和Internet服务器上安全漏洞的主要原因。存在这些错误是因为很少有人能理解限制他们从不受信任的站点接收数据的数量和格式的重要性。学习安全编程的第一步就是要理解数据和控制信息在堆栈上的存储方式以及会引起的后果。在《汇编语言》和《计算机安全》课程中，将会学习程序堆栈的原理和缓冲区溢出错误，以及降低攻击威胁的方法。

（4）跟上计算机系统的变化。

传统的观念认为高级语言程序员并不需要了解计算机系统，只需要按照高级语言的语法和各种库提供的API来编码就可以了。这实际上是一种静态的观念，认为计算机系统总是一成不变的。实际上，计算机系统是在一直慢慢进化的，并且每隔几年就会有很大的变化，需要上层的程序员来适应。有了比较好的计算机系统知识积累，能够更容易理解发生了哪些变化，并跟上这些变化，在程序中做出调整和适应。

例如，目前CPU的发展已经进入多核时代，但实际上软件发展是落后于硬件发展的，软件程序很少能够充分并行化，以便利用CPU的多核资源。实际上，CPU中的大多数核基本都是闲置的。学习《并行计算》等课程，可以帮助程序员尽量提高软件的并行程度，充分利用硬件资源，提高程序性能。

另外，近年来非易失内存（non-volatile memory，NVM）正在逐步走向产品化，可能将来会替代内存和磁盘，形成快速、非易失的存储级内存（storage-class memory，SCM）。但是与读写平衡的内存和磁盘不同，NVM 普遍读写不平衡，写入较慢，而且写入寿命有一定限制。因此，对上层软件将有很大影响，软件需要适应新硬件的特性来优化，因而程序员需要了解底层硬件和系统软件的变化，以便能编写出优秀的程序。

第一章习题

1. 摩尔定律是指集成电路的集成度按照____________规律增长。

A. 线性　　B. 多项式　　C. 指数　　D. 对数

2. ____________是计算机软硬件的分界面。

A. 操作系统　　B. 汇编语言　　C. 冯·诺依曼结构　　D. 编译器

3. 计算机一般可以分为超级计算机、____________、____________和嵌入式计算机等几种类别。

4. 冯·诺依曼计算机包括哪五大部件？

5. 冯·诺依曼结构与哈佛结构的主要区别是什么？

6. 电子计算机的发展可以划分为哪四个时代？

第二章

数字逻辑与计算机基本电路

数字电路是计算机和数字通信的硬件基础。数字电路包括信号的传送、控制、记忆、计数、产生等内容。数字电路的基本单元是逻辑门电路，分析工具是逻辑代数，在功能上则主要强调电路输入与输出间的因果关系。数字信号是时间上和数值上均离散的一种信号，对该种信号进行传递、处理、运算和存储的电路称为数字电路，或数字逻辑电路。这里的运算不仅有普通的算术运算，而且有逻辑运算。计算机的基本电路就是由处理数字信号的数字逻辑电路组成的。本章首先介绍数字电路的基础知识，然后介绍计算机中最基本的组合逻辑电路和时序逻辑电路。

2.1　数字逻辑电路基础

2.1.1　数字电路概述

电子电路中的电信号有两大类：模拟信号和数字信号。

一、模拟信号与数字信号

在自然界中，有一些物理量如温度、声音、质量等都有一个共同特点，即它们在时间上是连续变化的，幅值上也是连续取值的。这种连续变化的物理量称为模拟量，表示模拟量的信号称为模拟信号。所以，模拟信号就是在时间上和数值上都连续变化的信号。模拟信号的波形如图 2—1 所示。对模拟信号进行传输、处理的电子线路称为模拟电路。

数字量是与模拟量相对应的另一类物理量。数字量在时间上和取值上都是离散的、不连续的。如电子表的秒信号，计数器的计数脉冲信号等。表示数字量的信号称为数字信号。所以，数字信号就是在时间上和数值上不连续变化的（离散的）信号。数字信号的波形如图 2—2 所示。对数字信号进行传输、处理的电子线路称为数字电路。数字电路用数字信号完成对数字量的算术运算和逻辑运算。由于数字电路具有逻辑运算和逻辑处理功能，所以又称为数字逻辑电路。

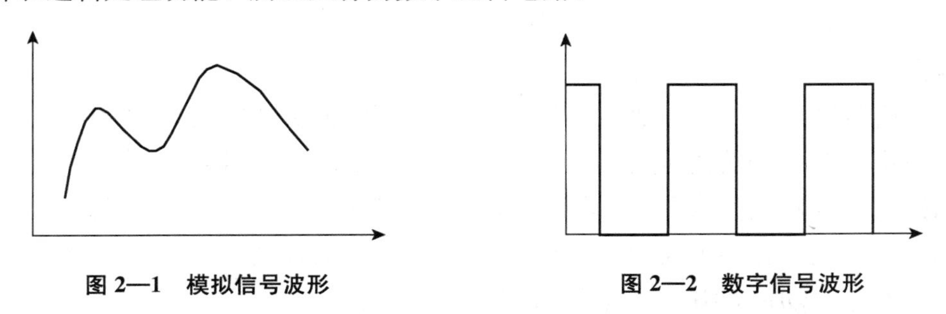

图 2—1　模拟信号波形　　　　图 2—2　数字信号波形

二、数字电路的特点

在数字电路中，研究的主要问题是电路的逻辑功能，即输入信号的状态和输出信号的状态之间的关系。

数字电路的工作信号是二进制的数字信号，在时间上和数值上是离散的（不连续的），反映在电路上就是低电平和高电平两种状态，可以用 0 和 1 表示。在电路中可以用 0 和 1 组成的二进制数表示数量的大小，可以进行数值运算，常称为算术运算。在电路中也可以用 0 和 1 表示两个不同的逻辑状态，可以进行逻辑运算。

与模拟电路相比，对于组成数字电路的元器件的精度要求不高，只要在工作时能够可靠地区分出表示逻辑状态的高、低电平（0 和 1）即可，可以忽略高、低电平的具体数值。

三、数字电路的分类

目前的数字电路多数为集成电路。集成电路（integrated circuit，IC）是一种微型电子器件或部件。集成电路采用一定的工艺，把一个电路中所需的晶体管、二极管、电阻、电容和电感等元件及布线互联起来，制作在一小块或几小块半导体晶片或介质基片上，然后封装在一个管壳内，成为具有所需电路功能的微型结构。集成电路中所有的元件在结构上已经组成一个整体，使电子元件向着微小型化、低功耗和高可靠性方面发展。

集成电路在电路中用字母“ IC ”表示。集成电路的发明者是杰克·基尔比（基于硅的集成电路）和罗伯特·诺伊思（基于锗的集成电路）。目前，半导体工业中大多数应用的是基于硅的集成电路。

按照集成度分类，数字电路可分为：（1）小规模集成电路（small scale integration，SSI），每个芯片包含电子元器件数目小于 100 个；（2）中规模集成电路（medium scale integration，MSI），每个芯片包含电子元器件 100～999 个；（3）大规模集成电路（large scale integration，LSI），每个芯片包含电子元器件 1 000～99 999 个；（4）超大规模集成电路（very large scale integration，VLSI），每个芯片包含电子元器件 100 000～999 999 个；（5）特大规模集成电路（ultra large scale integration，ULSI），每个芯片包含电子元器件的数目大于 10^7 个；（6）巨大规模集成电路（giga scale integration，GSI），也被称为极大规模集成电路或超特大规模集成电路。

除了按照集成度分类，数字电路还有其他不同的分类方法。按照应用的角度分类，数字电路可分为通用型和专用型两大类。按照所用器件制作工艺的不同，数字电路可分为双极型（TTL 型）和单极型（MOS 型）两大类。按照电路结构和工作原理的不同，数字电路可分为组合逻辑电路和时序逻辑电路两大类。组合逻辑电路没有记忆功能，其输出信号只与当时的输入信号有关，而与电路以前的状态无关。时序逻辑电路具有记忆功能，其输出信号不仅和当时的输入信号有关，而且与电路以前的状态有关。

计算机的基本电路就是由各种不同的处理数字信号的数字逻辑电路组成的。

2.1.2 数制及相互之间的转换

计算机的主要功能是处理信息，因此必须将信息表示成电路能够识别、便于运算和存储的形式。计算机要处理的信息主要有数值信息和非数值信息两大类。数值信息用数制形式来表示，而非数值信息采用编码的方法。本小节介绍数制及相互之间的转换，非数值信息的编码方法将在第三章介绍。

一、常用计数制

表示数值时，仅用一位数码往往不够用，必须用进位计数的方法组成多位数码。多位数码中每一位的构成以及从低位到高位的进位规则，称为进位计数制，简称进位制或数制。日常生活中最熟悉的是十进制，而在数字电路系统中广泛使用的是二进制、八进制和十六进制。它们之间可以相互转换。

在进位计数制中，有两个重要概念：基数和权。基数就是在该进位制中可能用到的数码个数。在某一种进位制的数中，每一位的大小都对应着该位上的数码乘上一个固定的数，这个固定的数就是这一位的权（位权）。位权是一个以基数为底的幂。

1. 十进制

十进制的数码有 0、1、2、3、4、5、6、7、8、9 共十个，基数为 10。其进位规律是“逢十进一”。十进制数 6 783.25 可表示成多项式形式：

$$(6\,783.25)_{10}=6\times10^3+7\times10^2+8\times10^1+3\times10^0+2\times10^{-1}+5\times10^{-2}$$

任意一个十进制数都可以表示为：

$$(N)_{10}=\sum_{i=-m}^{n-1}D_i\times10^i$$

其中：D_i是第 i 位的系数，它可以是 0～9 十个数码中的任意一个，n 表示整数部分的位数，m 表示小数部分的位数，10^i表示数码在不同位置的大小，即位权。

2. 二进制

二进制的数码只有两个，即 0 和 1，基数为 2。其进位规律是“逢二进一”。二进制数 1 101.01 可以用一个多项式形式表示成：

$$(1\,101.01)_2=1\times2^3+1\times2^2+0\times2^1+1\times2^0+0\times2^{-1}+1\times2^{-2}$$

任意一个二进制数都可以表示为：

$$(N)_2=\sum_{i=-m}^{n-1}D_i\times2^i$$

其中：D_i是第 i 位的系数，它可以是 0、1 中的任意一个，n 表示整数部分的位数，m 表示小数部分的位数，2^i表示数码在不同位置的大小，即位权。

3. 八进制

用二进制表示一个大数时，位数太多。在数字系统中常常采用八进制和十六进制作为二进制的缩写形式。八进制的数码有 0、1、2、3、4、5、6、7 共八个，基数为 8。其进位规律是“逢八进一”。八进制数 315.24 可表示成多项式形式：

$$(315.24)_8=3\times8^2+1\times8^1+5\times8^0+2\times8^{-1}+4\times8^{-2}$$

任意一个八进制数都可以表示为：

$$(N)_8 = \sum_{i=-m}^{n-1} D_i \times 8^i$$

其中：D_i是第 i 位的系数，它可以是 0～7 八个数码中的任意一个，n 表示整数部分的位数，m 表示小数部分的位数，8^i表示数码在不同位置的大小，即位权。

4. 十六进制

十六进制的数码是：0、1、2、3、4、5、6、7、8、9、A、B、C、D、E、F，基数为 16。其进位规律是“逢十六进一”。十六进制数 2D5.83 可表示成多项式形式：

$$(2D5.83)_{16} = 2\times16^2+13\times16^1+5\times16^0+8\times16^{-1}+3\times16^{-2}$$

其中：D_i是第 i 位的系数，它可以是 0～9、A～F 中的任意一个，n 表示整数部分的位数，m 表示小数部分的位数，16^i表示数码在不同位置的大小，即位权。

二、数制之间的转换

计算机中存储数据和对数据进行运算采用的是二进制数，当把数据输入计算机或者从计算机中输出数据时，需要进行不同计数制之间的转换。

1. 非十进制数转换成十进制数

非十进制数，包括二进制、八进制、十六进制数转换成十进制数一般采用的方法是按权展开再相加，这种方法是按照十进制数的运算规则将非十进制数各位的数码乘以对应的权再累加起来。可以利用上面讲到的公式：

$$(N)_2 = \sum D_i \times 2^i, (N)_8 = \sum D_i \times 8^i, (N)_{16} = \sum D_i \times 16^i$$

例 2—1 将 $(1\,101.01)_2$、$(165)_8$、$(1A4.58)_{16}$分别转换成十进制数。

解： $(1\,101.01)_2 = (1\times2^3+1\times2^2+0\times2^1+1\times2^0+0\times2^{-1}+1\times2^{-2})_{10} = (13.25)_{10}$

$(165)_8 = (1\times8^2+6\times8^1+5\times8^0)_{10} = (117)_{10}$

$(1A4.58)_{16} = (1\times16^2+10\times16^1+4\times16^0+5\times16^{-1}+8\times16^{-2})_{10} = (420.343\,75)_{10}$

2. 十进制数转换成非十进制数

将十进制数转换成非十进制数时，整数部分和小数部分需要分别转换，各自得出结果后再合并。整数部分的转换一般采用除基取余法，小数部分的转换一般采用乘基取整法。

整数部分的“除基取余法”的规则如下：将十进制数除以基数，所得余数即为对应的非十进制数最低位的值。然后对上次所得商再除以基数，所得余数即为非十进制数次低位的值，如此进行下去，直到商等于 0 为止，最后所得的余数是所求的非十进制数最高位的值。

小数部分的“乘基取整法”的规则如下：将十进制数乘以基数，所得乘积的整数部分即为对应的非十进制数小数最高位的值，然后对所余下的小数部分再乘以基数，所得乘积的整数部分为次高位的值，如此进行下去，直到乘积的小数部分为0，或结果已满足所需精度要求为止。

例 2—2 将十进制数 $(57.625)_{10}$转换成二进制数。

解：(1) 整数部分的转换：

57/2=28　　余数为 1，　$D_0=1$

28/2=14　　余数为 0，　$D_1=0$

14/2=7　　余数为 0，　$D_2=0$

7/2=3　　余数为 1，　$D_3=1$

3/2=1　　余数为 1，　$D_4=1$

1/2=0　　余数为 1，　$D_5=1$

所以，$(57)_{10}=(111001)_2$。

(2) 小数部分的转换：

0.625×2=1+0.25　　$D_{-1}=1$

0.25×2=0+0.5　　$D_{-2}=0$

0.5×2=1+0　　$D_{-3}=1$

所以，$(0.625)_{10}=(0.101)_2$。

结果合并后得出：$(57.625)_{10}=(111001.101)_2$。

例 2—3 将 $(0.7)_{10}$转换成二进制数，要求误差小于 2^{-6}。

解：0.7×2=1+0.4　　$D_{-1}=1$

0.4×2=0+0.8　　$D_{-2}=0$

0.8×2=1+0.6　　$D_{-3}=1$

0.6×2=1+0.2　　$D_{-4}=1$

0.2×2=0+0.4　　$D_{-5}=0$

0.4×2=0+0.8　　$D_{-6}=0$

所以，$(0.7)_{10}=(0.101100)_2$。

由于最后剩下未转换的部分，所以真正的误差应该是：0.8×2^{-6}，满足精度要求。

3. 非十进制数之间的转换

(1) 二进制数与八进制数之间的转换。

二进制数的基数是 2，八进制数的基数是 8，正好有 $2^3=8$。因此，任意一位八进制数都可以转换成三位二进制数。当要把一个八进制数转换成二进制数时，可以直接将每位八进制数码转换成三位二进制数码。而二进制数到八进制数的转换可按相反的过程进行，转换时从小数点开始向两边分别将整数和小数每三位划分成一组，整数部分的最高一组不够三位时在高位补 0，小数部分的最后一组不足三位时在末位补 0，然后将每组的三位二进制数转换成一位八进制数即可。

例 2—4 将 $(354.72)_8$ 转换成二进制数。

解：

3	5	4	.	7	2
↓	↓	↓		↓	↓
011	101	100	.	111	010

所以，$(354.72)_8=(11101100.111010)_2$。

例 2—5 将 $(1010110.0101)_2$ 转换成八进制数。

解：

001	010	110	.	010	100
↓	↓	↓		↓	↓
1	2	6	.	2	4

所以，$(1010110.0101)_2=(126.24)_8$。

（2）二进制数与十六进制数之间的转换。

二进制数的基数是 2，十六进制数的基数是 16，正好有 $2^4=16$。因此，任意一位十六进制数可以转换成四位二进制数。当要把一个十六进制数转换成二进制数时，可以直接将每位十六进制数码转换成四位二进制数码。对二进制数到十六进制数的转换可按相反的过程进行，转换时从小数点开始向两边分别将整数和小数每四位划分成一组，整数部分的最高一组不够四位时，在高位补 0，小数部分的最后一组不足四位时，在末位补 0，然后将每组的四位二进制数转换成一位十六进制数即可。

例 2—6 将 $(8E.3A)_{16}$ 转换成二进制数。

解：

8	E	.	3	A
↓	↓		↓	↓
1000	1110	.	0011	1010

所以，$(8E.3A)_{16}=(10001110.00111010)_2$。

例 2—7 将 $(1011111.101101)_2$ 转换成十六进制数。

解：

0101	1111	.	1011	0100
↓	↓		↓	↓
5	F	.	B	4

所以，$(1011111.101101)_2=(5F.B4)_{16}$。

（3）八进制数与十六进制数之间的转换。

八进制数和十六进制数之间直接进行转换比较困难，可用二进制数作为转换中介，即先转换成二进制数，再进行转换就比较容易了。

例 2—8 将 $(345.27)_8$ 转换成十六进制数。

解： 3　4　5　.　2　7

↓　↓　↓　　↓　↓

011　100　101　.　010　111　　　先转换成二进制数

1110　0101　.　0101　1100　　　重新分组

↓　↓　　↓　↓

E　5　.　5　C　　　转换成十六进制数

所以，$(345.27)_8=(E5.5C)_{16}$。

例 2—9　将 $(2B.A6)_{16}$ 转换成八进制数。

解： 2　B　.　A　6

↓　↓　　↓　↓

0010　1011　.　1010　0110　　　先转换成二进制数

101　011　.　101　001　100　　　重新分组

↓　↓　　↓　↓　↓

5　3　.　5　1　4　　　转换成八进制数

所以，$(2B.A6)_{16}=(53.514)_8$。

三、计算机为什么使用二进制表示数据

计算机中的各种数据，通常都是用二进制编码形式来表示、存储、处理和传送的。在计算机中广泛采用二进制码，主要因为以下三个原因：

第一，二进制码在物理上最容易实现，即容易找到具有两个稳定状态且能方便地控制状态转换的物理器件；可以用两个状态分别表示基本符号“0”和“1”。

第二，二进制码表示的二进制数，其编码、计数和算术运算规则简单，容易用数字开关电路实现，为提高计算机的运算速度和降低实现成本奠定了基础。

第三，二进制码的两个基本符号“0”和“1”能方便地与逻辑命题的“否”和“是”，或称“假”和“真”相对应，为计算机中的逻辑运算和程序中的逻辑判断提供了便利条件。

2.1.3　逻辑代数的运算

1849 年，英国数学家乔治·布尔（George Boole）首先提出了描述客观事物逻辑关系的数学方法，即逻辑代数，又称布尔代数。1938 年布尔代数首次用于电话继电器开关电路的设计，所以又称为开关代数。逻辑代数是按一定的逻辑关系进行运算的代数，已成为计算机等数字系统分析和设计的重要数学工具。

本小节将介绍逻辑代数的基本概念、主要定律、常用的运算规则和逻辑函数的表示方法，以及公式法和卡诺图化简逻辑函数的方法。

一、逻辑代数的特点

逻辑是指事物的因果关系，或者说条件和结果的关系，这些因果关系可以用逻辑运算来表示，也就是用逻辑代数来描述。事物往往存在两种对立的状态，如电灯的亮与暗，开关的通与断，电平的高与低等。在逻辑代数中可以抽象地表示为 0 和 1 ，称为逻辑 0 状态和逻辑 1 状态。

逻辑变量与普通代数变量一样，都用字母表示，但是两者有本质区别，逻辑变量的取值只有两种，即逻辑 0 和逻辑 1。逻辑 0 和逻辑 1 称为逻辑常量，它们并不表示数量的大小，而是表示两种对立的逻辑状态。

逻辑代数是研究因果关系的一种代数，与普通代数类似，可以写成下面的表达形式：

$$Y=F(A、B、C、D)$$

逻辑变量 A、B、C 和 D 称为自变量，Y 称为因变量，描述因变量和自变量之间关系的函数称为逻辑函数。逻辑代数与普通代数相比，有两个不同的特点：

第一，不管是变量还是函数的值只有“0”和“1”两个取值，且这两个值不表示数值的大小，只表示事物的性质、状态等。在逻辑电路中，通常规定 1 代表高电平，0 代表低电平，称为正逻辑。如果规定 0 代表高电平，1 代表低电平，则称为负逻辑。以后如果不专门声明，指的都是正逻辑。

第二，逻辑函数只有三种基本运算：与运算、或运算和非运算。其他复杂的逻辑运算都是由这三种基本运算复合而成的。

二、逻辑代数的基本运算

1. 与运算（与逻辑）

与运算的定义：仅当决定事件（Y）发生的所有条件（A，B，C，…）均满足时，事件（Y）才能发生。逻辑表达式为：

$$Y=A\cdot B\cdot C\cdots$$

表达式中的与运算符“·”可以省略。

逻辑函数可以用逻辑表达式、逻辑电路、真值表、卡诺图等方法表示。与运算的规则可用如表 2—1 所示的真值表来说明，它反映所有自变量全部可能的组合和运算结果之间的关系。真值表在以后的逻辑电路分析和设计中是十分有用的。与运算的例子在日常生活中经常会遇到，如图 2—3 所示的串联开关电路，灯 Y 亮的条件是开关 A 和 B 都必须接通。如果 1 表示开关闭合，0 表示开关断开，1 表示灯亮，0 表示灯灭，则灯和开关之间的逻辑关系可以表示为：$Y=A\cdot B$。

表 2—1　　逻辑与运算真值表

A	B	Y
0	0	0
0	1	0
1	0	0
1	1	1

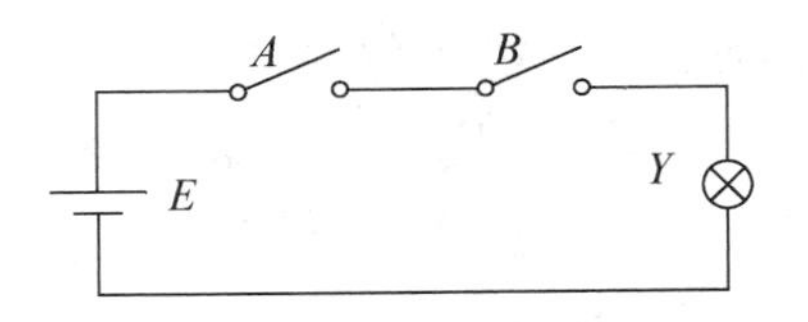

图 2—3　逻辑与运算的例子

2. 或运算（或逻辑）

或运算的定义：在决定事件（Y）发生的各种条件（A，B，C，…）中，只要有一个或多个条件具备，事件（Y）就会发生。逻辑表达式为：

$$Y=A+B+C+\cdots$$

或运算的规则可用表 2—2 所示的真值表来说明，即输入中只要有 1，输出结果就为 1，只有输入全部为 0 时，输出结果才为 0。这一结论也适合于有多个变量参加的或运算。

或运算的例子在日常生活中也会经常遇到，如图 2—4 所示，灯 Y 亮的条件是只要有一个开关或一个以上的开关接通就可以。灯和开关之间的逻辑关系可表示为：$Y=A+B$。

表 2—2　　逻辑或运算真值表

A	B	Y
0	0	0
0	1	1
1	0	1
1	1	1

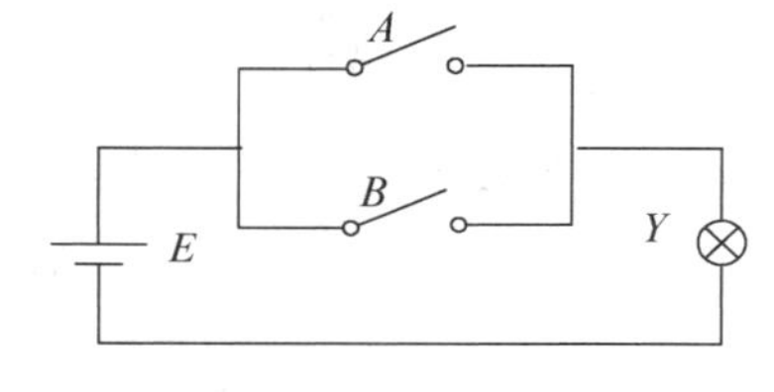

图 2—4　逻辑或运算的例子

3. 非运算（非逻辑）

非运算指的是逻辑的否定。当决定事件（Y）发生的条件（A）满足时，事件不发生；条件不满足时，事件反而发生。逻辑表达式为：

$$Y=\overline{A}$$

非运算的真值表如表 2—3 所示，即输入为 1 时，输出结果为 0，输入为 0 时，输出结果为 1。图 2—5 反映了灯 Y 和开关 A 之间的非运算关系。如果闭合开关，则灯不亮；如果断开开关，则灯会亮。

表 2—3　　逻辑非运算真值表

A	Y
0	1
1	0

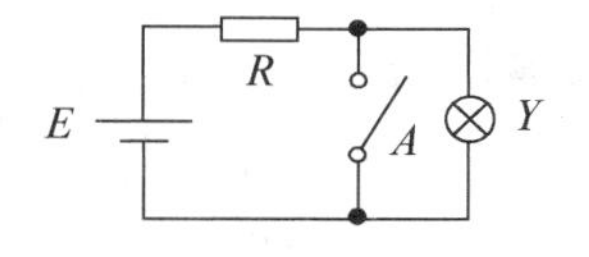

图 2—5　逻辑非运算的例子

2.1.4　逻辑代数的基本定律和基本运算规则

逻辑代数的基本定律和基本运算规则在逻辑函数的化简和变换中是十分有用的。

一、逻辑代数的基本定律

根据逻辑代数的变量取值只能为 0 或 1，以及三种基本逻辑运算的定义，可以得出以下一些基本定律：

(1) 0—1律　$A+1=1$　$A\cdot 0=0$

(2) 自等律　$A+0=A$　$A\cdot 1=A$

(3) 互补律　$A\cdot\overline{A}=0$　$A+\overline{A}=1$

(4) 交换律　$A+B=B+A$　$A\cdot B=B\cdot A$

(5) 结合律　$A+(B+C)=(A+B)+C$　$A\cdot(B\cdot C)=(A\cdot B)\cdot C$

(6) 分配律　$A+B\cdot C=(A+B)\cdot(A+C)$　$A\cdot(B+C)=A\cdot B+A\cdot C$

(7) 吸收律　$A+A\cdot B=A$　$A\cdot(A+B)=A$

$A+\overline{A}\cdot B=A+B$　$A\cdot(\overline{A}+B)=A\cdot B$

(8) 重叠律　$A+A=A$　$A\cdot A=A$

(9) 反演律（摩根定理）　$\overline{A\cdot B}=\overline{A}+\overline{B}$　$\overline{A+B}=\overline{A}\cdot\overline{B}$

(10) 还原律　$\overline{\overline{A}}=A$

(11) 包含律　$AB+\overline{A}C+BC=AB+\overline{A}C$

证明：

$$\begin{aligned}AB+\overline{A}C+BC&=AB+\overline{A}C+BC(A+\overline{A})\\&=AB+\overline{A}C+ABC+\overline{A}BC\\&=AB+\overline{A}C\end{aligned}$$

二、逻辑代数的基本运算规则

逻辑代数有三个重要的运算规则，即代入规则、反演规则和对偶规则。

1. 代入规则

代入规则是指：将逻辑等式中的一个逻辑变量用一个逻辑函数代替，逻辑等式仍然成立。使用代入规则，可以很容易地证明许多等式，扩大基本公式的应用范围。

例 2—10　已知等式$\overline{AB}=\overline{A}+\overline{B}$，用逻辑函数 $Y=AC$ 代替等式中的 A。

解：根据代入规则，等式仍然成立，即有：

$$\overline{(AC)B}=\overline{AC}+\overline{B}=\overline{A}+\overline{B}+\overline{C}$$

2. 反演规则

反演规则是指：如果将逻辑函数 Y 的表达式中所有的“·”都换成“+”，“+”都换成“·”，“1”都换成“0”，“0”都换成“1”，原变量都换成反变量，反变量都换成原变量，所得到的逻辑函数就是 Y 的反函数 $\overline{Y}$（或补函数）。

利用反演规则可以很容易地写出一个逻辑函数的反函数。

例 2—11　求逻辑函数 $Y=AB+CD$ 的反函数。

解：根据反演规则有：

$$\overline{Y}=(\overline{A}+\overline{B})\cdot(\overline{C}+\overline{D})$$

反演规则有两个原则：(1) 遵守“先括号，然后乘，最后加”的运算优先次序；

(2) 不属于单个变量上的反号应保留不变。

例 2—12　求逻辑函数 $Y=A+\overline{B+\overline{C}+\overline{D+\overline{E}}}$的反函数。

解：根据反演规则有：

$$\overline{Y}=\overline{A}\cdot\overline{\overline{B}\cdot C\cdot\overline{\overline{D}\cdot E}}$$

3. 对偶规则

对偶规则是指：如果将逻辑函数 Y 的表达式中所有的“·”都换成“+”，“+”都换成“·”，常量“1”都换成“0”，“0”都换成“1”，所得到的逻辑函数就是 Y 的对偶式，记为 Y'。

对偶规则的意义在于：如果两个函数相等，则它们的对偶函数也相等。利用对偶规则，可以使要证明及要记忆的公式数目减少一半。

例如，$A(B+C)=AB+AC$ 的对偶式为：

$$A+BC=(A+B)(A+C)$$

$A\cdot B+A\cdot\overline{B}=A$ 的对偶式为：

$$(A+B)\cdot(A+\overline{B})=A$$

2.1.5　常用逻辑门电路

能实现逻辑运算的电路称为门电路，用基本的门电路可以构造复杂的逻辑电路，完成任何逻辑运算功能，这些逻辑电路是构成计算机及其他数字系统的重要基础。与门、或门和非门电路是最基本的门电路，可分别完成与、或、非逻辑运算。

1. 与门电路

与门电路用图 2—6 所示的逻辑符号表示，图 (a) 为国内以前使用的符号，图 (b) 为国际常用的符号，图 (c) 为国标符号（以下各图类似）。输入端只要有一个为低电平时，输出端就为低电平；只有输入端全部为高电平时，输出端才为高电平。

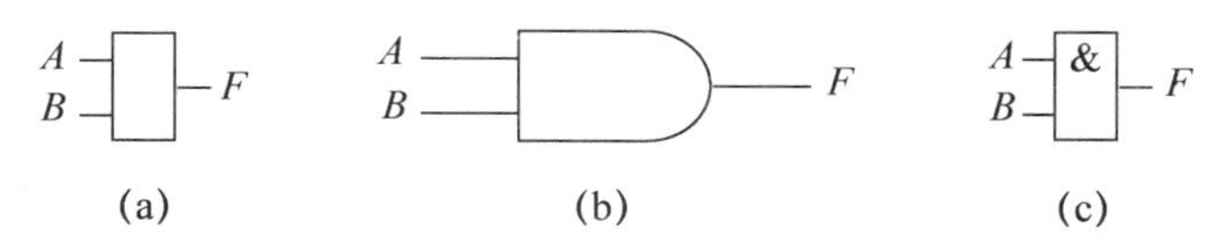

图 2—6　与门的逻辑符号

2. 或门电路

或门电路用图 2—7 所示的逻辑符号表示，当输入端有一个或一个以上为高电平时，输出端为高电平；只有输入端全为低电平时，输出端才为低电平。

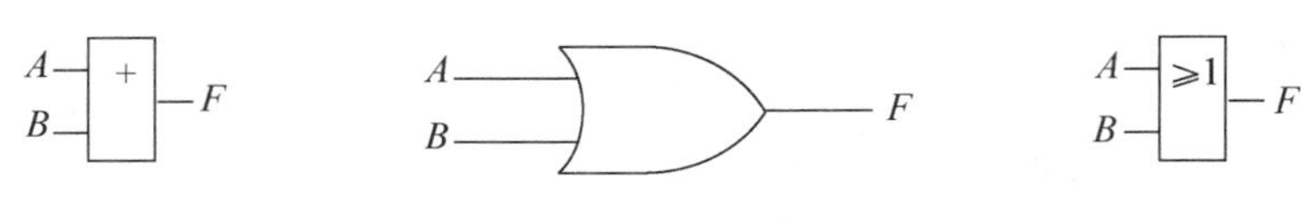

图 2—7 或门的逻辑符号

3. 非门电路

非门电路用图 2—8 所示的逻辑符号表示，具有一个输入端和一个输出端，当输入端为低电平时，输出端为高电平；而输入端为高电平时，输出端为低电平。

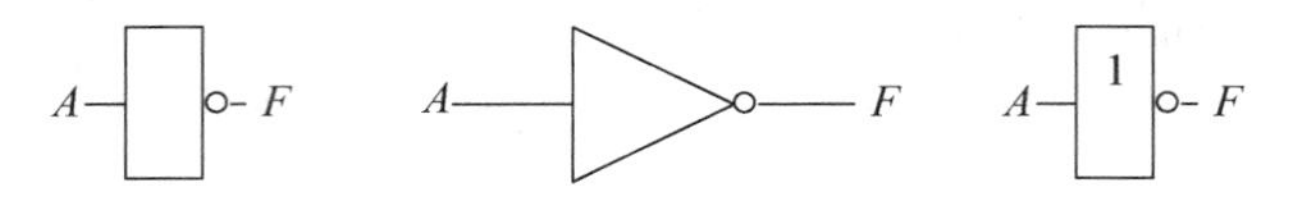

图 2—8 非门的逻辑符号

在实际应用中，利用与门、或门和非门之间的不同组合可构成复合门电路，完成复合逻辑运算。常见的复合门电路有：与非门、或非门、与或非门、异或门和同或门电路。

4. 与非门电路

与非门电路相当于一个与门和一个非门的组合，可以完成以下逻辑表达式的运算：

$$F=\overline{A \cdot B}$$

与非门电路用图 2—9 所示的逻辑符号表示。通过对与非门完成的运算分析可知，与非门的功能是，仅当所有的输入端为高电平时，输出端才为低电平。只要输入端有低电平，输出端必为高电平。

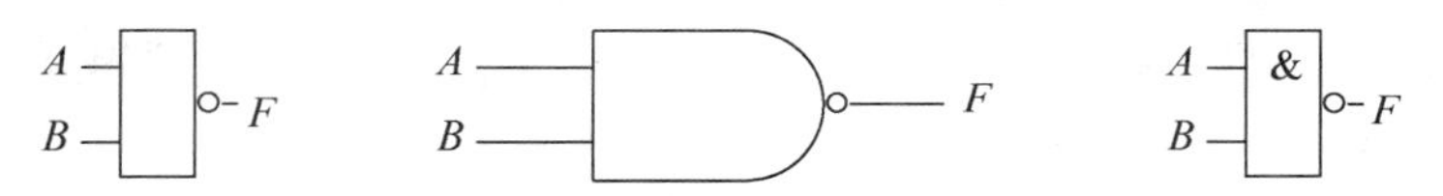

图 2—9 与非门的逻辑符号

5. 或非门电路

或非门电路相当于一个或门和一个非门的组合，可以完成以下逻辑表达式的运算：

$$F=\overline{A+B}$$

或非门电路用图 2—10 所示的逻辑符号表示。通过对或非门完成的运算分析可知，仅当所有的输入端为低电平时，输出端才为高电平。只要输入端有高电平，输出端必为低电平。

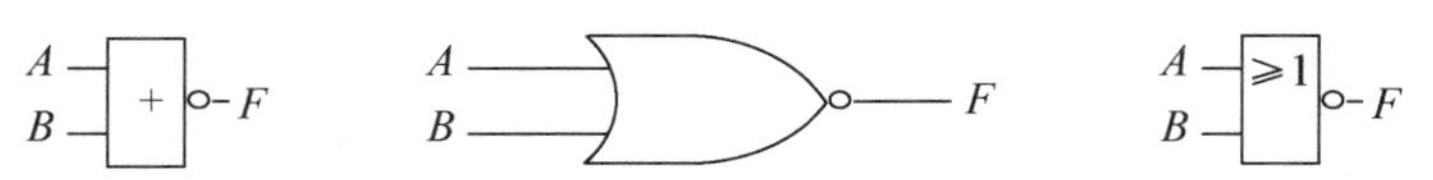

图 2—10 或非门的逻辑符号

6. 与或非门电路

与或非门电路相当于两个与门、一个或门和一个非门的组合，可以完成以下逻辑表达式的运算：

$$F=\overline{AB+CD}$$

与或非门电路用图 2—11 所示的逻辑符号表示。通过对与或非门完成的运算分析可知，与或非门的功能是将两个与门的输出进行或运算后再进行非运算。与或非门电路也可以由多个与门和一个或门、一个非门组合而成，从而具有更强的逻辑运算功能。

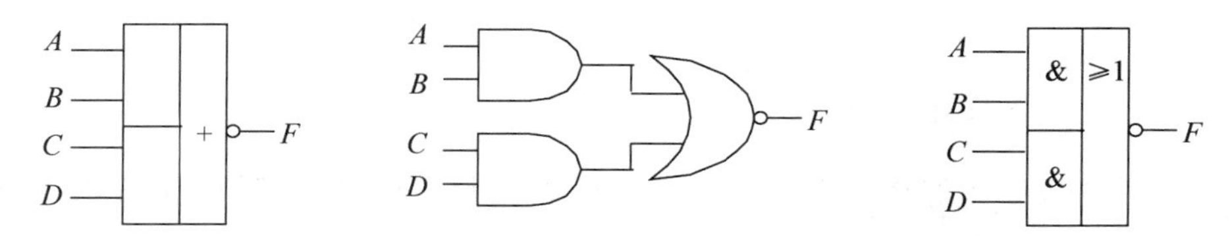

图 2—11　与或非门的逻辑符号

以上三种复合门电路都允许有两个以上的输入端。

7. 异或门电路

异或门电路可以完成逻辑异或运算，运算符号用“$\oplus$”表示。异或运算的逻辑表达式为：

$$F=A\oplus B=A\overline{B}+\overline{A}B$$

异或运算的规则如下：

$0\oplus 0=0$　　$0\oplus 1=1$

$1\oplus 0=1$　　$1\oplus 1=0$

通过对异或运算的规则分析可以得出结论：当两个变量取值相同时，运算结果为 0；当两个变量取值不同时，运算结果为 1。当推广到多个变量异或时，运算规则为：当变量中 1 的个数为偶数时，运算结果为 0；当变量中 1 的个数为奇数时，运算结果为 1。

异或门电路用图 2—12 所示的逻辑符号表示，表 2—4 说明逻辑表达式 $F=A\overline{B}+\overline{A}B$ 也可以完成异或运算。即异或运算也可以用与、或、非运算的组合完成。

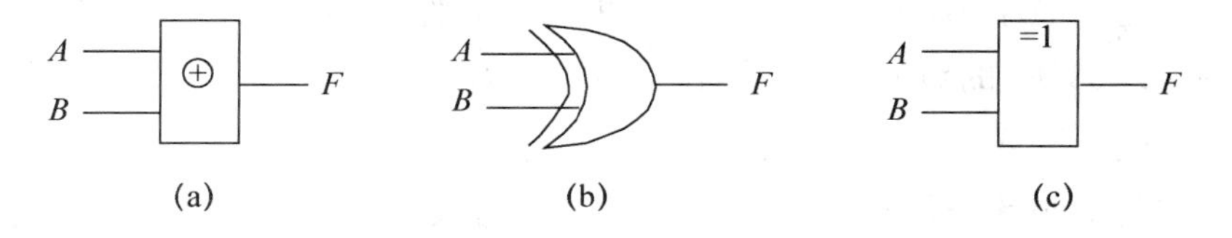

图 2—12　异或门的逻辑符号

表 2—4　　异或运算真值表

A	B	$F=A\oplus B$	$F=A\overline{B}+\overline{A}B$
0	0	0	0
0	1	1	1
1	0	1	1
1	1	0	0

8. 同或门电路

同或门电路用来完成逻辑同或运算，运算符号是“⊙”。同或运算的逻辑表达式为：

$$F=A\odot B=\overline{A}\,\overline{B}+AB$$

同或运算的规则正好和异或运算相反，所以也称为异或非运算。同或门电路用图 2—13 所示的逻辑符号表示。

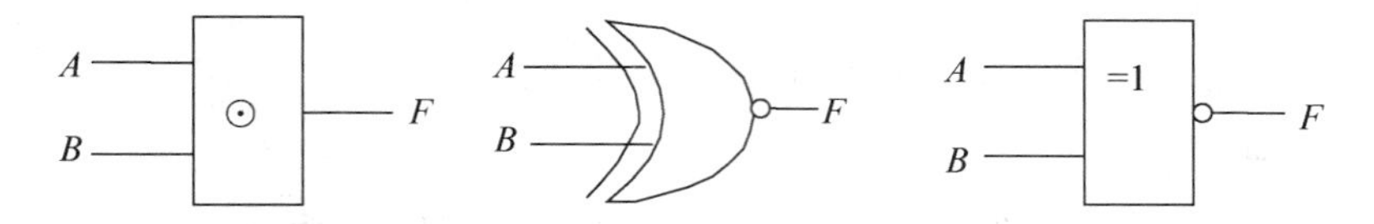

图 2—13　同或门的逻辑符号

2.1.6　最小项和最小项表达式

一、最小项

如果一个具有 n 个变量的逻辑函数的“与项”包含全部 n 个变量，每个变量以原变量或反变量的形式出现，且仅出现一次，则这种“与项”被称为最小项。

对两个变量 A、B 来说，可以构成四个最小项：$\overline{A}\,\overline{B}$、$\overline{A}B$、$A\overline{B}$、$AB$；对三个变量 A、B、C 来说，可以构成八个最小项：$\overline{A}\,\overline{B}\,\overline{C}$、$\overline{A}\,\overline{B}C$、$\overline{A}B\overline{C}$、$\overline{A}BC$、$A\overline{B}\,\overline{C}$、$A\overline{B}C$、$AB\overline{C}$、$ABC$；同理，对 n 个变量来说，可以构成 2^n 个最小项。

为了叙述和书写方便，最小项通常用符号 m_i 表示，i 是最小项的编号，是一个十进制数。确定 i 的方法是：首先将最小项中的变量按顺序 A、B、C、D … 排列好，然后将最小项中的原变量用 1 表示，反变量用 0 表示，这时最小项表示的二进制数对应的十进制数就是该最小项的编号。例如，对三变量的最小项来说，ABC 的编号是 7，用符号 m_7 表示，$A\overline{B}C$ 的编号是 5，用符号 m_5 表示。

二、最小项表达式

如果一个逻辑函数表达式是由最小项构成的与或式，则这种表达式称为逻辑函数的最小项表达式，也叫标准与或式。例如，$F=\overline{A}BC\overline{D}+ABC\overline{D}+ABCD$ 是一个四变量的最小项表达式。

对一个最小项表达式可以采用简写的方式，例如：

$$
\begin{aligned}
F(A,B,C) &= \overline{A}B\overline{C} + A\overline{B}C + ABC \\
&= m_2 + m_5 + m_7 \\
&= \sum m(2,5,7)
\end{aligned}
$$

要写出一个逻辑函数的最小项表达式，可以用多种方法，但最简单的方法是先给出逻辑函数的真值表，将真值表中能使逻辑函数取值为 1 的各个最小项进行或运算就可以了。

例 2—13 已知三变量逻辑函数：$F=AB+BC+AC$，写出 F 的最小项表达式。

解： 首先画出 F 的真值表，如表 2—5 所示，将表中能使 F 为 1 的最小项进行或运算可得下式：

$$
\begin{aligned}
F &= \overline{A}BC + A\overline{B}C + AB\overline{C} + ABC \\
&= \sum m(3,5,6,7)
\end{aligned}
$$

表 2—5　$F=AB+BC+AC$ 的真值表

A	B	C	$F=AB+BC+AC$
0	0	0	0
0	0	1	0
0	1	0	0
0	1	1	1
1	0	0	0
1	0	1	1
1	1	0	1
1	1	1	1

2.1.7 逻辑函数的化简方法

逻辑函数的表达式和逻辑电路是一一对应的，表达式越简单，用逻辑电路来实现也就越简单。在传统的设计方法中，通常以与或表达式定义最简表达式，其标准是表达式中的与项数最少，每个与项含的变量也最少。这样用逻辑电路来实现时，用的逻辑门最少，每个逻辑门的输入端也最少。逻辑电路越简单，其可靠性和速度就越高。

在现代设计方法中，多采用可编程的逻辑器件进行逻辑电路的设计。设计并不一定要追求最简单的逻辑函数表达式，而是追求设计简单方便、可靠性好、效率高。但是，逻辑函数的化简仍是需要掌握的重要基础技能。

逻辑函数的化简方法有多种，最常用的方法是公式化简法和卡诺图化简法。

一、逻辑函数的公式化简法

逻辑函数的公式化简法就是运用逻辑代数的基本公式、定律和运算规则对给定的逻辑函数表达式进行化简。常用的公式化简法有吸收法、消去法、并项法、配项法等。

（1）吸收法：利用公式 $A+AB=A$，吸收多余的与项进行化简。例如：

$$F=\overline{A}+\overline{A}BC+\overline{A}BD+\overline{A}E=\overline{A}\cdot(1+BC+BD+E)=\overline{A}$$

（2）消去法：利用公式 $A+\overline{A}B=A+B$，消去与项中多余的因子进行化简。例如：

$$\begin{aligned}F&=A+\overline{A}B+\overline{B}C+\overline{C}D=A+B+\overline{B}C+\overline{C}D\\&=A+B+C+\overline{C}D=A+B+C+D\end{aligned}$$

（3）并项法：利用公式 $A+\overline{A}=1$，把两项并成一项进行化简。例如：

$$\begin{aligned}F&=A\,\overline{BC}+AB+A\cdot(\overline{\overline{BC}+B})\\&=A\cdot(\overline{BC}+B+\overline{\overline{BC}+B})=A\end{aligned}$$

（4）配项法：利用公式 $A+\overline{A}=1$，把一个与项变成两项，再和其他项合并进行化简。例如：

$$\begin{aligned}F&=\overline{A}B+\overline{B}C+B\overline{C}+A\overline{B}\\&=\overline{A}B\cdot(C+\overline{C})+\overline{B}C\cdot(A+\overline{A})+B\overline{C}+A\overline{B}\\&=\overline{A}BC+\overline{A}B\overline{C}+A\overline{B}C+\overline{A}\overline{B}C+B\overline{C}+A\overline{B}\\&=A\overline{B}\cdot(C+1)+\overline{A}C\cdot(B+\overline{B})+B\overline{C}\cdot(\overline{A}+1)\\&=A\overline{B}+\overline{A}C+B\overline{C}\end{aligned}$$

有时对逻辑函数表达式进行化简，可以几种方法并用，综合考虑。下面的例子中就使用了配项法和并项法两种方法。

$$\begin{aligned}F&=\overline{A}BC+AB\overline{C}+A\overline{B}C+ABC\\&=\overline{A}BC+ABC+AB\overline{C}+ABC+A\overline{B}C+ABC\\&=AB\cdot(C+\overline{C})+AC\cdot(B+\overline{B})+BC\cdot(A+\overline{A})\\&=AB+AC+BC\end{aligned}$$

二、逻辑函数的卡诺图化简法

采用公式化简法化简，不仅要求熟练掌握逻辑代数的公式，且需具有较强的化简技巧。卡诺图化简法简单、直观、有规律可循，当变量较少时，用来化简逻辑函数十分方便。

1. 卡诺图

卡诺图其实质是真值表的一种特殊排列形式，图 2—14 至图 2—16 分别是二变量、三变量和四变量的卡诺图。n 个变量的逻辑函数有 2^n 个最小项，每个最小项对应一个小方格，所以，n 个变量的卡诺图由 2^n 个小方格构成，这些小方格按一定的规则排列。

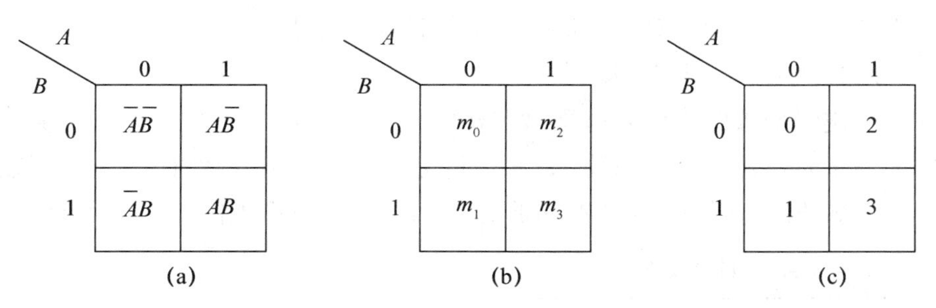

图 2—14　二变量卡诺图

图 2—14 中卡诺图的上边线用来表示小方格的列，第一列小方格表示 A 的非，第二列小方格表示 A；变量 B 为另一组，表示在卡诺图的左边线，用来表示小方格的行，第一行小方格表示 B 的非，第二行小方格表示 B。如果原变量用 1 表示，反变量用 0 表示，在卡诺图上行和列的交叉处的小方格就是输入变量取值对应的最小项。如果每个最小项用符号表示，则卡诺图如图 2—14（b）所示；最小项也可以简写成编号，如图 2—4（c）所示。图 2—15 和图 2—16 也类似。

C \ AB	00	01	11	10
0	m_0	m_2	m_6	m_4
1	m_1	m_3	m_7	m_5

C \ AB	00	01	11	10
0	0	2	6	4
1	1	3	7	5

图 2—15　三变量卡诺图

CD \ AB	00	01	11	10
00	0	4	12	8
01	1	5	13	9
11	3	7	15	11
10	2	6	14	10

图 2—16　四变量卡诺图

卡诺图有以下两个特点：第一，相邻小方格和轴对称小方格中的最小项只有一个因子不同，这种最小项称为逻辑相邻最小项；第二，合并 2^k 个逻辑相邻最小项，可以消去 k 个逻辑变量。

2. 逻辑函数的卡诺图表示

用卡诺图表示逻辑函数时，可以分以下几种情况考虑。

（1）利用真值表画出卡诺图。

如果已知逻辑函数的真值表，画出卡诺图是十分容易的。对应逻辑变量取值的组合，函数值为 1 时，在小方格内填 1；函数值为 0 时，在小方格内填 0（也可以不填）。例如，逻辑函数 F_1 的真值表如表 2—6 所示，对应的卡诺图如图 2—17 所示。

表 2—6　逻辑函数 F_1 的真值表

A	B	C	F_1
0	0	0	1
0	0	1	0
0	1	0	1
0	1	1	0
1	0	0	1
1	0	1	1
1	1	0	0
1	1	1	0

C \ AB	00	01	11	10
0	1	1	0	1
1	0	0	0	1

图 2—17　逻辑函数 F_1 的卡诺图

（2）利用最小项表达式画出卡诺图。

当逻辑函数是以最小项形式给出时，可以直接在最小项对应的卡诺图小方格内填 1，其余的填 0。这是因为任何一个逻辑函数都等于其卡诺图上填 1 的最小项之和。例如，对于四变量的逻辑函数：

$$F_2 = \sum m(0,5,7,10,13,15)$$

其卡诺图如图 2—18 所示。

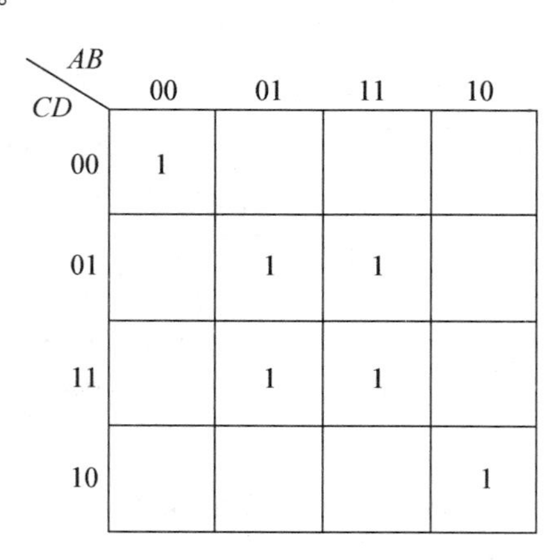

图 2—18　逻辑函数 F_2 的卡诺图

（3）通过一般与或式画出卡诺图。

有时逻辑函数是以一般与或式的形式给出的，在这种情况下画卡诺图时，可以在每个与项覆盖的最小项对应的小方格内填 1，重复覆盖时，只填一次就可以了。在那些与项没覆盖的最小项对应的小方格内填 0 或者不填。例如，三变量逻辑函数：

$$F_3=\bar{A}\bar{C}+A\bar{B}+AC$$

与项 $\bar{A}\bar{C}$ 对应的最小项是 $\bar{A}\bar{B}\bar{C}$ 和 $\bar{A}B\bar{C}$，与项 $A\bar{B}$ 对应的最小项是 $A\bar{B}C$ 和 $A\bar{B}\bar{C}$，与项 AC 对应的最小项是 ABC 和 $A\bar{B}C$。逻辑函数 F_3 的卡诺图如图 2—19 所示。

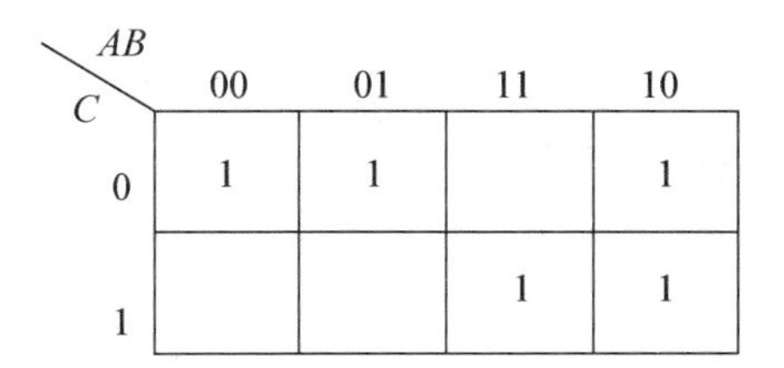

图 2—19　逻辑函数 F_3 对应的卡诺图

如果逻辑函数以其他表达式形式给出，如或与式、与或非、或与非形式，或者是多种形式的混合表达式，就可将表达式变换成与或式后再画卡诺图，也可以写出表达式的真值表，利用真值表再画出卡诺图。

3. 用卡诺图化简逻辑函数的过程

用卡诺图表示出逻辑函数后，化简可分成两步进行：第一步是将填 1 的逻辑相邻小方格圈起来，称为卡诺圈。第二步是合并卡诺圈内那些填 1 的逻辑相邻小方格代表的最小项，并写出最简的逻辑表达式。

画卡诺圈时应注意以下几点：

（1）卡诺圈内填 1 的逻辑相邻小方格的数目应是 2^k。

（2）填 1 的小方格可以处在多个卡诺圈中，但每个卡诺圈中至少要有一个填 1 的小方格在其他卡诺圈中没有出现过。

（3）为了保证能写出最简单的与或表达式，首先应保证卡诺圈的个数最少（表达式中的与项最少），其次是每个卡诺圈中填 1 的小方格最多（与项中的变量最少）。由于卡诺圈的画法在某些情况下不是唯一的，因此写出的最简逻辑表达式也不是唯一的。

（4）如果一个填 1 的小方格不与任何其他填 1 的小方格相邻，这个小方格也要用一个与项表示，最后将所有的与项进行或运算就是化简后的逻辑表达式。

4. 卡诺图化简逻辑函数举例

例 2—14　已知逻辑函数 F 的真值表如表 2—7 所示，写出逻辑函数的最简与或表达式。

解： 首先根据真值表画出卡诺图，将填有 1 并具有相邻关系的小方格圈起来，如图 2—20 所示，根据卡诺图可写出最简与或表达式：

$$F=A\bar{C}+\bar{B}C$$

表 2—7　　逻辑函数 F 的真值表

A	B	C	F
0	0	0	0
0	0	1	1
0	1	0	0
0	1	1	0
1	0	0	1
1	0	1	1
1	1	0	1
1	1	1	0

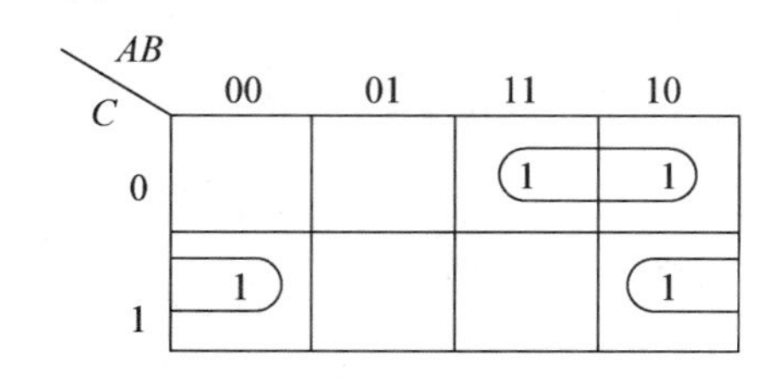

图 2—20　例 2—14 的卡诺图

例 2—15　化简四变量逻辑函数 $F=\overline{A}\overline{B}C+A\overline{B}C+B\overline{C}\overline{D}+ABC$ 为最简与或表达式。

解：首先根据逻辑表达式画出 F 的卡诺图，将填有 1 并具有相邻关系的小方格圈起来，如图 2—21 所示，根据卡诺图可写出最简表达式：

$$F=AC+\overline{B}C+B\overline{C}\overline{D}$$

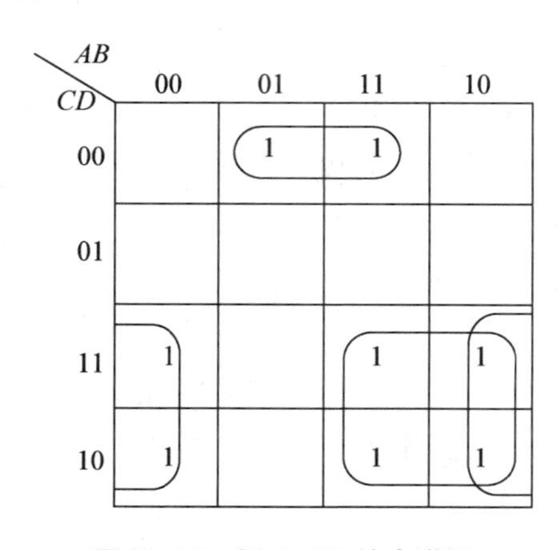

图 2—21　例 2—15 的卡诺图

5. 包含无关项的逻辑函数的化简

对一个逻辑函数来说，如果针对逻辑变量的每一组取值，逻辑函数都有一个确定的值相对应，则这类逻辑函数称为完全描述逻辑函数。但是，对于从某些实际问题归纳出的逻辑函数，其输入变量的某些取值对应的最小项不会出现或不允许出现，也就是说，这些输入变量之间存在一定的约束条件。这些不会出现或不允许出现的最小项称为约束项，其值恒为 0。还有一些最小项，无论取值 0 还是取值 1，对逻辑函数代表的功能都不会产生影响。这些取值任意的最小项称为任意项。约束项和任意项统称无关项，包含无关项的逻辑函数称为非完全描述逻辑函数。无关最小项在逻辑表达式中用 $\sum d(\cdots)$ 表示，在卡诺图上用“ϕ”或“×”表示，化简时既可代表 0，也可代表 1。

在化简包含无关项的逻辑函数时，由于无关项可以加进去，也可以去掉，都不会对逻辑函数的功能产生影响，因此利用无关项就可能进一步化简逻辑函数。

例 2—16　化简三变量逻辑函数 $F=\sum m(0, 4, 6)+\sum d(2, 3)$ 为最简与或表达式。

解： 首先根据逻辑表达式画出 F 的卡诺图，如图 2—22 所示。如果按不包含无关项化简，最简表达式为：

$$F=A\overline{C}+\overline{B}\overline{C}$$

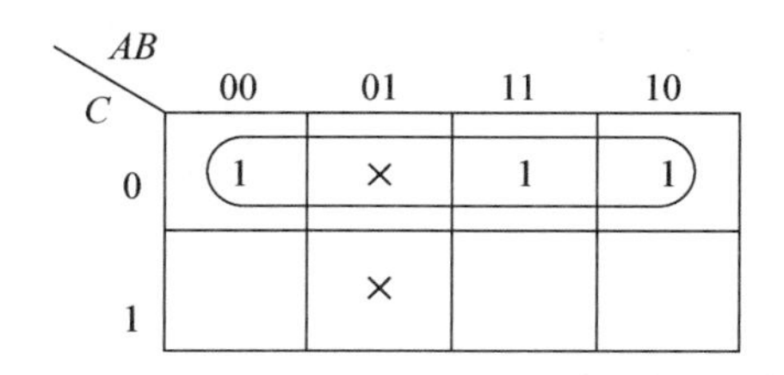

图 2—22　例 2—16 的卡诺图

当有选择地加入无关项后，可扩大卡诺圈的范围，使表达式更简练，最后得到：

$$F=\overline{C}$$

2.2　计算机中的组合逻辑电路

计算机硬件由 5 大部分组成：控制器、运算器、存储器、输入设备和输出设备。每个部分都是由集成电路板组成的，每个电路板由许多集成电路芯片组成，每个芯片由基本的逻辑电路组成，逻辑电路由最基本的逻辑门电路（gate）组成。因此，整个计算机最基本的构成单位就是逻辑门电路。

计算机中的基本电路包括组合逻辑电路和时序逻辑电路两种类型。

2.2.1　组合逻辑电路概述

组合逻辑电路在逻辑功能上的特点是任意时刻的输出仅仅取决于该时刻的输入，与电路原来的状态无关。计算机中常见的组合逻辑电路有：三态门电路、译码器、数据选择器、加法器、算术逻辑单元等。

组合逻辑电路的一般结构可用方框图表示，如图 2—23 所示。其输入与输出之间的逻辑关系是：

$$Y_0=f_0(X_0, X_1, \cdots, X_{n-1})$$
$$Y_1=f_1(X_0, X_1, \cdots, X_{n-1})$$
$$\vdots$$
$$Y_{m-1}=f_{m-1}(X_0, X_1, \cdots, X_{n-1})$$

图 2—23　组合逻辑电路的方框图

从电路结构看，组合逻辑电路有以下两个特征：(1) 信号是单向传输的，输入与输出之间没有反馈通道；(2) 只由逻辑门组成，电路中不含记忆单元。

组合逻辑电路可以单独完成各种复杂的逻辑功能，而且还是时序逻辑电路的组成部分，在数字系统中的应用非常广泛。

2.2.2　组合逻辑电路的分析与设计

一、组合逻辑电路的分析

组合逻辑电路的分析是指已知逻辑电路，寻找输出与输入之间的逻辑关系，确定电路功能的过程。

组合逻辑电路的分析步骤一般如下：(1) 根据给定的逻辑图，从输入到输出逐级写出逻辑函数表达式；(2) 用公式法或卡诺图法化简逻辑函数表达式；(3) 根据化简的逻辑函数表达式列出真值表；(4) 对逻辑函数表达式或对真值表进行分析，概括出给定组合逻辑电路的逻辑功能。

例 2—17　分析图 2—24 所示的逻辑电路的功能。

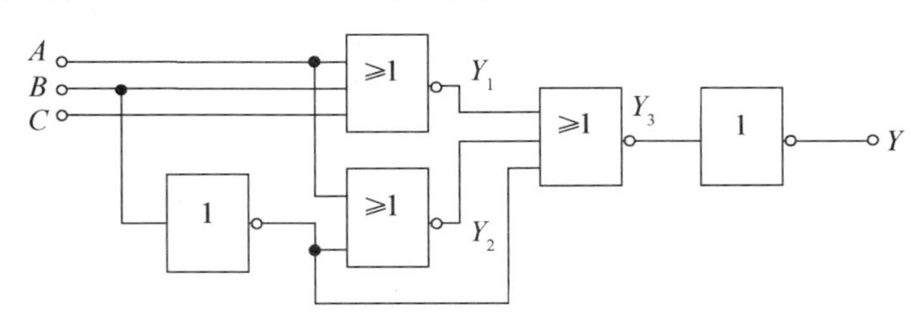

图 2—24　例 2—17 的逻辑电路图

解：根据逻辑电路图，可以写出如下逻辑表达式：

$$\left.\begin{aligned} Y_1&=\overline{A+B+C} \\ Y_2&=\overline{A+\overline{B}} \\ Y_3&=\overline{Y_1+Y_2+\overline{B}} \end{aligned}\right\} Y=\overline{Y_3}=Y_1+Y_2+\overline{B}=\overline{A+B+C}+\overline{A+\overline{B}}+\overline{B}$$

把逻辑表达式化简为最简与或表达式，然后列出真值表，如表 2—8 所示：

$$Y=\overline{A}\overline{B}\overline{C}+\overline{A}B+\overline{B}=\overline{A}B+\overline{B}=\overline{A}+\overline{B}=\overline{AB}$$

下面进行功能分析：电路的输出 Y 只与输入 A、B 有关，而与输入 C 无关。Y 和 A、B 的逻辑关系为：A、B 中只要有一个为 0，$Y=1$；A、B 全为 1 时，$Y=0$。所以 Y 和 A、B 的逻辑关系为与非运算的关系，可以用与非门实现，如图 2—25 所示。

表 2—8　　　　　　　真值表

A	B	C	Y
0	0	0	1
0	0	1	1
0	1	0	1
0	1	1	1
1	0	0	1
1	0	1	1
1	1	0	0
1	1	1	0

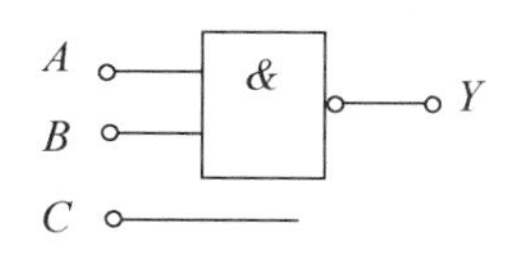

图 2—25　例 2—17 功能的实现

在组合逻辑电路的分析过程中，写出逻辑表达式并列出真值表并不难，而由真值表说明逻辑电路的功能对于初学者来说相对比较难，需要一定的知识积累和练习。

二、组合逻辑电路的设计

组合逻辑电路的设计是指根据所要求实现的逻辑功能，设计出相应的逻辑电路的过程。设计通常以电路简单、所用器件最少为目标。

组合逻辑电路的设计步骤一般如下：(1) 仔细分析设计要求，确定输入和输出变量；(2) 对输入和输出变量赋予 0、1 值，并根据输入和输出之间的因果关系，列出输入和输出对应关系表，即真值表；(3) 根据真值表填写卡诺图，写出最简逻辑函数表达式的适当形式；(4) 根据逻辑表达式画出逻辑电路图。

一个特定的逻辑问题，其对应的真值表是唯一的，但实现它的逻辑电路是多种多样的。在实际设计工作中，如果由于某些原因无法获得某些门电路，可以通过变换逻辑表达式来变换电路，从而能使用其他器件来代替该器件。同时，在满足逻辑功能和技术要求的基础上，为了使逻辑电路的设计简单、经济、可靠，通过各种方法对逻辑表达式进行化简是必要的。组合逻辑电路可用一组逻辑表达式来描述。设计组合逻辑电路就是实现逻辑表达式。实现组合逻辑函数的途径是多种多样的，可采用基本门电路，也可采用中、大规模集成电路。

首先举例说明多种逻辑电路如何实现统一逻辑函数功能。

例 2—18　用逻辑电路来实现以下逻辑函数表达式的功能：

$$Y=\overline{A\cdot\overline{AB}+B\cdot\overline{AB}}$$

(1) 直接用与非门、与门、或非门实现。

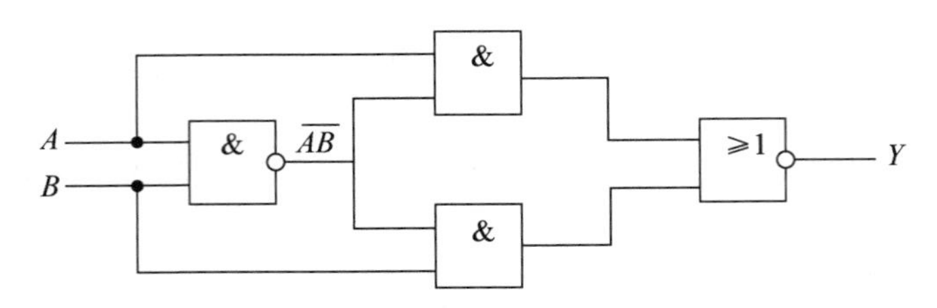

（2）逻辑表达式变换后，用与非门实现。

$$Y=\overline{\overline{AB}(A+B)}=\overline{\overline{AB}\cdot\overline{\overline{A}\cdot\overline{B}}}$$

（3）逻辑表达式变换后，用同或门实现。

$$Y=\overline{A(\overline{A}+\overline{B})+B(\overline{A}+\overline{B})}=\overline{A\overline{B}+\overline{A}B}=\overline{A}\,\overline{B}+AB=A\odot B$$

例 2—19 设计一个 3 人多数表决电路。

解：（1）设 3 人 A、B、C 为输入，同意为 1，不同意为 0；表决结果 Y 为输出，输入 A、B、C 中有 2 个或 3 个为 1 时，输出为 1，其余情况的输出为 0，可以列出真值表如表 2—9 所示。

表 2—9　　3 人多数表决电路真值表

输入			输出	输入			输出
A	B	C	Y	A	B	C	Y
0	0	0	0	1	0	0	0
0	0	1	0	1	0	1	1
0	1	0	0	1	1	0	1
0	1	1	1	1	1	1	1

（2）画出卡诺图（或写出逻辑表达式）。

C \ AB	00	01	11	10
0	0	0	1	0
1	0	1	1	1

（3）化简后得到最简逻辑表达式：

$$Y=AB+BC+AC$$

（4）得出相应的逻辑电路如图 2—26 所示（变换后也可以由与非门实现，如图 2—27 所示）。

$$Y=\overline{\overline{AB}\cdot\overline{BC}\cdot\overline{AC}}$$

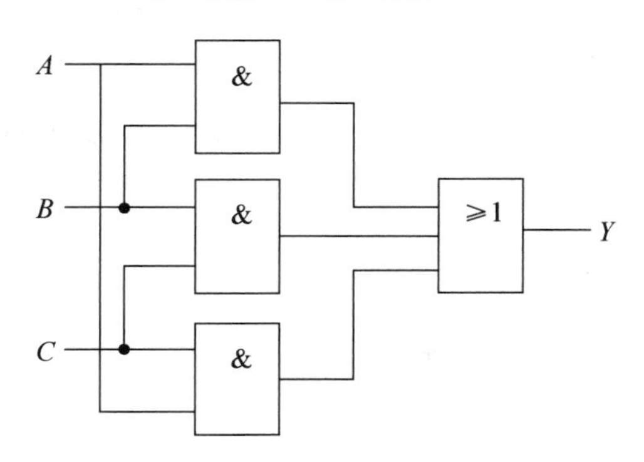

图 2—26　与门和或门实现

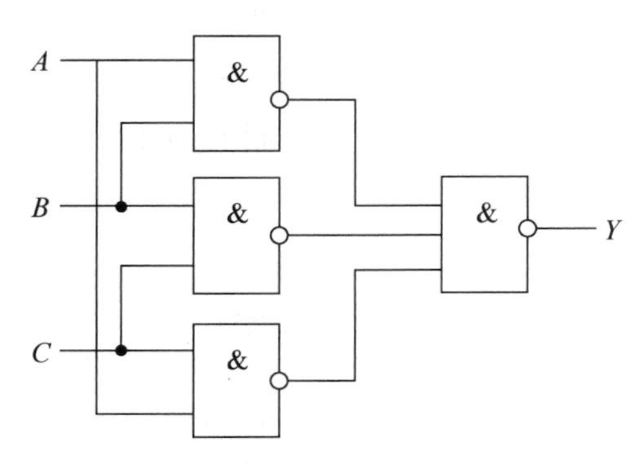

图 2—27　与非门实现

2.2.3　计算机中的组合逻辑电路

计算机中用到的组合逻辑电路有：三态电路（three-state logic，TSL）、加法器、算术逻辑单元（ALU）、译码器等。

一、三态电路（three-state logic，TSL）

三态电路是一种重要的总线接口电路。三态电路是具有三种工作状态的逻辑门，分别是：正常态 0，正常态 1，高阻态 Z。当接在总线上的三态电路输出为高阻态时，电路在形式上是和总线相连的，但实际上可以看成是和总线“脱开”的，没有任何逻辑控制功能。高阻态的逻辑状态是 1，所以三态电路仍是二值的逻辑电路。

三态反相门（非门）的功能表及逻辑图如图 2—28 所示：

功能表

$\overline{G}$	Y
0	$\overline{A}$
1	Z

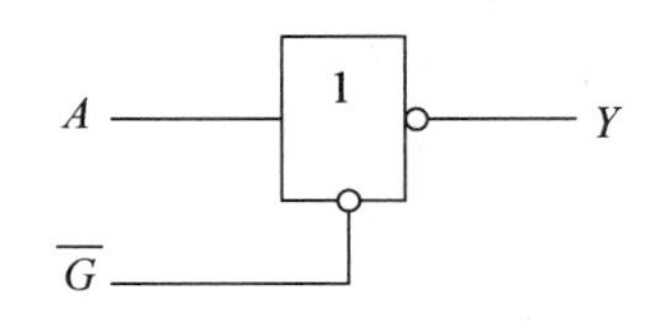

图 2—28　三态反相门的功能表及逻辑图

它有一个三态控制端 $\overline{G}$。当 $\overline{G}=0$ 时，三态反相门等同于一个普通反相门，$Y=\overline{A}$，当 $\overline{G}=1$ 时，三态反相门输出呈高阻态，记作 $Y=Z$。电路的输出表达式为：

$$Y=\overline{G}Z+\overline{\overline{G}}\overline{A}$$

如果某个设备端口要挂在一个总线上，必须通过三态缓冲器。因为在一个总线上同时只能有一个端口作输出，这时其他端口必须在高阻态，同时可以输入这个输出端口的数据。所以你还需要有总线控制管理，访问到哪个端口，哪个端口的三态缓冲器才可以转入输出状态，这是典型的三态门应用。

二、加法器

计算机中最基本的算术运算是加法运算，加、减、乘、除运算最终都可以归纳为加法运算。所以，加法器是计算机最基本的运算部件。

1. 半加器

能把两个 1 位二进制数相加，而求得和及进位的逻辑电路称为半加器。半加器的真值表如表 2—10 所示，逻辑电路图如图 2—29 所示。

表 2—10　　半加器真值表

A_i	B_i	S_i	C_i
0	0	0	0
0	1	1	0
1	0	1	0
1	1	0	1

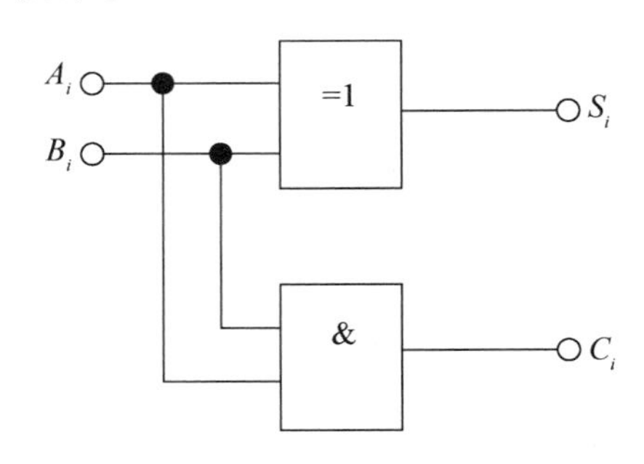

图 2—29　半加器逻辑图

逻辑表达式为：

$$S_i=\overline{A}_iB_i+A_i\overline{B}_i=A_i\oplus B_i$$
$$C_i=A_iB_i$$

2. 全加器

能把两个 1 位二进制数相加并考虑低位来的进位，即相当于 3 个 1 位二进制数相加，求得和及进位的逻辑电路称为全加器。全加器的真值表如表 2—11 所示，由真值表可以得到 S_i 和 C_i 的逻辑表达式：

$$S_i=\overline{A}_i\overline{B}_iC_{i-1}+\overline{A}_iB_i\overline{C}_{i-1}+A_i\overline{B}_i\overline{C}_{i-1}+A_iB_iC_{i-1}=A_i\oplus B_i\oplus C_{i-1}$$
$$C_i=A_iB_i+A_iC_{i-1}+B_iC_{i-1}=A_iB_i+(A_i+B_i)C_{i-1}=A_iB_i+(A_i\oplus B_i)C_{i-1}$$

表 2—11　　全加器真值表

A_i	B_i	C_{i-1}	S_i	C_i
0	0	0	0	0
0	0	1	1	0
0	1	0	1	0
0	1	1	0	1
1	0	0	1	0

续前表

A_i	B_i	C_{i-1}	S_i	C_i
1	0	1	0	1
1	1	0	0	1
1	1	1	1	1

全加器的逻辑电路图如图 2—30 所示，从逻辑表达式可以看出，全加器还可以用两个半加器来实现，如图 2—31 所示。全加器的逻辑符号如图 2—32 所示。

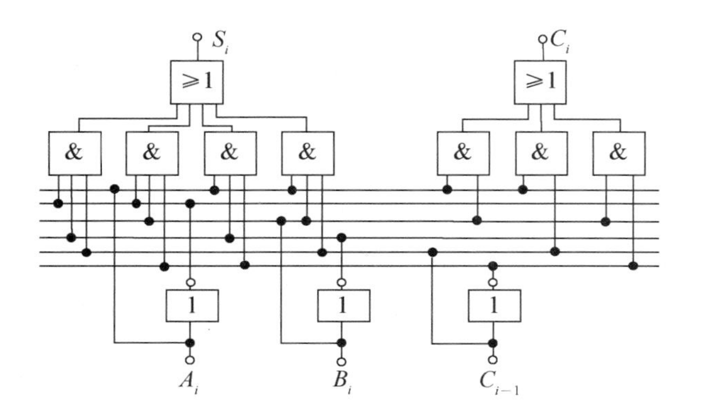

图 2—30　全加器逻辑图 1

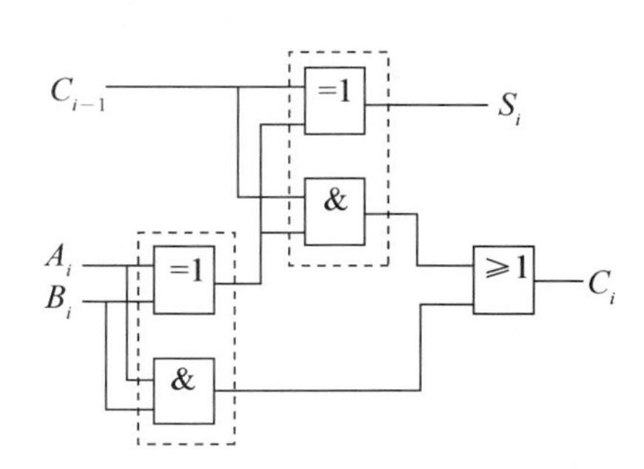

图 2—31　全加器逻辑图 2

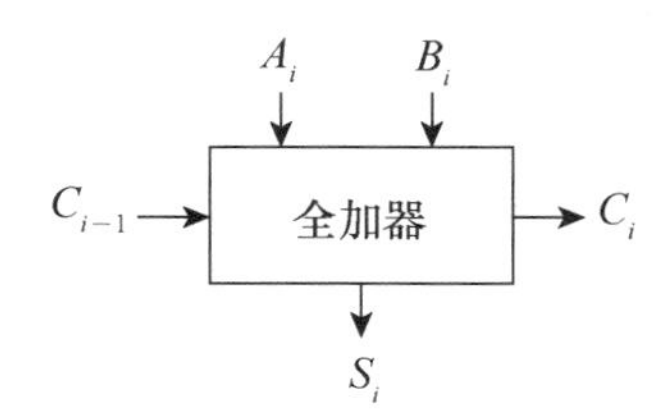

图 2—32　全加器逻辑符号

3. 加法器

实现多位二进制数相加的电路称为加法器。加法器是由全加器再配上其他必要的逻辑电路组成的。加法器根据进位方式的不同，分为串行进位加法器和并行进位加法器。

（1）串行进位加法器。

把 n 个全加器串联起来，就可以进行 n 位数的相加，低位全加器的进位输出连接到相邻的高位全加器的进位输入，就形成了 n 位串行进位加法器，如图 2—33 所示。

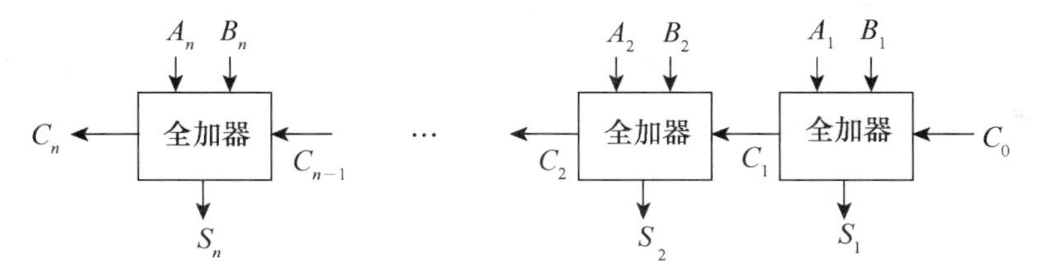

图 2—33　串行进位加法器

串行进位加法器的各位操作数是同时输入的，但由于进位是串行传送的，因此加法时间与位数有关。最长运算时间主要由进位信号的传递时间决定，而每个全加器本身的求和延迟只是次要因素。串行进位加法器的总延迟时间与字长成正比，字长越长，总延迟时间就越长。假设每一级加法器的延迟为二级门，设一级门延迟为 t，则每一级加法器的进位延迟时间为 $2t$，在字长为 n 的情况下，从 C_0 到 C_n 的延迟时间为 $2nt$。

很显然，提高加法器速度的关键是尽量加快进位产生和传递的速度，即减少进位延迟时间，也就是改进进位方式。

（2）并行进位加法器。

并行进位又叫超前进位、先行进位，其特点是各级进位信号同时形成。

由前所知，加法器每一位的进位表达式为：

$$C_i = A_iB_i + (A_i \oplus B_i)C_{i-1}$$

其中，A_iB_i 取决于本位参加运算的两个数，而与低位进位无关，称 A_iB_i 为进位产生函数（本次进位产生），用 G_i 表示，其含义是：若本位的两个输入均为 1，必然要向高位产生进位。（$A_i \oplus B_i$）C_{i-1} 则不但与本位的两个输入有关，还依赖于低位送来的进位，因此称 $A_i \oplus B_i$ 为进位传递函数（低位进位传递），用 P_i 表示，其含义是：当两个输入中有一个为 1 时，低位传来的进位 C_{i-1} 将向更高位传递。

$$G_i = A_iB_i, P_i = A_i \oplus B_i$$

所以，进位表达式又可以写成：

$$C_i = G_i + P_iC_{i-1}$$

于是得到：

$$C_1 = G_1 + P_1C_0$$
$$C_2 = G_2 + P_2G_1 + P_2P_1C_0$$
$$C_3 = G_3 + P_3G_2 + P_3P_2G_1 + P_3P_2P_1C_0$$
$$C_4 = G_4 + P_4G_3 + P_4P_3G_2 + P_4P_3P_2G_1 + P_4P_3P_2P_1C_0$$

上述各式中所有的进位输出仅由 G_i、P_i 及最低位输入 C_0 决定，而不依赖于其低位的进位 C_{i-1}，因此各级进位输出可以同时产生。

这种并行进位方式是快速的，若不考虑 G_i 和 P_i 的形成时间，从 C_0 到 C_n 的最长延迟时间仅为 $2t$，而与字长无关。但是随着加法器位数的增加，C_i 的逻辑表达式会变得越来越长，输入变量会越来越多，这会使电路结构变得很复杂，所以完全采用并行进位是不现实的。

实际的加法器，通常采用分组并行进位方式。分组并行进位方式是把 n 位字长分成若干小组，在组内各位之间实行并行快速进位方式，在组间既可以采用串行进位方式，也可以采用并行快速进位方式。因此有两种情况：单级先行进位方式（组内并行、组间串行）和多级先行进位方式（组内并行、组间并行）。

1）单级先行进位方式（组内并行、组间串行）。

以 16 位加法器为例，可分为 4 组，每组 4 位。第一小组组内的进位逻辑函数 C_1、C_2、C_3、C_4 的表达式与前述相同，$C_1 \sim C_4$ 信号是同时产生的，实现上述进位逻辑函数的电路称为 4 位先行进位（carry look ahead，CLA）电路，其延迟时间为 $2t$。

利用这种 4 位 CLA 电路、进位产生和传递电路以及求和电路可以构成 4 位的先行进位加法器。用 4 个这样的先行进位加法器，很容易构成 16 位的单级先行进位加法器，如图 2—34 所示。

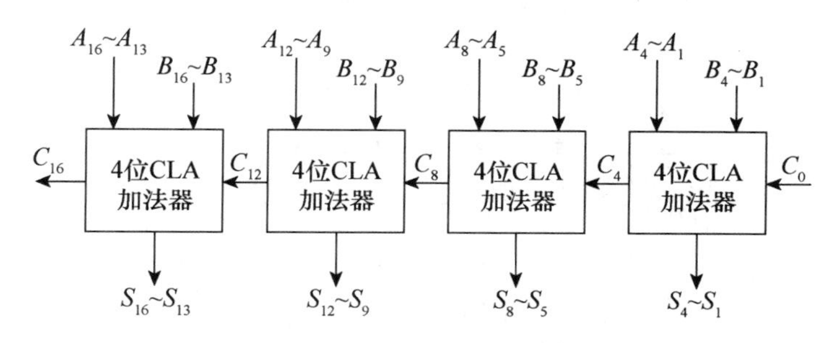

图 2—34　16 位的单级先行进位加法器

若不考虑 G_i 和 P_i 的形成时间，从 C_0 到 C_n 的最长延迟时间仅为 $2mt$，其中 m 为分组的组数。16 位单级先行进位加法器从 C_0 到 C_{16} 的最长延迟时间为 $4\times 2t=8t$。

在单级先行进位电路中，进位的延迟时间是与组数成正比的，组数越多，进位的延迟时间就越长，因此当加法器的字长较长（$n\geqslant 16$）时，为了加快进位传递时间，就有必要采用多级先行进位方式。

2）多级先行进位方式（组内并行、组间并行）。

仍以 16 位加法器为例，分析两级先行进位加法器的设计方法。

第一小组的进位输出 C_4 可以写为：

$$
\begin{aligned}
C_4 &= G_4 + P_4G_3 + P_4P_3G_2 + P_4P_3P_2G_1 + P_4P_3P_2P_1C_0 \\
&= G_1^* + P_1^* C_0
\end{aligned}
$$

其中：

$$
\begin{aligned}
G_1^* &= G_4 + P_4G_3 + P_4P_3G_2 + P_4P_3P_2G_1 \\
P_1^* &= P_4P_3P_2P_1
\end{aligned}
$$

G_i^* 称为组进位产生函数，P_i^* 称为组进位传递函数，这两个函数只与 G_i、P_i 有关。依此类推，可以得到：

$$C_8=G_2^*+P_2^*C_4=G_2^*+P_2^*G_1^*+P_2^*P_1^*C_0$$
$$C_{12}=G_3^*+P_3^*G_2^*+P_3^*P_2^*G_1^*+P_3^*P_2^*P_1^*C_0$$
$$C_{16}=G_4^*+P_4^*G_3^*+P_4^*P_3^*G_2^*+P_4^*P_3^*P_2^*G_1^*+P_4^*P_3^*P_2^*P_1^*C_0$$

为了产生组进位函数，需要对原来的 CLA 电路进行修改：第一小组内产生 G_1^*、P_1^*、C_3、C_2、C_1，不产生 C_4；第二小组内产生 G_2^*、P_2^*、C_7、C_6、C_5，不产生 C_8；第三小组内产生 G_3^*、P_3^*、C_{11}、C_{10}、C_9，不产生 C_{12}；第四小组内产生 G_4^*、P_4^*、C_{15}、C_{14}、C_{13}，不产生 C_{16}。这种电路称为成组先行进位（block carry look ahead，BCLA）电路，其延迟时间为 $2t$。利用这种 4 位的 BCLA 电路、进位产生与传递电路以及求和电路可以构成 4 位的 BCLA 加法器。4 个 BCLA 加法器和 1 个 CLA 电路可以组成 16 位的两级先行进位加法器，如图 2—35 所示。

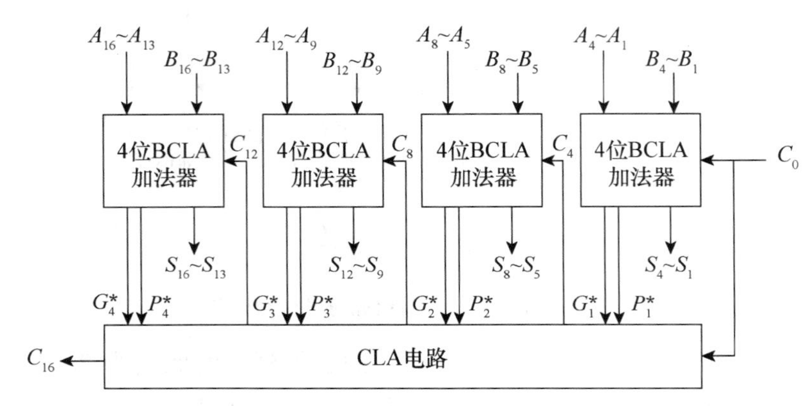

图 2—35　16 位的单级先行进位加法器

由图 2—35 可见，若不考虑 G_i 和 P_i 的形成时间，从 C_0 经过 $2t$ 延迟时间产生第一小组的 C_1、C_2、C_3 及所有组进位产生函数 G_i^* 和组进位传递函数 P_i^*；再经过 $2t$，由 CLA 电路产生 C_4、C_8、C_{12}、C_{16}；再经过 $2t$，才能产生第二、三、四小组内的 C_5～C_7，C_9～C_{11}，C_{13}～C_{15}，加法器的延迟时间为 $6t$。

三、算术逻辑单元（ALU）

算术逻辑单元简称 ALU，是一种功能较强的组合逻辑电路。它能进行多种算术运算和逻辑运算。由于 ALU 能完成多种功能，因而也被称为多功能函数发生器。

由于加、减、乘、除运算，最终都可以归结为加法运算，因此 ALU 的核心逻辑结构是先行进位加法器，同时也能完成“与”、“或”、“非”、“异或”这样的逻辑运算。

早期的大多数 ALU 是 4 位的，随着集成电路技术的发展，多位的 ALU 相继问世，为了说明原理，这里通过介绍国际流行的美国 SN74181 型 4 位 ALU 中规模集成电路来介绍 ALU 的功能。工作于正逻辑的 SN74181 型 ALU 的框图和功能表分别如图 2—36 和表 2—12 所示。

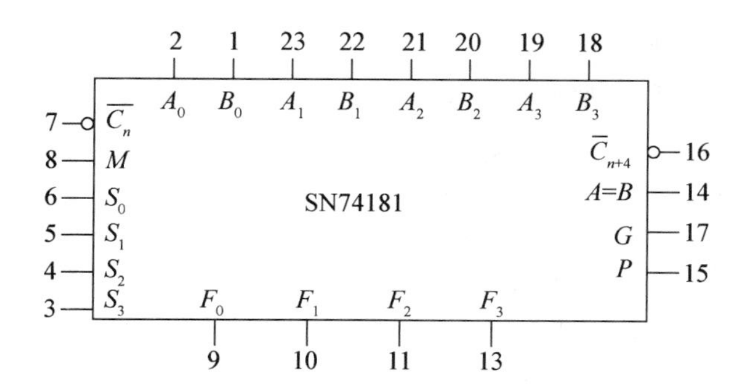

图 2—36　SN74181 在正逻辑框图

表 2—12　　SN74181 型 ALU 在正逻辑下的功能表

S_3	S_2	S_1	S_0	正逻辑		
				M=H 逻辑运算	M=L 算术运算 $C_n=1$	M=L 算术运算 $C_n=0$
L	L	L	L	$\overline{A}$	A	A 加 1
L	L	L	H	$\overline{A+B}$	A+B	(A+B) 加 1
L	L	H	L	$\overline{A}\cdot B$	$A+\overline{B}$	$(A+\overline{B})$ 加 1
L	L	H	H	0	减 1	0
L	H	L	L	$\overline{A\cdot B}$	A 加 $(A\cdot\overline{B})$	A 加 $(A\cdot\overline{B})$ 加 1
L	H	L	H	$\overline{B}$	$(A\cdot\overline{B})$ 加 (A+B)	$(A\cdot\overline{B})$ 加 (A+B) 加 1
L	H	H	L	$A\oplus B$	A 减 B 减 1	A 减 B
L	H	H	H	$A\cdot\overline{B}$	$(A\cdot\overline{B})$ 减 1	$A\cdot\overline{B}$
H	L	L	L	$\overline{A}+B$	A 加 $(A\cdot B)$	A 加 $(A\cdot B)$ 加 1
H	L	L	H	$\overline{A\oplus B}$	A 加 B	A 加 B 加 1
H	L	H	L	B	$(A\cdot B)$ 加 $(A+\overline{B})$	$(A\cdot B)$ 加 $(A+\overline{B})$ 加 1
H	L	H	H	$A\cdot B$	$(A\cdot B)$ 减 1	$A\cdot B$
H	H	L	L	1	A 加 A	A 加 A 加 1
H	H	L	H	$A+\overline{B}$	A 加 (A+B)	A 加 (A+B) 加 1
H	H	H	L	A+B	A 加 $(A+\overline{B})$	A 加 $(A+\overline{B})$ 加 1
H	H	H	H	A	A 减 1	A

这个 ALU 能执行 16 种算术运算和 16 种逻辑运算。M 是状态控制端，当 M=H（高电平）时执行逻辑运算，当 M=L（低电平）时执行算术运算；$S_3\sim S_0$是运算选择控制端，它决定电路执行哪种算术运算或哪种逻辑运算。$A_3\sim A_0$，$B_3\sim B_0$是参加运算的两个数，C_n是 ALU 的最低位进位输入；$F_3\sim F_0$是运算结果，注脚 3 表示最高位。在功能表中，“加”表示算术加，“+”表示逻辑加。

例如，当 M=H，$S_3\sim S_0$=LHHL 时，进行逻辑运算 $A\oplus B$；当 M=L，$S_3\sim S_0$=LHHL 时，进行算术运算，此时若 C_n=1，完成 A 减 B 减 1，若 C_n=0，完成 A 减 B。

四、译码器

译码器有 n 个输入变量，2^n个（或少于 2^n个）输出，每个输出对应于 n 个输入变量的一个最小项。当输入为某一组合时，对应的仅有一个输出为“0”（或为“1”），其余输出均为“1”（或为“0”）。

译码器的用途是把输入代码译成相应的控制电位，以实现代码所要求的操作。其实就是多选一操作，2^n选 1 操作。例如，电话交换机就是从给定的电话号码中选中指定的电话，其功能相当于译码器。

2 输入 4 输出译码器的功能表如表 2—13 所示。

表 2—13　　2—4 译码器的功能表

$\overline{E}$	A	B	Y_0	Y_1	Y_2	Y_3
0	0	0	0	1	1	1
0	0	1	1	0	1	1
0	1	0	1	1	0	1
0	1	1	1	1	1	0
1	×	×	1	1	1	1

译码器中常设置“使能”控制端 $\overline{E}$，当该端为“1”时，译码器功能被禁止，此时所有输出均为“1”。使能端的一个主要功能是用来扩充输入变量数。2 输入 4 输出译码器的电路图如图 2—37 所示。

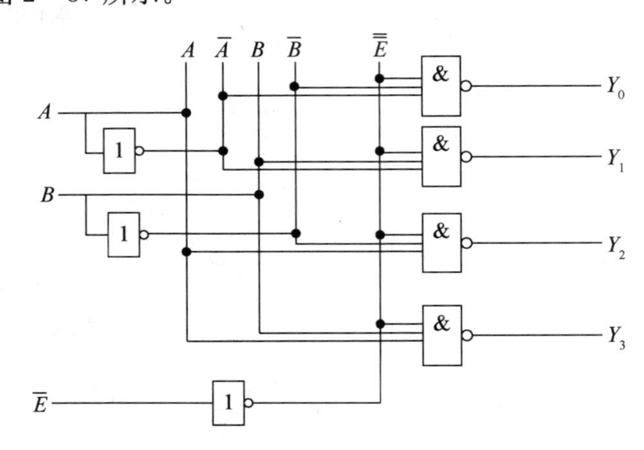

图 2—37　2—4 译码器逻辑图

两片 3 输入 8 输出译码器可以组成一个 4 输入 16 输出译码器，如图 2—38 所示。

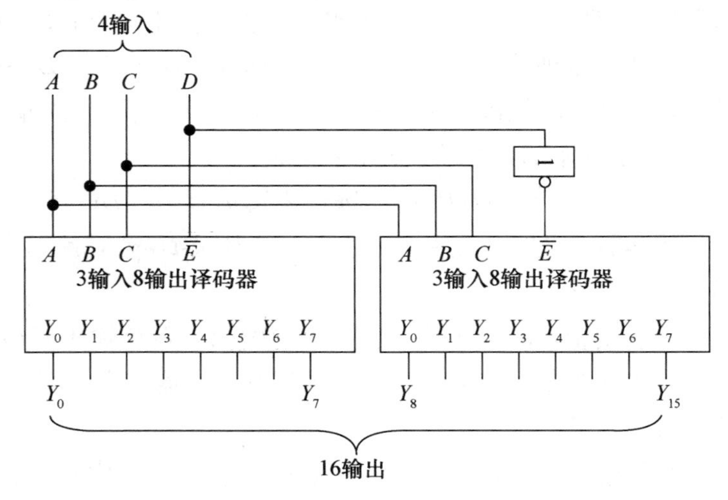

图 2—38　4—16 译码器逻辑框图

2.3　计算机中的时序逻辑电路

2.3.1　时序逻辑电路概述

时序逻辑电路在逻辑功能上的特点是任意时刻的输出不仅取决于当时的输入信号，而且还取决于电路原来的状态，或者说，还与以前的输入有关。时序电路内必须要有能存储信息的记忆单元：触发器。触发器是构成时序逻辑电路的基础。常见的时序逻辑电路有：触发器、寄存器、计数器等。

一、时序逻辑电路的特点

与组合逻辑电路不同，时序逻辑电路有以下特点：

（1）电路包含组合逻辑电路和触发器两部分，具有对过去输入进行记忆的功能；

（2）电路中包含反馈回路，通过反馈使电路功能与时序相关；

（3）电路的输出信号由电路当时的输入信号及状态（即对过去记忆的结果）共同决定。

二、时序逻辑电路的分类

按照电路的工作方式，时序逻辑电路可分为同步时序逻辑电路和异步时序逻辑电路。同步时序逻辑电路内所有触发器的时钟输入端与同一个时钟脉冲信号（CP）相连。因此，所有触发器的状态更新都与时钟脉冲信号同步。异步时序逻辑电路没有统一的时钟脉冲信号，各触发器状态的更新不是同时进行的。

2.3.2　触发器

触发器是能够存储 1 位二进制数字信号的基本逻辑单元。触发器是构成时序逻辑电路的基础逻辑部件。触发器有两个稳定的状态：0 状态和 1 状态。在不同输入情况下，触发器可以被置成 0 状态或 1 状态，当输入信号撤去后，所置成的状态可以保持不变（记忆功能）。

触发器按照逻辑功能的不同可以分为：RS 触发器、D 触发器、JK 触发器、T 和 T′ 触发器。按照时钟控制方式可以分为：电位触发、边沿触发、主从触发等方式的触发器。

同一功能的触发器可以由不同的触发方式来实现。对使用者来说，在选用触发器时，触发方式是必须考虑的因素。因为对于相同功能的触发器，若触发方式选用不当，系统是不能达到预期设计要求的。

一、基本 RS 触发器

1. 电路结构

基本 RS 触发器的电路是由两个与非门的输入、输出端交叉耦合而成。它有两个输入端：$\overline{R}_D$ 和 $\overline{S}_D$，两个输出端：$\overline{Q}$ 和 Q。一般情况下，$\overline{Q}$ 和 Q 总是逻辑互补的，若一个为 1，则另一个为 0。基本 RS 触发器的逻辑电路如图 2—39 所示。

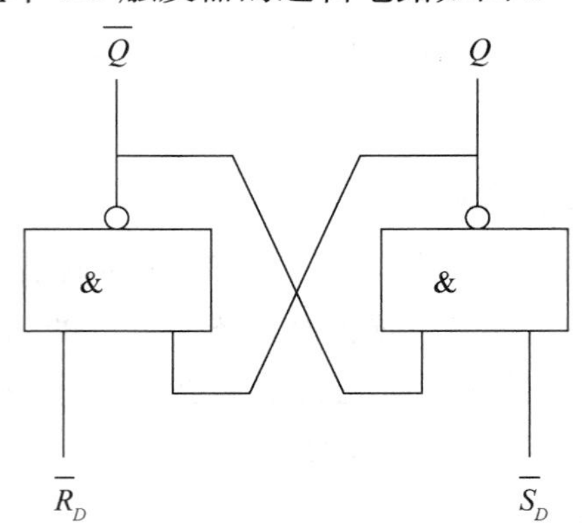

图 2—39　基本 RS 触发器逻辑图

2. 特点

基本 RS 触发器具有两个互补的输出端，两个稳定的工作状态。Q 输出端的状态就是触发器的状态：当 $Q=1$ 时，称为触发器的 1 状态；当 $Q=0$ 时，称为触发器的 0 状态。

基本 RS 触发器可以从一个稳定状态转换到另一个稳定状态。触发器有复位（$Q=0$）、置位（$Q=1$）、保持原状态三种功能。

$\overline{R}_D$ 为触发器的复位输入端，$\overline{S}_D$ 为置位输入端，该电路中为低电平有效。由于反馈线的存在，无论是复位还是置位时，有效信号只需作用很短的一段时间，即"一触即发"。

3. 逻辑功能

基本 RS 触发器的特性方程：

$$Q^{n+1}=\overline{\overline{S}}_D+\overline{R}_D Q^n \quad（约束条件\ \overline{R}_D+\overline{S}_D=1）$$

基本 RS 触发器的真值表见表 2—14。

表 2—14　　基本 RS 触发器的真值表

$\overline{R}_D$	$\overline{S}_D$	Q^n	Q^{n+1}	功能说明
0	0	0	×	不稳定状态
0	0	1	×	
0	1	0	0	置 0（复位）
0	1	1	0	
1	0	0	1	置 1（置位）
1	0	1	1	
1	1	0	0	保持原状态
1	1	1	1	

二、同步 RS 触发器

在实际应用中，触发器的工作状态不仅要由 R、S 端的信号决定，而且还希望触发器按一定的节拍翻转。可以给触发器加一个时钟控制端 CP，只有在 CP 端上出现时钟脉冲时，触发器的状态都才能变化。具有时钟脉冲控制的触发器状态的改变与时钟脉冲同步，所以称为同步触发器。

1. 电路结构

同步 RS 触发器的逻辑电路图如图 2—40 所示。

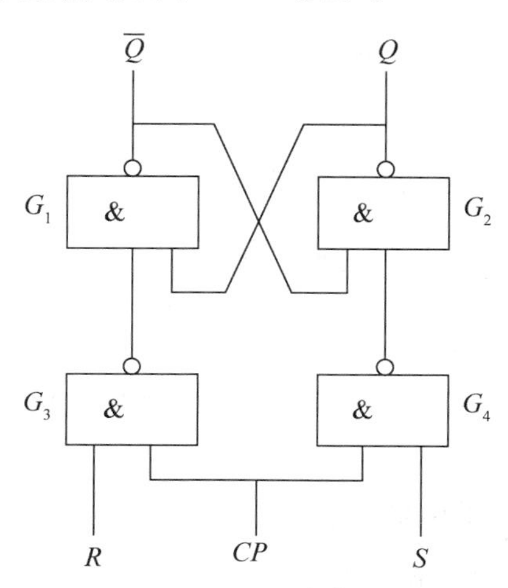

图 2—40　同步 RS 触发器的逻辑图

2. 基本工作原理

当 $CP=0$ 时，控制门 G_3、G_4 关闭，都输出 1。这时，无论 R、S 端的信号如何变化，触发器的状态都保持不变。当 $CP=1$ 时，控制门 G_3、G_4 打开，R、S 端的输入信号才能通过这两个门，其输出状态由 R、S 端的输入信号决定。

可见，R、S 端的输入信号控制触发器状态转换的方向，而 CP 控制触发器状态转换的时刻，即何时发生转换。

3. 逻辑功能

同步 RS 触发器的特性方程：

$$Q^{n+1}=\overline{S}+RQ^n \quad (约束条件\ RS=0)$$

同步 RS 触发器的真值表见表 2—15。

表 2—15　　同步 RS 触发器的真值表

R	S	Q^n	Q^{n+1}	功能说明
0	0	0	0	保持原状态
0	0	1	1	
0	1	0	1	置 1（置位）
0	1	1	1	
1	0	0	0	置 0（复位）
1	0	1	0	
1	1	0	×	不稳定状态
1	1	1	×	

4. 同步触发器的空翻现象

在一个时钟周期的整个高电平期间或整个低电平期间，都能接收输入信号并改变状态的触发方式称为电平触发。由此引起的在一个时钟脉冲周期中触发器发生多次翻转的现象叫做空翻，如图2—41所示。空翻是一种有害的现象，它使得时序电路不能按时钟节拍工作，造成系统的误操作。造成空翻现象的原因是同步触发器的结构不完善。

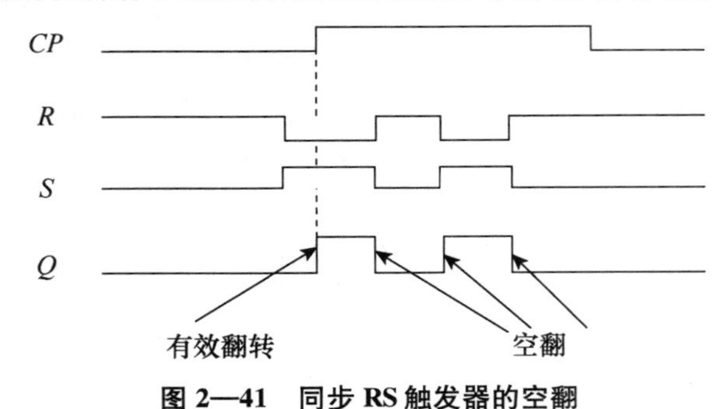

图2—41　同步RS触发器的空翻

三、主从触发器

主从触发器由两级触发器构成，其中一级直接接收输入信号，称为主触发器，另一级接收主触发器的输出信号，称为从触发器。两级触发器的时钟信号互补，从而有效地解决了空翻现象。主从触发器有计数的功能，常用于计数器中。常见的主从触发器有：主从RS触发器和主从JK触发器。

1. 主从RS触发器

主从RS触发器的逻辑电路如图2—42所示。

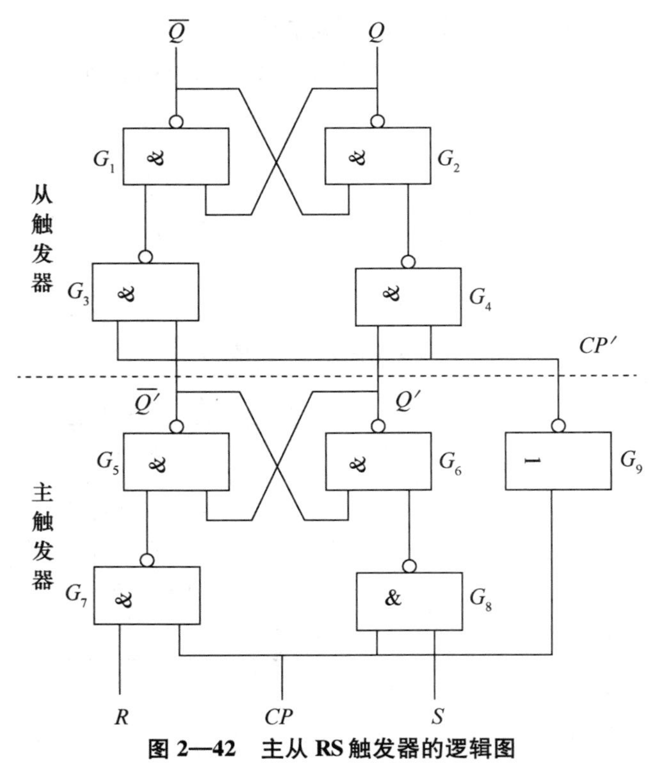

图2—42　主从RS触发器的逻辑图

主从触发器的触发翻转分为两个节拍：

（1）当 $CP=1$ 时，G_9 的输出 $CP'=0$，从触发器被封锁，保持原状态不变。这时，G_7、G_8 打开，主触发器工作，接收 R 和 S 的输入信号。

（2）当 CP 由 1 跃变为 0 时，即 $CP=0$、$CP'=1$，主触发器被封锁，输入信号 R 和 S 不再影响主触发器的状态。这时，由于 $CP'=1$，G_3、G_4 打开，从触发器接收主触发器输出端的状态。

因此可以得出结论：主从触发器的翻转是在 CP 由 1 变为 0 的时刻（CP 下降沿）发生的，CP 一旦变为 0 后，主触发器被封锁，其状态不再受 R 和 S 的影响，故主从触发器对输入信号的敏感时间大大缩短，只在 CP 由 1 变为 0 的时刻触发翻转，因此不会出现空翻现象。

2. 主从 JK 触发器

主从 JK 触发器的逻辑电路如图 2—43 所示。

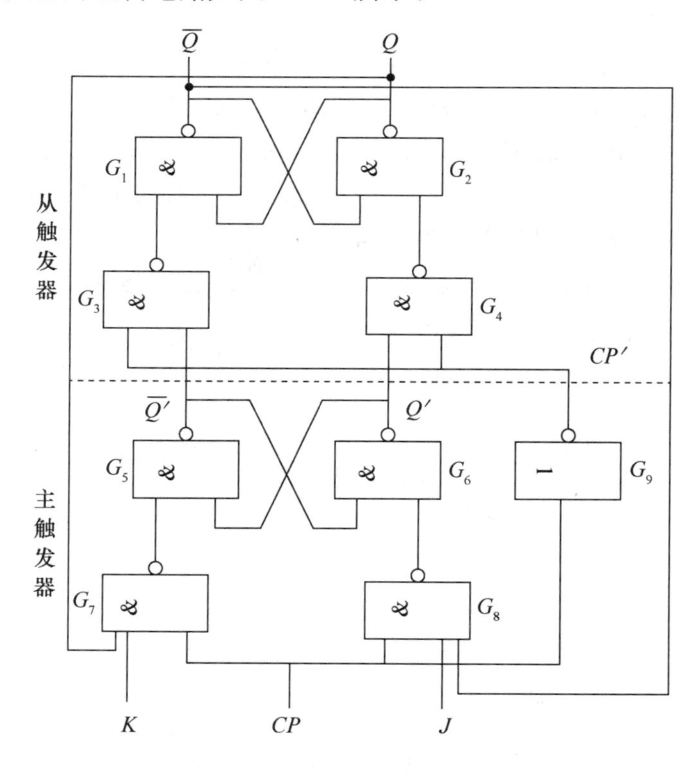

图 2—43　主从 JK 触发器的逻辑电路

主从 JK 触发器的逻辑功能与 RS 触发器的逻辑功能基本相同，不同之处是 JK 触发器没有约束条件。在 $J=K=1$ 时，每输入一个时钟脉冲后，触发器向相反的状态翻转一次。

主从 JK 触发器的特征方程是：

$$Q^{n+1}=J\overline{Q}^{n}+\overline{K}Q^{n}$$

主从 JK 触发器的真值表见表 2—16。

表 2—16　　主从 JK 触发器的真值表

J	K	Q^n	Q^{n+1}	功能说明
0	0	0	0	保持原状态
0	0	1	1	
0	1	0	0	输出状态与 J 状态相同
0	1	1	0	
1	0	0	1	输出状态与 J 状态相同
1	0	1	1	
1	1	0	1	每输入一个脉冲，输出状态改变一次（计数状态）
1	1	1	0	

四、边沿触发器

边沿触发器接收的是时钟脉冲 CP 某一约定跳变（正跳变或负跳变）到来时的输入数据。在 $CP=1$ 及 $CP=0$ 期间以及 CP 非约定跳变到来时，触发器不接收数据。边沿触发器没有空翻现象，大大提高了触发器工作的可靠性和抗干扰能力。

下面以维持—阻塞边沿 D 触发器为例介绍边沿触发器的功能和工作原理。

1. 维持—阻塞边沿 D 触发器的电路结构

维持—阻塞边沿 D 触发器的电路结构如图 2—44 所示。维持—阻塞边沿 D 触发器的原理分析较复杂，这里只记住其功能表。

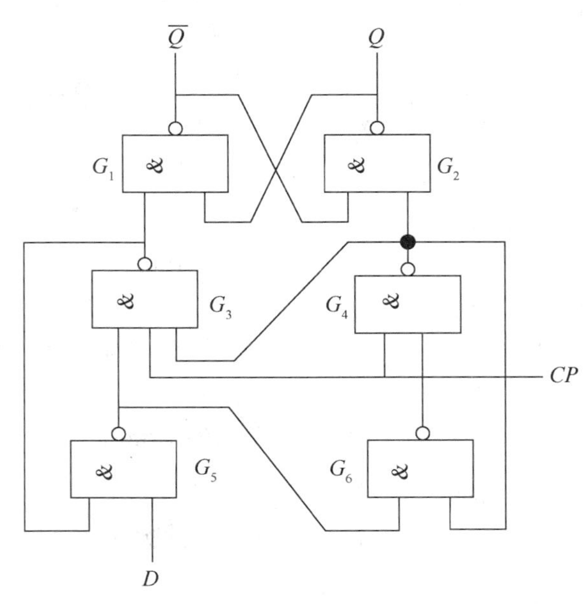

图 2—44　维持—阻塞边沿 D 触发器的电路结构

2. 维持—阻塞边沿 D 触发器的逻辑功能

维持—阻塞边沿 D 触发器的特性方程为：

$$Q^{n+1}=D$$

维持—阻塞边沿 D 触发器只有一个触发输入端 D，逻辑关系非常简单。D 触发器的真值表如表 2—17 所示。

表 2—17　　　　D 触发器的真值表

D	Q^n	Q^{n+1}	功能说明
0	0	0	输出状态与 D 状态相同
0	1	0	
1	0	1	
1	1	1	

3. 触发器的直接置 0 和置 1 端

有的触发器有直接置 0 端 $\overline{R}_D$ 和直接置 1 端 $\overline{R}_D$。$\overline{R}_D$ 和 $\overline{S}_D$ 端都是低电平有效。$\overline{R}_D$ 和 $\overline{S}_D$ 信号不受时钟信号 CP 的制约，具有最高优先级。

$\overline{R}_D$ 和 $\overline{S}_D$ 的作用主要是用来给触发器设置初始状态，或对触发器的状态进行特殊的控制。在使用时要注意，任何时刻，只能其中一个信号有效，不能同时有效。

带有 $\overline{R}_D$ 和 $\overline{S}_D$ 端的维持—阻塞 D 触发器的电路图如图 2—45 所示，真值表如表 2—18 所示，波形图如图 2—46 所示。

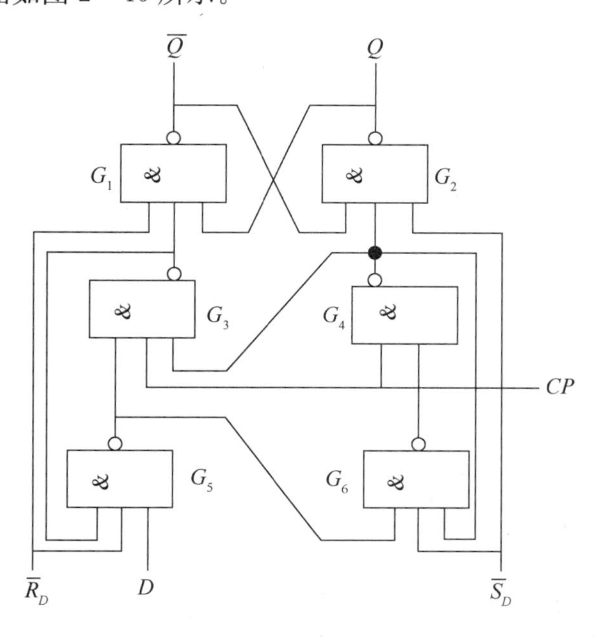

图 2—45　带有 $\overline{R}_D$ 和 $\overline{S}_D$ 端的 D 触发器

表 2—18　　带有 $\overline{R}_D$ 和 $\overline{S}_D$ 端的 D 触发器的真值表

$\overline{R}_D$	S_D	CP	D	Q	$\overline{Q}$
0	1	×	×	0	1
1	0	×	×	1	0
1	1	↑	0	0	1
1	1	↑	1	1	0

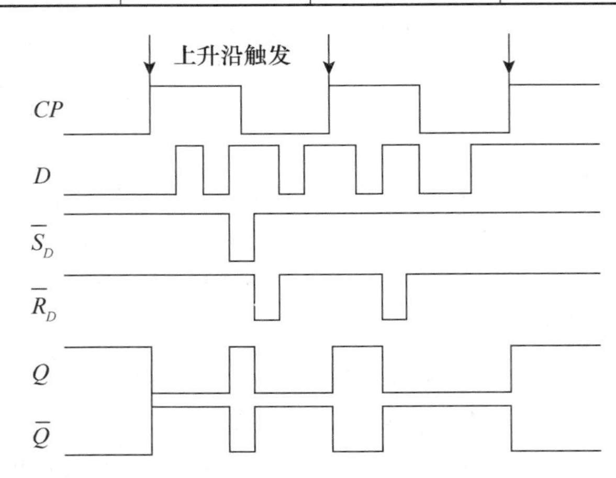

图 2—46　带有 $\overline{R}_D$ 和 $\overline{S}_D$ 端的 D 触发器的波形图

带有 $\overline{R}_D$ 和 $\overline{S}_D$ 端的主从 JK 触发器的真值表如表 2—19 所示。

表 2—19　　带有 $\overline{R}_D$ 和 $\overline{S}_D$ 端的 JK 触发器的真值表

$\overline{R}_D$	$\overline{S}_D$	CP	J	K	Q^n	Q^{n+1}
0	1	×	×	×	0	1
1	0	×	×	×	1	0
0	0	×	×	×	1	1
1	1	↓	0	0	保持	
1	1	↓	1	0	1	0
1	1	↓	0	1	0	1
1	1	↓	1	1	计数	

2.3.3　寄存器

寄存器是计算机中重要的逻辑部件，属于时序逻辑电路。触发器是寄存器的核心部件，因为一个触发器可以存储 1 位二进制数，用 n 个触发器就可以存储 n 位二进制代码。寄存器包括数码寄存器和移位寄存器两大类。

一、数码寄存器

数码寄存器是用于暂存二进制数据和指令的时序逻辑电路组件。它具有接收和寄存二进制数码的逻辑功能。它由触发器和一些门电路组成。触发器用于存储信息，门电路组成寄存器的控制电路，用于控制寄存器的“接收”、“清零”、“保持”、“输出”等功能。在寄存器中，常用的是正边沿触发D触发器。

由D触发器组成的4位数码寄存器如图2—47所示。其中，$\overline{R}_D$是异步清零控制端。$D_0 \sim D_3$是并行数据输入端，CP为时钟脉冲端，$Q_0 \sim Q_3$是并行数据输出端。

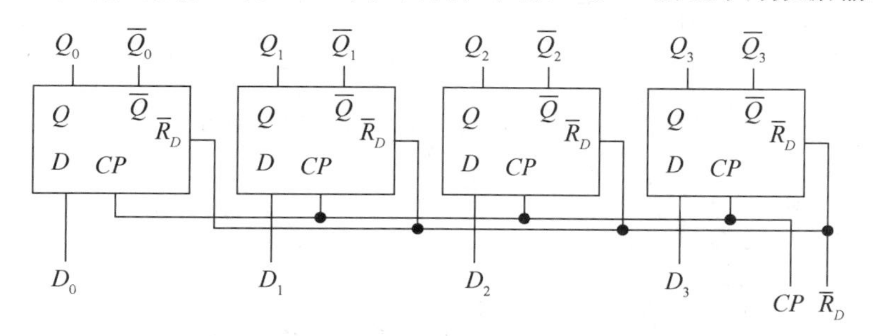

图2—47 4位数码寄存器

该寄存器的数码接收过程为：将需要存储的4位二进制数码送到数据输入端$D_0 \sim D_3$，在CP端送一个时钟脉冲，脉冲上升沿作用后，4位数码并行地出现在4个触发器的Q端。其功能表如表2—20所示。

表2—20　　D触发器组成的4位数码寄存器的功能表

清零	时钟	输入				输出				工作模式
$\overline{R}_D$	CP	D_0	D_1	D_2	D_3	Q_0	Q_1	Q_2	Q_3	
0	×	×	×	×	×	0	0	0	0	清零
1	↑	D_0	D_1	D_2	D_3	D_0	D_1	D_2	D_3	数码寄存
1	1	×	×	×	×	保持				数据保持
1	0	×	×	×	×	保持				数据保持

二、移位寄存器

移位寄存器也是数字系统和计算机中广泛应用的基本时序逻辑部件。在计算机中常常要求寄存器有移位功能。如在进行乘法时，要求将部分积右移；在将并行传送的数据转换成串行数据时也需移位。有移位功能的寄存器称为移位寄存器。移位寄存器不仅可以寄存数码，而且在移位脉冲作用下寄存器中的数码可以根据需要向左或向右移动1位。移位寄存器包括单向移位寄存器和双向移位寄存器。

1. 单向移位寄存器

图2—48所示的是由D触发器组成的4位右移寄存器的逻辑框图。

寄存器中的数码可由Q_3、Q_2、Q_1、Q_0并行输出，也可由Q_0串行输出。串行输出时，要连续输入4个移位脉冲，才能将寄存器中存放的4位数码依次输出。可见，移位寄存器具有串行输入—并行输出和串行输入—串行输出两种工作方式。

图2—49所示的是由D触发器组成的4位左移寄存器的逻辑框图。

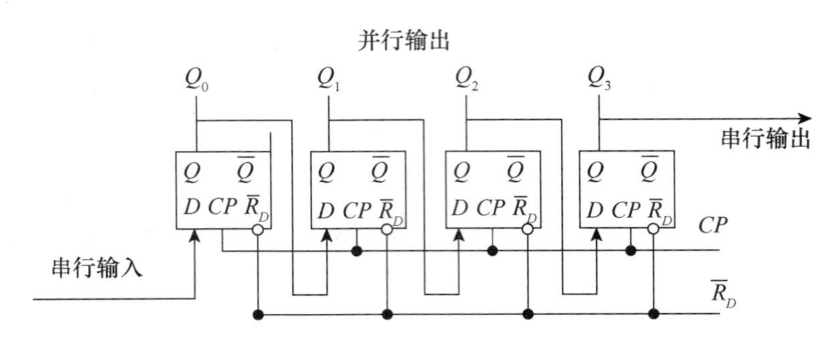

图 2—48　D 触发器组成的 4 位右移寄存器

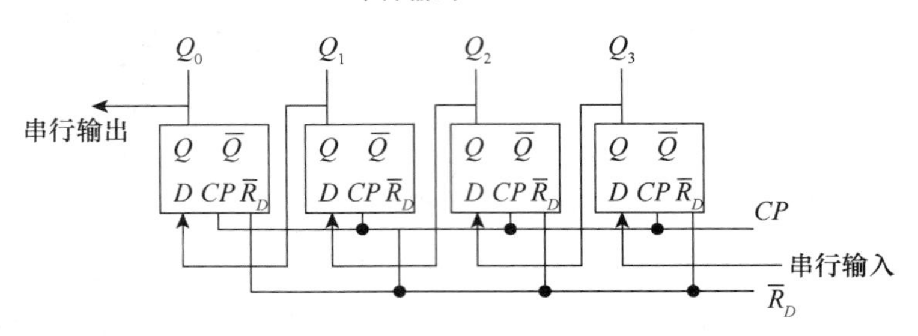

图 2—49　D 触发器组成的 4 位左移寄存器

2. 双向移位寄存器

将右移寄存器和左移寄存器组合起来，再加上移位方向控制信号 M，就构成了既可左移又可右移的双向移位寄存器，逻辑图如图 2—50 所示。

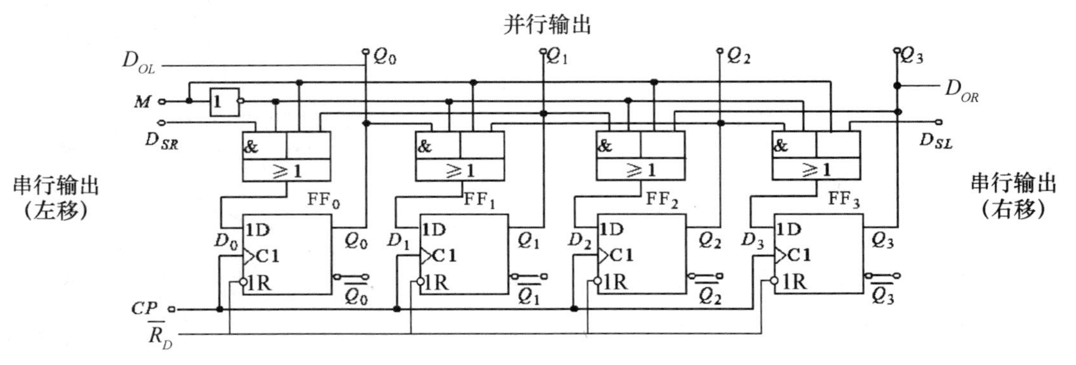

图 2—50　D 触发器组成的双向移位寄存器

根据图 2—50，可以得到下列逻辑表达式：

$$
\begin{cases}
D_0 = \overline{M}D_{SR} + MQ_1 \\
D_1 = \overline{M}Q_0 + MQ_2 \\
D_2 = \overline{M}Q_1 + MQ_3 \\
D_3 = \overline{M}Q_2 + MD_{SL}
\end{cases}
$$

其中，D_{SR}为右移串行输入端，D_{SL}为左移串行输入端。当$M=0$时，$Q_0=D_0=D_{SR}$、$Q_1=D_1=Q_0$、$Q_2=D_2=Q_1$、$Q_3=D_3=Q_2$，在CP脉冲作用下，实现右移操作。当$M=1$时，$Q_0=D_0=Q_1$、$Q_1=D_1=Q_2$、$Q_2=D_2=Q_3$、$Q_3=D_3=D_{SL}$，在CP脉冲作用下，实现左移操作。

2.3.4 计数器

计数器是计算机、数字系统中比较常用的一种时序逻辑电路。计数器不仅能记录输入时钟脉冲的个数，还可以实现分频、定时、产生节拍脉冲和脉冲序列等。例如，计算机中的时序发生器、分频器、指令地址计数器等都要使用计数器。计数器中的"数"用触发器的状态组合来表示，在计数脉冲作用下使一组触发器的状态依次转换成不同的状态组合来表示数的变化，从而达到计数的目的。计数器在运行时，总是在有限个状态中循环。

按时钟作用方式，计数器可分为同步计数器和异步计数器两大类。异步计数器中，高位触发器的时钟信号是由低一位触发器的输出来提供的，结构简单。同步计数器中，各触发器的时钟信号是由同一脉冲来提供的，因此，各触发器是同时翻转的，它的工作频率比异步计数器高，但结构较复杂。按计数顺序，计数器可分为二进制、十进制、其他进制计数器。按计数的增减趋势，分为加法、减法和可逆计数器。

在计算机中较少使用异步计数器，这里介绍二进制计数器和十进制同步加法计数器。

一、二进制计数器

由于1位二进制计数单元由一个触发器构成，n个触发器串联起来就可以组成n位二进制计数器，最多可以计数2^n个。二进制计数器有以下不同的类型：二进制异步加法计数器、二进制异步减法计数器、二进制同步加法计数器、二进制同步减法计数器、二进制同步可逆计数器等。这里以二进制异步加法计数器为例进行介绍。

由3个下降沿触发的JK触发器可以组成3位二进制异步加法计数器，逻辑图如图2—51所示。它最多可以计数8个状态。

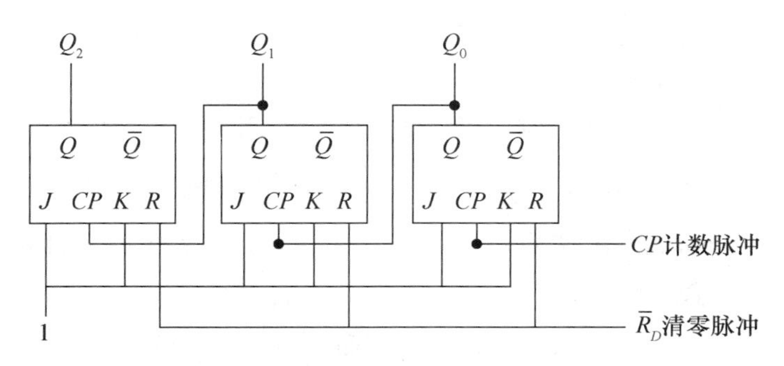

图2—51 3位二进制异步加法计数器

由清零脉冲 $\bar{R}_D$ 可以置初始状态为 000，每输入一个计数脉冲，计数器的状态按二进制加法规律加 1，所以这是二进制加法计数器。该计数器有 000～111 共 8 个状态，如图 2—52 所示。二进制异步加法计数器的时序图如图 2—53 所示。

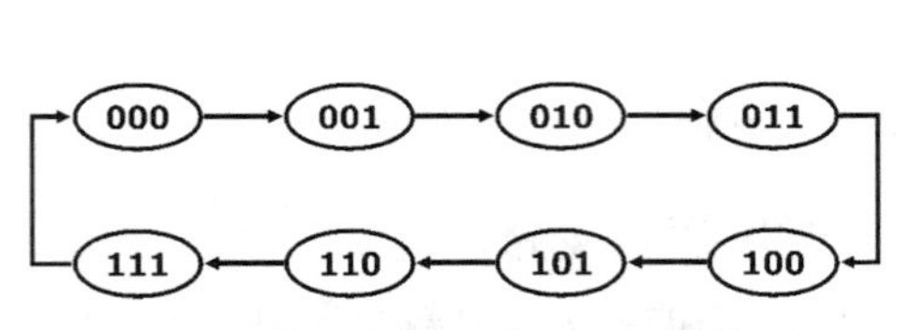

图 2—52　3 位二进制异步加法计数器状态图

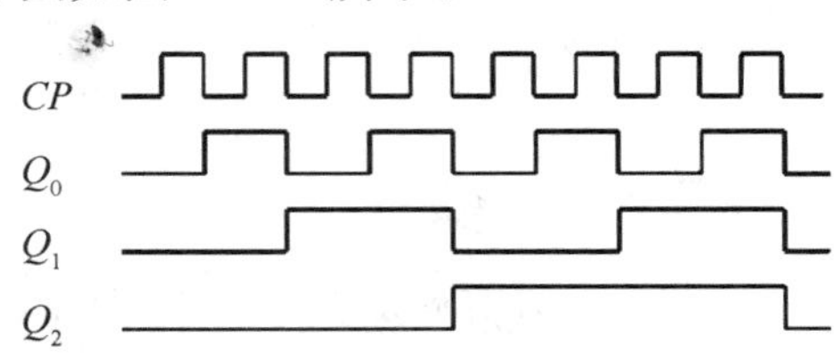

图 2—53　3 位二进制异步加法计数器时序图

从时序图可以看出：Q_0、Q_1、Q_2的周期分别是计数脉冲（CP）周期的 2 倍、4 倍、8 倍。即：Q_0、Q_1、Q_2分别对 CP 波形进行了二分频、四分频、八分频。因而计数器可以作为分频器。

异步二进制计数器结构简单，改变级联的触发器个数，可以方便地改变二进制计数器的位数。n 个触发器可以构成 n 位二进制计数器，或 2^n 分频器。

二、十进制同步加法计数器

4 个下降沿触发的 JK 触发器可以组成 4 位十进制同步加法计数器，其逻辑结构如图 2—54 所示。

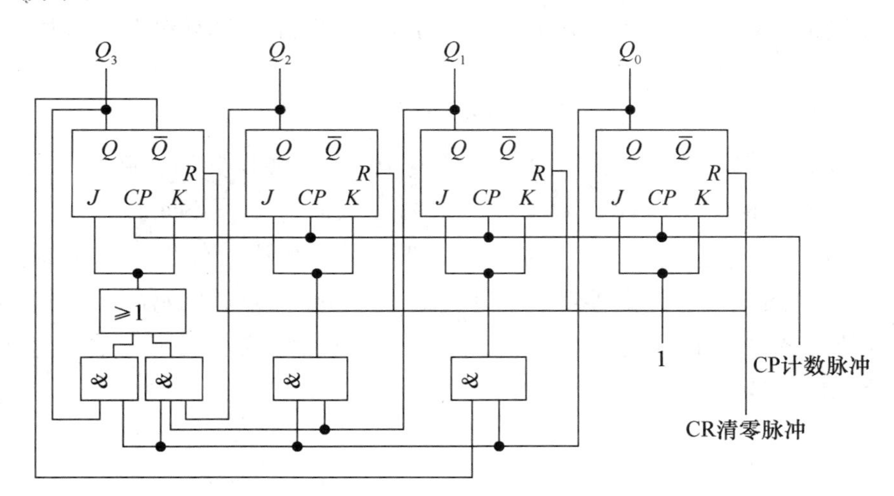

图 2—54　4 位十进制同步加法计数器

同步计数器是采用快速进位方式来计数的，触发器及实现快速进位的逻辑电路是它的核心。当前状态用 Q^n 表示，下一个状态用 Q^{n+1} 表示。计数器只有保持和计数两种状态，$J=K=0$ 是保持，$J=K=1$ 是计数。设 $J_0=K_0=A$；$J_1=K_1=B$；$J_2=K_2=C$；$J_3=K_3=D$，4 位十进制同步加法计数器的功能表如表 2—21 所示。

表 2—21　　4 位十进制同步加法计数器的功能表

Q_3^n	Q_2^n	Q_1^n	Q_0^n	Q_3^{n+1}	Q_2^{n+1}	Q_1^{n+1}	Q_0^{n+1}	D	C	B	A
0	0	0	0	0	0	0	1	0	0	0	1
0	0	0	1	0	0	1	0	0	0	1	1
0	0	1	0	0	0	1	1	0	0	0	1
0	0	1	1	0	1	0	0	0	1	1	1
0	1	0	0	0	1	0	1	0	0	0	1
0	1	0	1	0	1	1	0	0	0	1	1
0	1	1	0	0	1	1	1	0	0	0	1
0	1	1	1	1	0	0	0	1	1	1	1
1	0	0	0	1	0	0	1	0	0	0	1
1	0	0	1	0	0	0	0	1	0	0	1

根据功能表，可以画出下列 4 个卡诺图（见图 2—55）。

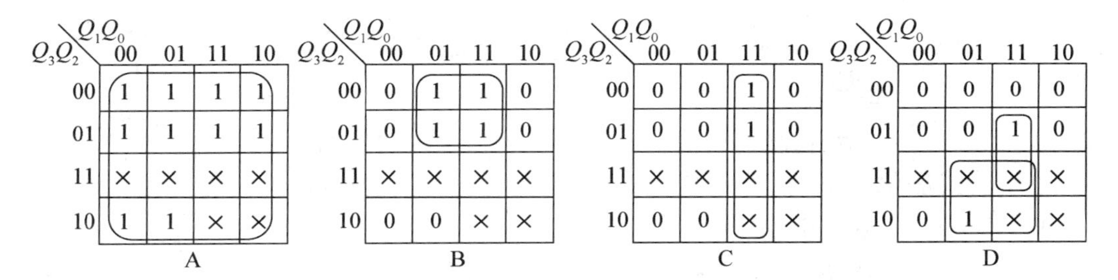

图 2—55　$J_0 \sim J_3(K_0 \sim K_3)$ 的卡诺图

通过卡诺图化简后，可以得到：

$$A=J_0=K_0=1$$

$$B=J_1=K_1=\bar{Q}_3Q_0$$

$$C=J_2=K_2=Q_1Q_0$$

$$D=J_3=K_3=Q_3Q_0+Q_2Q_1Q_0$$

由于该计数器有 4 个触发器，它们的状态组合共有 16 种，其状态图如图 2—56 所示。

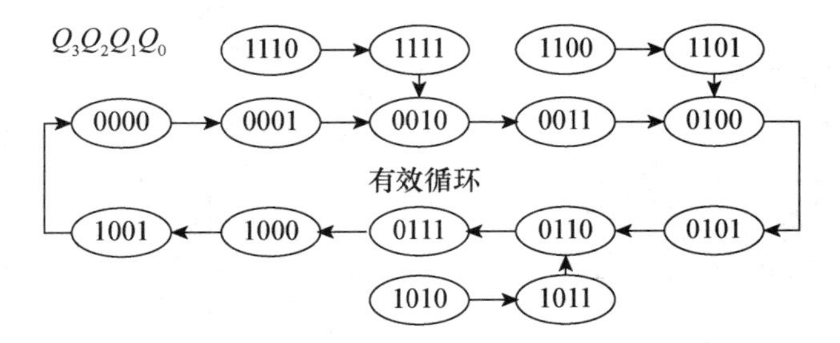

图 2—56　十进制同步加法计数器的状态图

在十进制同步加法计数器中只用了 10 种有效状态，其余 6 种为无效状态。从状态图中可以看出，任何一个无效状态在时钟信号的作用下，最终可以进入有效状态，因此该电路有自启动能力。

第二章习题

1. 有电路如图（a）和（b）所示，假设开关闭合为 1，断开为 0；灯亮为 1，灯灭为 0。试分别写出灯 Y 与开关 A、B、C 的逻辑关系真值表，并写出逻辑函数表达式。

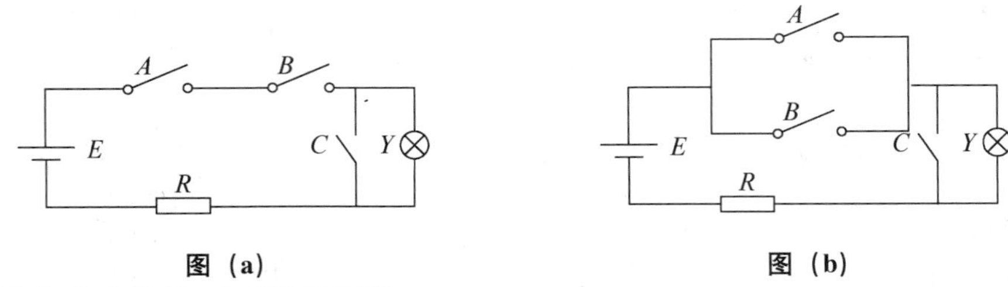

图（a）　　　　图（b）

2. 用公式法化简下列逻辑函数：

（1）$Y=AB+\overline{A}C+\overline{B}C$；

（2）$Y=(A+\overline{B})(B+\overline{C})(C+\overline{D})(D+\overline{A})$；

（3）$Y=\overline{A\oplus B}(B\oplus C)$；

（4）$Y=\overline{\overline{AC}+B\overline{CD}+\overline{C}D}$。

3. 用卡诺图法化简下列逻辑函数：

（1）$Y=\sum m(1,2,3,5,6)$；

（2）$Y=\sum m(0,2,4,6,8,10)$；

（3）$Y=\overline{A\overline{B}+\overline{A}C+B\overline{C}}$。

4. 写出图（c）、图（d）和表（a）给出的 3 个逻辑函数的最简与或表达式。

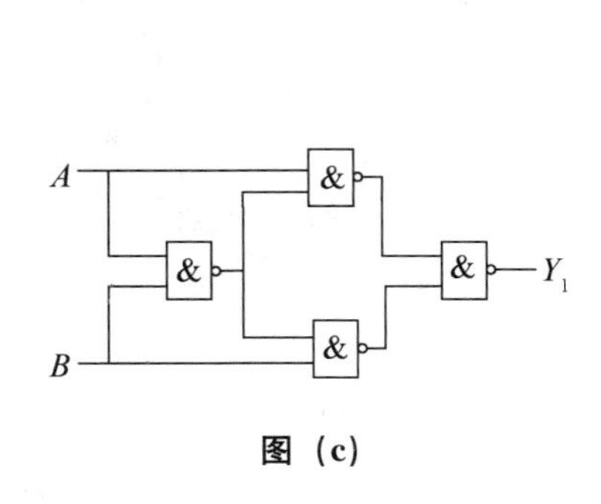

图（c）

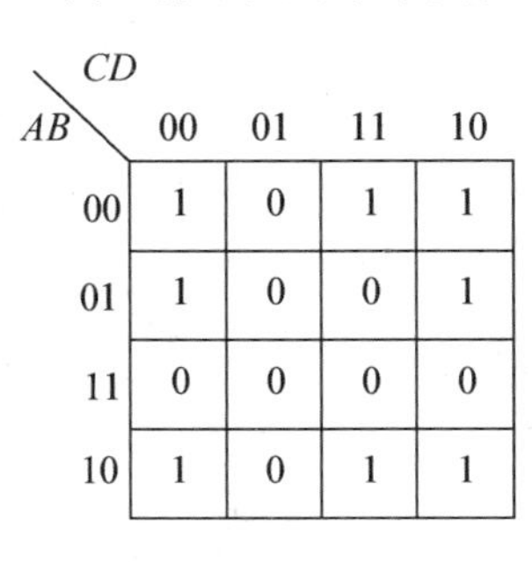

AB \ CD	00	01	11	10
00	1	0	1	1
01	1	0	0	1
11	0	0	0	0
10	1	0	1	1

图（d）

表（a）

A	B	C	Y
0	0	0	0
0	0	1	0
0	1	0	0
0	1	1	1
1	0	0	0
1	0	1	1
1	1	0	1
1	1	1	1

5. 设计一个血型配对指示器。输血时，供血者和受血者的血型匹配情况如表（b）所示。当供血者与受血者血型配对符合要求时，Y 指示灯亮。要求：

（1）画出真值表。

（2）写出逻辑表达式，并用卡诺图法化简为最简与或表达式。

（3）画出逻辑电路图。

表（b）

供血者	匹配的受血者
A	A，AB
B	B，AB
AB	AB
O	A，B，AB，O

6. 使用 JK 触发器设计一个七进制同步加法计数器。要求：

（1）画出真值表。

（2）写出逻辑表达式，并用卡诺图法化简为最简与或表达式。

（3）画出逻辑电路图。

第三章

计算机的数据表示和运算

数据是计算机加工和处理的对象，数据在计算机中的表示直接影响到计算机的结构和性能。计算机中的数据包括数值型数据和非数值型数据。数值型数据又包括无符号数和有符号数（机器数），数据在计算机中的表示方法又包括定点数和浮点数。本章介绍数值型数据和非数值型数据的表示方法，以及数值型数据的运算方法和数据校验码等内容。

3.1　数值型数据的表示

在计算机中，数据通常用二进制表示，分为无符号数和有符号数两种。其中，有符号数又称为机器数，它有原码、补码和反码三种表示形式。

3.1.1　无符号数和有符号数

一、无符号数

无符号数就是整个机器字长的全部二进制位数均表示数值位，即没有符号位，相当于数的绝对值。例如：$N_1=01011$ 表示无符号数 11，$N_2=11011$ 表示无符号数 27。

如果机器字长为 n 位，则无符号数的表示范围是 $0\sim(2^n-1)$。例如，当字长为 8 位时，无符号数的表示范围是 0～255。计算机的内存地址就是无符号数的例子。

二、有符号数（机器数）

计算机处理的大部分数据还是有符号数。所谓有符号数，即正数和负数。在日常生活中，一般用“＋”、“－”号加上绝对值来表示数值的大小，用这种形式表示的数值在计算机技术中称为“真值”。对于数的符号“＋”或“－”，计算机是无法识别的，因此需要把数的符号数字化。通常，约定二进制数的最高位为符号位，“0”表示正号，“1”表示负号。常见的有符号数形式有原码、补码和反码。有符号数有时也被称为机器数。

有符号数的最高位被用来表示符号位，而不再表示数值位。所以前面例子中的 N_1 和 N_2 表示成有符号数时，代表的含义就不同了。此时，$N_1=01011$，表示＋11；根据有符号数的不同形式，$N_2=11011$ 表示的含义也不同，如果是原码表示－11，补码表示－5，反码则表示－4。

1. 原码表示法

原码表示法是一种简单的有符号数表示法，有符号数的最高位为符号位，符号位为“0”表示该数为正数，符号位为“1”表示该数为负数，数值跟随其后，并以绝对值形式给出，即数值部分与真值相同。

若真值为纯小数，它的原码形式为 $X_s.\ X_1X_2\cdots X_n$，其中 X_s表示符号位。原码的定义为：

$$[X]_{原}=\begin{cases}X, & 0\leqslant X<1\\ 1-X=1+|X|, & -1<X\leqslant 0\end{cases}$$

即 $[X]_{原}=$符号位$+|X|$。

例 3—1　$X=+0.0110$，$[X]_{原}=0.0110$

$X=-0.0110$，$[X]_{原}=1-X=1-(-0.0110)=1+0.0110=1.0110$

若真值为纯整数，它的原码形式为 $X_sX_1X_2\cdots X_n$，其中 X_s表示符号位。原码的定义为：

$$[X]_{原}=\begin{cases}X, & 0\leqslant X<2^n\\ 2^n-X=2^n+|X|, & -2^n<X\leqslant 0\end{cases}$$

例 3—2　$X=+1101$，$[X]_{原}=X=01101$

$X=-1101$，$[X]_{原}=2^n-X=2^4-(-1101)=10000+1101=11101$

在原码表示中，真值 0 有两种不同的表示形式：

$[+0]_{原}=00000$　　$[-0]_{原}=10000$

原码表示法的优点是直观易懂，机器数和真值间的相互转换很容易，其算术运算规则与十进制运算规则类似，当运算结果不超出机器能表示的范围时，运算结果仍以原码表示。用原码实现乘、除运算的规则很简单；它的最大缺点是在机器中进行加减法运算比较复杂。用补码表示的数在加减法运算时可避免这些缺点。

2. 补码表示法

补码表示法使符号位参与运算，从而简化加减法的规则。

(1) 模和同余。

为了理解补码表示法，首先介绍模和同余的概念。

模是指一个计量器的容量，可用 M 表示。例如，一个 4 位二进制计数器，当计数器从 0 记到 15 时，再加 1，计数器又变为 0。这个计数器的容量 $M=2^4=16$，即模为 16。

由于设备的原因，机器数是有字长限制的，不可能容纳无限大的任意数。若运算结果超出了机器的最大表示范围，就会发生溢出（丢失进位），此时所产生的溢出量就是模。纯小数的模为 2，一个字长为 $n+1$ 位的纯整数的模为 2^{n+1}。

同余概念是指两个整数 A 和 B 除以同一个正整数 M，所得余数相同，则称 A 和 B 对 M 同余，即 A 和 B 在以 M 为模时是相等的，可写作：

$A=B\ (\mathrm{mod}\ M)$

例如对钟表而言，其模 $M=12$，所以 4 点和 16 点、5 点和 17 点、……均是同余的，可以写为：

$4=16\ (\mathrm{mod}\ 12)$，　$5=17\ (\mathrm{mod}\ 12)$

利用模和同余概念的补码表示法在进行算术运算时，可以将减法运算转化成加法运算，从而简化了计算机的运算器电路。

假设时钟停在 8 点，而现在正确的时间是 6 点，这时拨准时钟的方法有两种：一是将分针倒着旋转 2 圈（即时钟倒拨 2 小时），8－2＝6（做减法）；另一种方法是将分针正着旋转 10 圈（即时钟正拨 10 小时），8＋10＝6（mod 12）（做加法）。此时，8－2＝8＋10（mod 12）。所以有：－2＝10（mod 12），即－2 和 10 同余。同余的两个数，具有互补关系，－2 和 10 对模 12 互补，也就是－2 的补数是 10（以 12 为模）。

可见，只要确定了"模"，就可找到一个与负数等价的正数（该正数即为负数的补数）来代替此负数，而这个正数可以用模加上负数本身求得，这样就可把减法运算用加法来实现了。

例 3—3　9－5＝9＋(12－5)＝9＋7＝4（mod 12）

65－25＝65＋(100－25)＝65＋75＝40（mod 100）

将补数的概念用到计算机中，便出现了补码这种机器数。

（2）补码的表示。

补码的符号位表示方法与原码相同，其数值部分的表示与数的符号有关：对于正数，数值部分与真值形式相同；对于负数，其数值部分为真值形式按位取反，且在最低位加 1。

若真值为纯小数，它的补码形式为 $X_s.X_1X_2\cdots X_n$，其中 X_s 表示符号位。补码的定义为：

$$[X]_{补}=\begin{cases}X, & 0\leqslant X<1\\ 2+X=2-|X|, & -1\leqslant X<0 \pmod 2\end{cases}$$

例 3—4　$X=+0.0110$，　$[X]_{补}=0.0110$

$X=-0.0110$，　$[X]_{补}=2+X=2+(-0.0110)=10-0.0110=1.1010$

若真值为纯整数，它的补码形式为 $X_sX_1X_2\cdots X_n$，其中 X_s 表示符号位。补码的定义为：

$$[X]_{补}=\begin{cases}X, & 0\leqslant X<2^n\\ 2^{n+1}+X=2^{n+1}-|X|, & -2^n\leqslant X<0 \pmod{2^{n+1}}\end{cases}$$

例 3—5　$X=+1101$，　$[X]_{补}=01101$，

$X=-1101$，　$[X]_{补}=2^{n+1}+X=2^5+(-1101)=100000-1101=10011$

在补码的表示中，真值 0 的表示形式是唯一的：

$$[+0]_{补}=[-0]_{补}=00000$$

3. 反码表示法

反码的符号位表示方法与原码相同，但其数值部分的表示与数的符号有关：对于正数，数值部分与真值形式相同；对于负数，数值部分为真值形式按位取反。它与补码的区别是最后一位少加一个 1。

若真值为纯小数，它的反码形式为 $X_s.X_1X_2\cdots X_n$，其中 X_s 表示符号位。反码的定义为：

$$[X]_{反}=\begin{cases}X, & 0\leqslant X<1\\(2-2^{-n})+X, & -1<X\leqslant 0 \pmod{2-2^{-n}}\end{cases}$$

例 3—6 $X=+0.0110$，$[X]_{反}=0.0110$，

$X=-0.0110$，$[X]_{反}=(2-2^{-n})+X=(2-2^{-4})+(-0.0110)$

$=1.1111-0.0110=1.1001$

若真值为纯整数，它的反码形式为 $X_sX_1X_2\cdots X_n$，其中 X_s 表示符号位。反码的定义为：

$$[X]_{反}=\begin{cases}X, & 0\leqslant X<2^n\\(2^{n+1}-1)+X, & -2^n<X\leqslant 0 \pmod{2^{n+1}-1}\end{cases}$$

例 3—7 $X=+1101$，$[X]_{反}=01101$

$X=-1101$，$[X]_{反}=(2^{n+1}-1)+X=(2^5-1)+(-1101)=11111-1101=10010$

在反码表示中，真值 0 也有两种不同的表示形式：

$[+0]_{反}=00000$，　　$[-0]_{反}=11111$

4. 三种机器数的比较与转换

原码、补码和反码这三种机器数既有共同点，也有不同的性质，主要区别有以下几点：(1) 对于正数，它们都等于真值本身，而对于负数则各有不同的表示。(2) 最高位都表示符号位，补码和反码的符号位可以和数值位一起参与运算；但原码的符号位必须分开进行处理。(3) 对于真值 0，原码和反码各有两种不同的表示形式，而补码只有唯一的一种表示形式。(4) 原码、反码表示的正、负数范围是对称的；但补码负数能多表示一个最负的数（绝对值最大的负数），其值等于 -2^n（纯整数）或 -1（纯小数）。表 3—1 列出了真值与三种机器数之间的对照（设字长为 4，含一位符号位）。

表 3—1　　真值与三种机器数间的对照

真值 X		$[X]_{原}$、$[X]_{反}$、$[X]_{补}$	真值 X		$[X]_{原}$	$[X]_{反}$	$[X]_{补}$
十进制	二进制		十进制	二进制			
+0	+000	0000	−0	−000	1000	1111	0000
+1	+001	0001	−1	−001	1001	1110	1111
+2	+010	0010	−2	−010	1010	1101	1110
+3	+011	0011	−3	−011	1011	1100	1101
+4	+100	0100	−4	−100	1100	1011	1100
+5	+101	0101	−5	−101	1101	1010	1011
+6	+110	0110	−6	−110	1110	1001	1010
+7	+111	0111	−7	−111	1111	1000	1001
+8	—	—	−8	−1000	—	—	1000

原码、补码和反码这三种机器数是可以相互转换的。转换方法如下：

（1）对于正数，无须转换：$[X]_{原}=[X]_{补}=[X]_{反}$。

（2）对于负数：$[X]_{原}$的符号位不变，数值部分各位取反得到 $[X]_{反}$，$[X]_{反}$的最低位加 1 得到 $[X]_{补}$。反之，$[X]_{补}$的符号位不变，$[X]_{补}$的最低位减 1 得到 $[X]_{反}$，$[X]_{反}$数值部分各位取反得到 $[X]_{原}$。

例 3—8　$[X]_{反}=0.1010$，则 $[X]_{原}=0.1010$，真值 $X=+0.1010$。

$[X]_{反}=1.1010$，则 $[X]_{原}=1.0101$，真值 $X=-0.0101$。

例 3—9　$[X]_{补}=0.1010$，则 $[X]_{原}=0.1010$，真值 $X=+0.1010$。

$[X]_{补}=1.1010$，则 $[X]_{原}=1.0110$，真值 $X=-0.0110$。

三、机器数的定点表示和浮点表示

计算机在进行算术运算时，需要指出小数点的位置。根据小数点的位置是否固定，在计算中有两种数据格式：定点表示和浮点表示。

1. 定点表示法

在定点表示法中约定：所有数据的小数点位置固定不变。通常，把小数点固定在有效数位的最前面或末尾，这就形成了两类定点数：定点小数和定点整数。

定点小数的小数点位置固定在最高有效数位之前、符号位之后。定点小数的小数点位置是隐含约定的，小数点并不需要真正地占据一个二进制位。定点小数是一个纯小数。

定点整数的小数点位置隐含固定在最低有效数位之后（最右边），定点整数是一个纯整数。

前面章节讨论的数据都是定点数。

2. 浮点表示法

浮点数是指小数点位置根据需要可以浮动的数据，通常用下式表示：

$$N=M\cdot R^{E}$$

其中，N 为浮点数，M 为浮点数的尾数，E 为阶码，E 和 M 都是有符号数。R 称为“阶的基数（底）”，R 为一常数，与尾数的基数相同，一般为 2、8 或 16。在一台计算机中，所有数据的 R 都是相同的，不需要在每个数据中表示出来。在大多数计算机中，尾数为纯小数，常用原码或补码表示，阶码为纯整数，常用补码或移码表示。

（1）浮点数的表示范围。

设某浮点数的格式如下所示：

M_s	E_s	E	M
1 位	1 位	n 位	m 位

M_s是尾数的符号位，设置在最高位上，它是整个浮点数的符号位，决定了浮点

数的正负。E_s是阶码的符号位，用来表示正阶或负阶。E为阶码的数值位，有n位，一般为整数，阶码的大小反映了数N中小数点的实际位置。M为尾数的数值位，有m位，由M_s和M组成一个定点小数。当$M_s=0$时，表示正数；当$M_s=1$时，表示负数。尾数和阶码一般都用补码表示。

当$E_s=0$，$M_s=0$，阶码和尾数的数值位各位全为1（即阶码和尾数都为最大正数）时，该浮点数为最大正数。

$$X_{最大正数}=(1-2^{-m})\times 2^{2^n-1}$$

当$E_s=1$，$M_s=0$，尾数的最低位为1，其余各位全为0（即阶码为绝对值最大的负数，尾数为最小正数）时，该浮点数为最小正数。

$$X_{最小正数}=2^{-m}\times 2^{-2^n}$$

当$E_s=0$时，阶码的数值位全为1；当$M_s=1$，尾数的数值位全为0（即阶码为最大正数，尾数为绝对值最大的负数）时，该浮点数为绝对值最大负数。

$$X_{绝对值最大负数}=-1\times 2^{2^n-1}$$

（2）浮点数的规格化。

为了提高运算的精度，需要充分地利用尾数的有效数位，通常采取规格化的浮点数形式，即规定尾数的最高数值位必须是一个有效值。

当$R=2$且尾数值不为0时，规格化浮点数的绝对值应大于或等于$(0.5)_{10}$。在尾数用原码表示时，规格化浮点数的尾数最高数值位总等于1。在尾数用补码表示时，规格化浮点数应满足尾数最高数值位与符号位不同，即当$1/2\leqslant M<1$时，应有$0.1XX\cdots X$形式，当$-1\leqslant M<-1/2$时，应有$1.0XX\cdots X$形式。

需要注意的是，当$M=-1/2$时，对于原码来说，是规格化数，而对于补码来说，不是规格化数；当$M=-1$时，对于原码来说，这将无法表示，而对于补码来说，这是一个规格化数。

对于非规格化浮点数，需要进行规格化操作。进行规格化操作就是通过相应地调整一个非规格化浮点数的尾数和阶码的大小（左移或右移），使非零的浮点数在尾数的最高数位上保证是一个有效值。

假设浮点数的尾数为0.0011，阶码为0100（设定$R=2$）。规格化时，将尾数左移2位而成为0.1100，阶码减去2（即二进制10），修改成0010，浮点数的值保持不变。

当一个浮点数的尾数为0（无论阶码是何值），或阶码的值比能在机器中表示的最小值还小时，计算机都把该浮点数看成零值，称为机器零。

假设尾数和阶码均用补码表示，阶码共$n+1$位（含一位阶符），尾数共$m+1$位（含一位尾符），表3—2列出了浮点数的几个典型值。

表 3—2　　浮点数的典型值

浮点数	浮点数代码		真值
	阶码	尾数	
最大正数	01…1	0.11…11	$(1-2^{-m})\times 2^{2^n-1}$
绝对值最大负数	01…1	1.00…00	$-1\times 2^{2^n-1}$
最小正数	10…0	0.00…01	$2^{-m}\times 2^{-2^n}$
规格化的最小正数	10…0	0.10…00	$2^{-1}\times 2^{-2^n}$
绝对值最小负数	10…0	1.11…11	$-2^{-m}\times 2^{-2^n}$
规格化的绝对值最小负数	10…0	1.01…11	$-(2^{-1}+2^{-m})\times 2^{-2^n}$

由表 3—2 可以看出，规格化的最小正数大于非规格化的最小正数。规格化的绝对值最小负数的绝对值大于非规格化的绝对值最小负数的绝对值。

3. 定点表示法和浮点表示法的区别

假设定点数和浮点数的字长相同，它们主要有以下几点区别：

（1）数值表示范围。

数值表示范围是指机器所能表示的一个数的最大值和最小值之间的范围。浮点表示法所能表示的数值范围远远大于定点表示法。

浮点数的阶码部分占的位数越多，可表示的数值范围就越大，但是相应尾数部分的位数将减少，这将使数据精度下降。因此，阶码和尾数各占多少位，必须全面考虑，合理分配。

（2）数据精度。

数据精度是指一个数所含的有效数值位的位数。一般来说，机器的字长越长，它所表示的数的有效位数就越多，精度也就越高。浮点数虽然扩大了数据的表示范围，但这正是以降低精度为代价的。

（3）数的运算。

浮点数包括阶码和尾数两部分，运算时不仅要做尾数的运算，还要做阶码的运算，而且运算结果还要求规格化，因此，浮点运算要比定点运算复杂得多。

（4）溢出处理。

在定点运算时，若运算结果超出数的表示范围，就发生溢出。而在浮点运算时，运算结果超出尾数的表示范围却并不一定溢出，只有当阶码超出所能表示的范围时，才发生溢出。所以，它们在有关溢出的处理上是不同的。

3.2　非数值型数据的表示

非数值型数据，又称字符数据，通常是指字符、字符串、图形符号和汉字等各种数据，它们不是用来表示数值的大小，一般情况下不对它们进行算术运算。

3.2.1 字符的表示方法

由于计算机内部只能识别和处理二进制代码，所以字符必须按照一定的规则用一组二进制编码来表示。字符的编码方式有很多种，当前计算机中应用最广泛的是ASCII码，它是美国信息交换标准代码（American Standard Code for Information Interchange）的简称，主要用来为英文字符编码。当用户将包含英文字符的源程序、数据文件、字符文件从键盘上输入到计算机中时，计算机接收并存储的就是ASCII码。计算机将处理结果送给打印机和显示器时，除汉字以外的字符一般也是用ASCII码表示的。

常见的ASCII码使用7位二进制表示一个字符，它包括10个十进制数字（0～9）、52个英文大写和小写字母（A～Z，a～z）、34个专用符号和32个控制符号，共计128个字符。表3—3给出了标准的7位ASCII码字符表。有的计算机系统使用由8位二进制数编码的扩展ASCII码，其前128个是标准的ASCII码字符编码，后128个是扩充的字符编码。

表3—3　　标准ASCII码字符表

高位 / 低位	000	001	010	011	100	101	110	111
0000	NUL	DLE	SP	0	@	P	`	p
0001	SOH	DC1	!	1	A	Q	a	q
0010	STX	DC2	“	2	B	R	b	r
0011	ETX	DC3	#	3	C	S	c	s
0100	EOT	DC4	$	4	D	T	d	t
0101	ENQ	NAK	%	5	E	U	e	u
0110	ACK	SYN	&	6	F	V	f	v
0111	BEL	ETB	‘	7	G	W	g	w
1000	BS	CAN	(	8	H	X	h	x
1001	HT	EM	)	9	I	Y	i	y
1010	LF	SUB	*	:	J	Z	j	z
1011	VT	ESC	+	;	K	[	k	{
1100	FF	PS	,	<	L	\	l	|
1101	CR	GS	—	=	M	]	m	}
1110	SO	RS	.	>	n	^	n	～
1111	SI	US	/	?	O	_	o	DEL

在ASCII码表中，数字和英文字母都是按顺序排列的，只要知道其中一个的二进制代码，不需要查表就可以推导出其他数字或字母的二进制代码。

3.2.2 汉字的表示

要在计算机中表示汉字，需要为汉字进行编码，而且要使这些编码与西文字符和其他字符有明显的区别。

一、汉字国标码

汉字国标码主要用于汉字信息处理系统之间或者通信系统之间交换信息。1980年国家标准总局发布了GB2312-1980，即信息交换用汉字编码字符集基本集，简称国标码。该标准共收集常用汉字6 763个，其中一级汉字3 755个，按拼音排序；二级汉字3 008个，按部首/笔画排序；另外还有各种图形符号682个，共计7 445个。

GB2312-1980规定每个汉字、图形符号都用两个字节表示，每个字节只使用低七位编码。因此，最多能表示128×128=16 384个汉字。

二、汉字机内码

汉字可以通过不同的输入码输入，但在计算机内部其编码是唯一的。汉字在计算机内部处理、存储时所使用的编码称为汉字机内码。

因为汉字处理系统要保证中西文的兼容，当系统中同时存在ASCII码和汉字国标码时，将会产生二义性。例如：从主存中读出两个字节的内容，它们分别为30H和21H，这时既可能是表示汉字“啊”的国标码，又可能是表示西文“0”和“!”的ASCII码。因此，汉字机内码应对国标码进行处理和变换。

常用的汉字机内码为两字节长的代码，它是在相应汉字国标码的每个字节最高位上加“1”，即：汉字机内码=汉字国标码+8080H。

例如，上述“啊”字的国标码是3021H，其汉字机内码则是B0A1H。

三、汉字字形码

汉字字形码是指确定一个汉字字形点阵的代码，又叫汉字字模码或汉字输出码。在一个汉字点阵中，凡笔画所到之处，记为“1”，否则记为“0”。根据对汉字输出质量的不同要求，可有16×16、24×24、32×32或48×48的点阵结构。显然点阵越大，输出汉字的质量越高，每个汉字所占用的字节数也越多。

3.2.3 统一代码（Unicode）

随着国际交流与合作的发展和范围的不断扩大，信息处理应用对字符集提出了多文种、大字量、多用途的要求，解决问题的最佳方案是设计一种全新的编码方法，这种方法必须有足够的能力来表示任意一种语言里使用的所有符号，这就是统一代码（Unicode）。

一、编码方式

Unicode 的基本方法是用一个 16 位的数来表示 Unicode 中的每个符号，这种符号集可表示 65 536 个不同的字符或符号。这种符号集称为基本多语言平面（BMP）。这个空间已经非常大了，但设计者考虑到将来某一天可能也会不够用，所以采用了一种可以使这种表示法使用得更长久的方法。

当只用 2 字节数来表示 Unicode 字符时，使用的是 UCS-2 编码，但尽管如此，也允许在 UCS-2 文本中插入一些 UCS-4 字符。为此，在 BMP 中，保留了两个大小为 1 024 的块，这两个块中任何位置都不能用来表示任何符号。UCS-4 的两个 16 位字每个表示一个数，每个数是 UCS-2 BMP 中 1 024 个数值中的一个。这两个数的组合可以表示多达 1 百多万个自定义的 UCS-4 字符。

UCS-2 可以表示的字符或符号：$65\ 536-2\times 1\ 024=63\ 488$

UCS-4 可以表示的字符或符号：$2^{10}\times 2^{10}=2^{20}=1\ 048\ 576$

二、实现方式

Unicode 的实现方式不同于编码方式。一个字符的 Unicode 编码是确定的，但是在实际传输过程中，由于不同系统平台的设计不一定一致，以及出于节省空间的目的，对 Unicode 编码的实现方式有所不同。Unicode 的实现方式称为 Unicode 转换格式（Unicode Translation Format，UTF），目前存在的 UTF 格式有：UTF-7，UTF-7.5，UTF-8，UTF-16 以及 UTF-32。

3.3　十进制数和数串的表示

十进制是人们最常用的数据表示方法，一些通用性较强的计算机上设有十进制数据的表示，可以直接对十进制数进行运算和处理。

3.3.1　十进制数的编码

用 4 位二进制数来表示 1 位十进制数，称为二进制编码的十进制数（binary code decimal），简称 BCD 码。4 位二进制数可以组合出 16 种代码，能表示 16 种不同的状态，BCD 码只需要使用其中的 10 种状态，就可以表示十进制数的 10 个数码 0～9，而其他的 6 种状态为冗余状态。由于可以取任意的 10 种代码来表示 10 个数码，所以就可能产生多种 BCD 编码。BCD 码既具有二进制数的形式，又保持了十进制数的特点，可以作为人机联系的一种中间表示，也可以用它直接进行运算。表 3—4 列出了几种常见的 BCD 码。

表 3—4　　几种常见的 BCD 码

十进制数	8421 码	2421 码	余 3 码	格雷（Gray）码
0	0000	0000	0011	0000
1	0001	0001	0100	0001
2	0010	0010	0101	0011
3	0011	0011	0110	0010
4	0100	0100	0111	0110
5	0101	1011	1000	1110
6	0110	1100	1001	1010
7	0111	1101	1010	1011
8	1000	1110	1011	1001
9	1001	1111	1100	1000

一、8421 码

8421 码是一种有权码，4 位二进制代码的位权从高到低分别为 8、4、2、1。这种编码简单直观。每个代码与它所代表的十进制数之间符合二进制数和十进制数相互转换的规则。8421 码不允许出现 1010～1111，这 6 个代码在 8421 码中是非法码。

尽管在 8421 码中 10 个数码 0～9 的表示形式与二进制表示的形式一样，但这是两个完全不同的概念，不能混淆。例如，一个两位的十进制数 39 可以表示为 $(0011\ 1001)_{8421}$，与 39 的二进制数 $(100111)_2$是完全不同的。

二、2421 码

2421 码也是一种有权码，4 位二进制代码的位权从高到低分别为 2、4、2、1。它又是一种对 9 的自补码。即某数的 2421 码，只要自身按位取反，就能得到该数对 9 补数的 2421 码。例如：3 的 2421 码是 0011。3 对 9 的补数是 6，而 6 的 2421 码是 1100。2421 码不允许出现 0101～1010。这 6 个代码在 2421 码中是非法码。

三、余 3 码

余 3 码是一种无权码，但也可看作一种特殊的有权码，即它是在 8421 码的基础上加＋3（＋0011）形成的，故称余 3 码。在这种编码中各位的“1”不表示一个固定的十进制数值，因而不直观。

余 3 码也是一种对 9 的自补码。编码中不允许出现 0000～0010、1101～1111，这 6 个代码在余 3 码中是非法码。

四、格雷（Gray）码

十进制格雷码的方案有很多种，格雷码可以避免在计数时发生中间错误，所以也被称为可靠性编码。格雷码也是一种无权码，从一种代码变到相邻的下一种代码时只有一个二进制位的状态发生变化。格雷码具有循环特性，即首尾两个数的格雷码也只有一个二进制位不同，因此，格雷码又称为循环码。十进制格雷码也有 6 个代码为非法码，视具体方案而定。

3.3.2 十进制数串

一、非压缩的十进制数串

非压缩的十进制数串一个字节可存放一个十进制数或西文符号的 ASCII 码。根据符号所处的位置不同，非压缩的十进制数串又分为前分隔式数字串和后嵌入式数字串两种格式。

在前分隔式数字串中，符号位占用单独一个字节，放在数值位之前，正号对应的 ASCII 码为 2BH，负号对应的 ASCII 码为 2DH。例如：＋256 在主存中连续四个字节存放，对应的 ASCII 码为 2BH，32H，35H，36H；－256 在主存中连续四个字节存放，对应的 ASCII 码为 2DH，32H，35H，36H。

在后嵌入式数字串中，符号位不再单独占用一个字节，正号为 00H（00000000），负号为 40H（01000000），嵌入到最末数值位，所以正数最末位不变，负数最末位加上 40H。例如：＋256 在主存中连续三个字节存放，对应的 ASCII 码为 32H，35H，36H；－256 在主存中连续三个字节存放，对应的 ASCII 码为 32H，35H，76H。

非压缩的十进制数串主要应用于非数值处理，而对十进制的算术运算是很不方便的。因为一个字节中只有低 4 位表示数值，而高 4 位在算术运算时不具有数值的意义。

二、压缩的十进制数

一个字节可存放两位 BCD 码表示的十进制数，既节省了存储空间，又便于直接进行十进制算术运算。在主存中，一个压缩的十进制数串占用连续的多个字节，每位数字仅占半个字节，其值常用 8421 码表示。符号位也占半个字节，并存放在最低数值位之后，通常用 CH（1100）表示正号，DH（1101）表示负号。在这种表示中，规定数字的个数加符号位之和必须为偶数，当和为奇数时，应在最高数值位之前补一个“0”（即第一个字节的高半字节为“0000”）。例如：＋256 占用两个字节：25H（00100101），6CH（01101100）；－2 568 占用三个字节：02H（00000010），56H（01010110），8DH（10001101）。

3.4 数值型数据的运算

3.4.1 定点数的加减法运算

一、原码加减法运算

对原码表示的两个数进行加减运算时，符号位不参与运算，仅仅是两数的绝对值参与运算。

计算机的实际操作是加还是减，不仅取决于指令的操作码，还取决于两个操作数的符号，例如：加法时可能要做减法（两数异号）；减法时又可能做加法（两数异号），所以原码加减运算的实现是比较复杂的，这里不做讨论。

二、补码加减法运算

补码加减运算要比原码加减运算简单得多。

1. 补码加法

两个补码表示的数相加，符号位参加运算，且两数和的补码等于两数补码之和，即：

$$[X+Y]_{补}=[X]_{补}+[Y]_{补}$$

2. 补码减法

根据补码加法公式可推出：

$$[X-Y]_{补}=[X+(-Y)]_{补}=[X]_{补}+[-Y]_{补}$$

从上面的公式可以看出，只要求得 $[-Y]_{补}$，就可以把减法变为加法。已知 $[Y]_{补}$，求 $[-Y]_{补}$ 的方法是：将 $[Y]_{补}$ 连同符号位一起求反，末尾加“1”。$[-Y]_{补}$ 称为 $[Y]_{补}$ 的机器负数，由 $[Y]_{补}$ 求 $[-Y]_{补}$ 的过程称为对 $[Y]_{补}$ 变补（求补），表示为：

$$[-Y]_{补}=[[Y]_{补}]_{变补}$$

应将“某数的补码表示”与“变补”这两个概念区分开来。把一个负数由原码表示转换成补码表示时，符号位是不变的，仅对数值位的各位变反，末尾加“1”。而变补则不论这个数的真值是正是负，一律连同符号位一起变反，末尾加“1”。

$[Y]_{补}$ 表示的真值如果是正数，则变补后 $[-Y]_{补}$ 所表示的真值变为负数，反之亦然。

例 3—10　$Y=-0.0110$

$$[Y]_{原}=1.0110,\quad [Y]_{补}=1.1010,\quad [-Y]_{补}=0.0110$$

例 3—11　$Y=0.0110$

$$[Y]_{原}=0.0110,\quad [Y]_{补}=0.0110,\quad [-Y]_{补}=1.1010$$

3. 补码加减法运算规则

补码加减法运算规则如下：

（1）参加运算的两个操作数均用补码表示；

（2）符号位作为数的一部分参与运算；

（3）若做加法，则两数直接相加；若做减法，则将被减数与减数的机器负数相加；

（4）运算结果用补码表示。

例 3—12 $A=0.1011$，$B=-0.1110$，求：$A+B$。

解： $[A]_补=0.1011$，$[B]_补=1.0010$

$$[A+B]_补=0.1011+1.0010=1.1101,$$
$$A+B=-0.0011$$

例 3—13 $A=0.1011$，$B=-0.0010$，求：$A-B$。

解： $[A]_补=0.1011$，$[B]_补=1.1110$，$[-B]_补=0.0010$

$$[A-B]_补=[A]_补+[-B]_补=0.1011+0.0010=0.1101,$$
$$A-B=0.1101$$

三、补码的溢出判断与检测方法

1. 溢出的产生

在补码加减运算中，有时会遇到这样的情况：两个正数相加，而结果的符号位却为 1（结果为负）；两个负数相加，而结果的符号位却为 0（结果为正）。下面以字长为 5 位的定点整数的加法运算为例进行说明。

例 3—14 $X=1011$，$Y=0111$，求 $X+Y$。

$$[X]_补=0,1011,\quad [Y]_补=0,0111$$

$$\begin{array}{r} 0,1\,0\,1\,1 \\ +0,0\,1\,1\,1 \\ \hline 1,0\,0\,1\,0 \end{array}$$

所以 $[X+Y]_补=1,0010$，$X+Y=-1110$

两正数相加结果为 -1110，显然是错误的。

例 3—15 $X=-1011$，$Y=-0111$，求 $X+Y$。

$$[X]_补=1,0101,\quad [Y]_补=1,1001$$

$$\begin{array}{r} 1,0\,1\,0\,1 \\ +1,1\,0\,0\,1 \\ \hline 0,1\,1\,1\,0 \end{array}$$

所以 $[X+Y]_补=0,1110$，$X+Y=+1110$

两负数相加结果为＋1110，显然也是错误的。

为什么会发生这种错误呢？原因在于两数相加之和的数值已超过了机器允许的表示范围。字长为 $n+1$ 位的定点整数（其中一位为符号位）采用补码表示，当运算结果大于 2^n-1 或小于 -2^n 时，就会产生溢出。

设参加运算的两数为 X 和 Y，做加法运算。

（1）若 X、Y 异号，不会溢出。

（2）若 X、Y 同号，运算结果为正且大于所能表示的最大正数或运算结果为负且小于所能表示的最小负数（绝对值最大的负数）时，就会产生溢出。

将两正数相加产生的溢出称为正溢；反之，两负数相加产生的溢出称为负溢。

2. 溢出检测方法

假设被操作数为：$[X]_{补}=X_s$，$X_1X_2\cdots X_n$

操作数为：$[Y]_{补}=Y_s$，$Y_1Y_2\cdots Y_n$

其和（差）为：$[S]_{补}=S_s$，$S_1S_2\cdots S_n$

（1）采用一个符号位判断。

两正数相加，结果为负表明产生正溢；两负数相加，结果为正表明产生负溢。因此可得出采用一个符号位检测溢出的方法：

当 $X_s=Y_s=0$，$S_s=1$ 时，产生正溢。

当 $X_s=Y_s=1$，$S_s=0$ 时，产生负溢。

溢出判断条件为：

$$溢出=\overline{X}_s\overline{Y}_sS_s+X_sY_s\overline{S}_s$$

（2）采用进位位判断。

两数运算时，产生的进位为：

$$C_s,C_1C_2\cdots C_n$$

其中：C_s 为符号位产生的进位，C_1 为最高数值位产生的进位。

两正数相加，当最高有效位产生进位（$C_1=1$）而符号位不产生进位（$C_s=0$）时，发生正溢。

两负数相加，当最高有效位没有进位（$C_1=0$）而符号位产生进位（$C_s=1$）时，发生负溢。

溢出判断条件为：

$$溢出=\overline{C}_sC_1+C_s\overline{C}_1=C_s\oplus C_1$$

（3）采用变形补码（双符号位补码）判断。

一个符号位只能表示正、负两种情况，当产生溢出时，符号位的含义就会发生混乱。如果将符号位扩充为两位（S_{s1}和S_{s2}），其所能表示的信息量将随之扩大，既能检测出是否溢出，又能指出结果的符号。在双符号位的情况下，称左边的符号位S_{s1}为真符，因为它代表了该数真正的符号，两个符号位都作为数的一部分参与运算。这种编码又称为变形补码。

双符号位的含义如下：

$S_{s1}S_{s2}=00$　结果为正数，无溢出

$S_{s1}S_{s2}=01$　结果正溢

$S_{s1}S_{s2}=10$　结果负溢

$S_{s1}S_{s2}=11$　结果为负数，无溢出

当两个符号位的值不一致时，表明产生溢出。溢出判断条件为：

溢出$=S_{s1}\oplus S_{s2}$

前例中字长为5位，数的表示范围为$-16\sim15$，采用变形补码（双符号位）运算，则有：

$11+7=18$（正溢）

```
   0 0,1 0 1 1
  +0 0,0 1 1 1
 ──────────────
   0 1,0 0 1 0
```

$-11+(-7)=-18$（负溢）

```
   1 1,0 1 0 1
  +1 1,1 0 0 1
 ──────────────
   1 0,1 1 1 0
```

为了尽可能减少代价，在采用双符号位方案时，操作数和结果在寄存器和主存中仍保持单符号位，仅在运算时再扩充为双符号位。

3.4.2　定点数的乘法运算

一、原码一位乘法

用原码实现乘法运算是十分方便的。原码一位乘法是从手算方法演变而来的，即用两个操作数的绝对值相乘，乘积的符号为两个操作数符号的异或值（同号为正，异号为负）。假设X_s和Y_s为被乘数和乘数的符号，P_s为乘积的符号，则有：

乘积　$P=|X|\cdot|Y|$

符号　$P_s = X_s \oplus Y_s$

例 3—16　$X=0.1101$，$Y=-0.1011$，列出手算乘法算式为：

```
         0.1 1 0 1     … 被乘数
        ×0.1 0 1 1     … 乘数
      -------------
           1 1 0 1     … 部分积
         1 1 0 1       … 部分积
       0 0 0 0         … 部分积
    +1 1 0 1           … 部分积
    ---------------
    0.1 0 0 0 1 1 1 1  … 乘积
```

因为　　$P_s = X_s \oplus Y_s = 0 \oplus 1 = 1$

所以　　$X \cdot Y = -0.10001111$

原码一位乘法的运算规则为：

(1) 参与运算的操作数取其绝对值；

(2) 令乘数的最低位为判断位，若为“1”，加被乘数，若为“0”，不加被乘数（加 0）；

(3) 累加后的部分积右移一位；

(4) 将第 (2) 步和第 (3) 步重复 n 次，直到所有的乘数位都判断完为止；

(5) 符号位单独处理，同号为正，异号为负。

通常，乘法运算需要 3 个寄存器。被乘数 X 放在 B 寄存器中，乘数 Y 放在 C 寄存器中，A 寄存器用来存放部分积和最后乘积的高位部分，它的初始值为 0。当运算结束后，C 寄存器中不再需要保留乘数，改为存放乘积的低位部分。原码一位乘法运算器框图如图 3—1 所示。

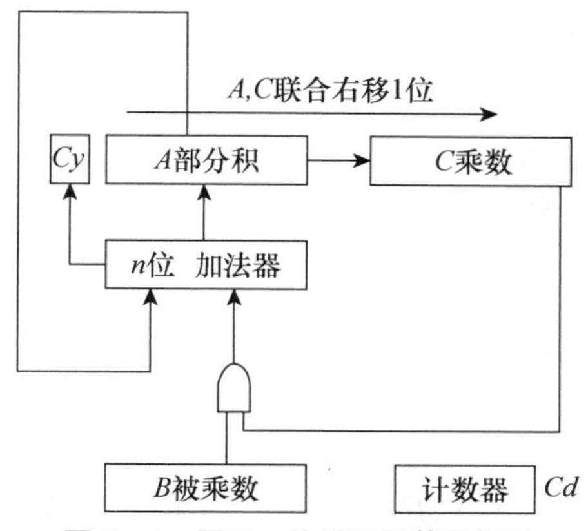

图 3—1　原码一位乘法运算器框图

例 3—17 已知：$X=0.1101$，$Y=-0.1011$，求：$X\cdot Y$。

$|X|=0.1101\rightarrow B$，　$|Y|=0.1011\rightarrow C$，　$0\rightarrow A$

符号位不参与运算。

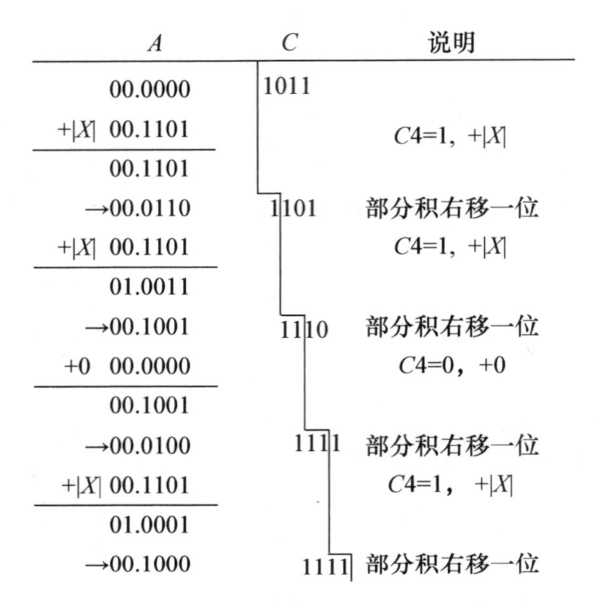

	A	C	说明
	00.0000	1011	
+|X|	00.1101		C4=1，+|X|
	00.1101		
→	00.0110	1101	部分积右移一位
+|X|	00.1101		C4=1，+|X|
	01.0011		
→	00.1001	1110	部分积右移一位
+0	00.0000		C4=0，+0
	00.1001		
→	00.0100	1111	部分积右移一位
+|X|	00.1101		C4=1，+|X|
	01.0001		
→	00.1000	1111	部分积右移一位

因为　　$P_s=X_s\oplus Y_s=0\oplus 1=1$

所以　　$X\cdot Y=-0.10001111$

二、补码一位乘法

有的机器为方便加减法运算，数据以补码形式存放。乘法直接用补码进行，以减少转换次数。

设被乘数 $[X]_补=X_0.X_1X_2\cdots X_n$，乘数 $[Y]_补=Y_0.Y_1Y_2\cdots Y_n$，则有如下乘法规律：

$$[X\cdot Y]_补=[X]_补\cdot(-Y_0+0.Y_1Y_2\cdots Y_n)$$

补码一位乘法的公式证明如下：

（1）X 为正数或负数，Y 为正数。

根据补码定义及模 2 运算性质：

$$[X]_补=2+X=2^{n+1}+X\quad(\text{mod}2)$$
$$[Y]_补=Y$$

所以：$[X]_补\cdot[Y]_补=(2^{n+1}+X)\cdot Y=2^{n+1}\cdot Y+X\cdot Y=2+X\cdot Y(\text{mod}2)$

$$[X]_补\cdot[Y]_补=[X\cdot Y]_补$$

即：$[X\cdot Y]_{补}=[X]_{补}\cdot[Y]_{补}=[X]_{补}\cdot Y=[X]_{补}\cdot(-Y_0+\sum_{i=1}^{n}Y_i\cdot 2^{-i})$

$$=[X]_{补}\cdot\sum_{i=1}^{n}Y_i\cdot 2^{-i}$$

$$=[X]_{补}\cdot(0.Y_1Y_2\cdots Y_n)$$

（2）X 为正数或负数，Y 为负数。

$$[X]_{补}=X_0.X_1X_2\cdots X_n$$

$$[Y]_{补}=1.Y_1Y_2\cdots Y_n=2+Y$$

于是：$Y=[Y]_{补}-2=1.Y_1Y_2\cdots Y_n-2=0.Y_1Y_2\cdots Y_n-1$

$$X\cdot Y=X\cdot(0.Y_1Y_2\cdots Y_n)-X$$

$$[X\cdot Y]_{补}=[X\cdot(0.Y_1Y_2\cdots Y_n)]_{补}+[-X]_{补}$$

因为 $0.Y_1Y_2\cdots Y_n>0$，所以 $[X\cdot(0.Y_1Y_2\cdots Y_n)]_{补}=[X]_{补}\cdot(0.Y_1Y_2\cdots Y_n)$

$$[X\cdot Y]_{补}=[X]_{补}\cdot(0.Y_1Y_2\cdots Y_n)+[-X]_{补}$$

即按照（1）方法运算后，还需要在最后一步进行加上 $[-X]_{补}$ 的操作。

综合上述（1）和（2）两种情况，就可以得到补码一位乘法的统一公式，即：

$$[X\cdot Y]_{补}=[X]_{补}\cdot(0.Y_1Y_2\cdots Y_n)+[-X]_{补}\cdot Y_0$$

$$=[X]_{补}\cdot(-Y_0+0.Y_1Y_2\cdots Y_n)$$

$$=[X]_{补}\cdot(-Y_0+\sum_{i=1}^{n}Y_i\cdot 2^{-i})$$

补码一位乘法的运算规则为：

（1）求出参与运算的操作数的补码，设置部分积初始值为 0；

（2）令乘数的最低位为判断位，若为“1”，加被乘数（符号位和数值位一起参与运算），若为“0”，不加被乘数（加 0）；

（3）累加后的部分积右移一位；

（4）将第（2）步和第（3）步重复 n 次，直到所有乘数的数值位判断完为止；

（5）如果乘数为正数，则运算结束，如果乘数为负数（符号位为 1），则加一次 $[-X]_{补}$。

例 3—18　已知：$X=-0.1101$，$Y=0.1011$，即 $[X]_{补}=11.0011$，$[Y]_{补}=0.1011$，求：$[X\cdot Y]_{补}$。

计算过程如下：

	部分积	乘数（Y_0=0）	说明
	00.0000	1011	初始值
$+[X]_{补}$	11.0011		$+[X]_{补}$
	11.0011		
右移1位	11.1001	1101	右移1位
$+[X]_{补}$	11.0011		$+[X]_{补}$
	10.1100		
右移1位	11.0110	0110	右移1位
+0	00.0000		+0
	11.0110		
右移1位	11.1011	0011	右移1位
$+[X]_{补}$	11.0011		$+[X]_{补}$
	10.1110		
右移1位	11.0111	0001	右移1位
	乘积高位	乘积低位	

所以 $[X \cdot Y]_{补}=1.01110001$

$X \cdot Y=-0.10001111$

例 3—19 已知：$X=-0.1101$，$Y=-0.1011$，即 $[X]_{补}=11.0011$，$[Y]_{补}=11.0101$，求：$[X \cdot Y]_{补}$。

计算过程如下：

	部分积	乘数（Y_0=0）	说明
	00.0000	0101	初始值
$+[X]_{补}$	11.0011		$+[X]_{补}$
	11.0011		
右移1位	11.1001	1010	右移1位
+0	00.0000		+0
	11.1001		
右移1位	11.1100	1101	右移1位
$+[X]_{补}$	11.0011		$+[X]_{补}$
	10.1111		
右移1位	11.0111	1110	右移1位
+0	00.0000		+0
	11.0111		
右移1位	11.1011	1111	右移1位
$+[-X]_{补}$	00.1101		$+[-X]_{补}$
	00.1000	1111	
	乘积高位	乘积低位	

所以 $[X \cdot Y]_{补}=0.10001111$

$X \cdot Y = 0.10001111$

将前面的补码乘法公式进行变换，可以得出另一个公式，由于是布斯（Booth）提出的，所以又称为“布斯公式”。

“布斯公式”需要在乘数的最低位之后增加一位附加位 Y_{i+1}，它的初值为 0，增加附加位不会影响运算结果。每次运算取决于乘数相邻两位 Y_i、Y_{i+1} 的值，称它们为乘法的判断位。根据乘数相邻两位的比较结果（$Y_{i+1}-Y_i$）来确定每次应执行的运算操作。

开始时，部分积为 0，然后每次在上一部的部分积上加（$Y_{i+1}-Y_i$）$\cdot [X]_{补}$（$i=n, \cdots, 2, 1, 0$），结果右移一位，得到新的部分积，如此重复 $n+1$ 步，最后一次不移位，就得到 $[X \cdot Y]_{补}$。

Y_{i+1} 与 Y_i 为相邻的两位，（$Y_{i+1}-Y_i$）有 0，1 和 −1 三种情况，其运算规则如下：

(1) $Y_{i+1}-Y_i=0$（$Y_{i+1}Y_i=00$ 或 11）：部分积加 0，右移 1 位；

(2) $Y_{i+1}-Y_i=1$（$Y_{i+1}Y_i=10$）：部分积加 $[X]_{补}$，右移 1 位；

(3) $Y_{i+1}-Y_i=-1$（$Y_{i+1}Y_i=01$）：部分积加 $[-X]_{补}$，右移 1 位。

“布斯公式”共需做 $n+1$ 次累加，n 次移位，第 $n+1$ 次（最后一步）不移位。

例 3—20　已知：$X=-0.1101$，$Y=0.1011$，即 $[X]_{补}=11.0011$，$[-X]_{补}=00.1101$，$[Y]_{补}=0.1011$，求：$[X \cdot Y]_{补}$。

计算过程如下：

	部分积	乘数	说明	
	00.0000	0.10110	初始值，乘数最低位之后补0	
$+[-X]_{补}$	00.1101		$Y_5Y_4=01$，	$+[-X]_{补}$
	00.1101			
右移1位	00.0110	101011	右移1位	
+0	00.0000		$Y_4Y_3=11$，	+0
	00.0110			
右移1位	00.0011	010101	右移1位	
$+[X]_{补}$	11.0011		$Y_3Y_2=10$，	$+[X]_{补}$
	11.0110			
右移1位	11.1011	001010	右移1位	
$+[-X]_{补}$	00.1101		$Y_2Y_1=01$，	$+[-X]_{补}$
	00.1000			
右移1位	00.0100	000101	右移1位	
$+[X]_{补}$	11.0011		$Y_1Y_0=10$，	$+[X]_{补}$
	11.0111	0001		
	乘积高位	乘积低位		

所以　$[X \cdot Y]_{补}=1.01110001$

$X \cdot Y=-0.10001111$

在本小节所举的例 3—18 至例 3—20 中，X 与 Y 的绝对值都没有变化，所以最后的乘积（真值）的数值部分都相等。例 3—18 和例 3—20 题目完全相同，虽然使用了不同的方法，但得到的乘积是完全相同的。这也验证了两个公式的正确性。

三、补码两位乘法

为了提高乘法的执行速度，可以选用两位乘法的方案。所谓两位乘法，就是每次处理乘数中的两位，从而使乘法的速度提高了一倍。两位乘法又可分为原码两位乘法和补码两位乘法，在此只讨论补码两位乘法。

根据前面介绍的布斯乘法可以很方便地推导出补码两位乘法，即可以把补码两位乘法理解为将布斯乘法的两次合并为一次来做。（证明略）

补码两位乘法是根据 Y_{i-1}、Y_i、Y_{i+1} 三位的不同组合值（$Y_{i+1}+Y_i-2Y_{i-1}$）来判断原部分积与 $[X]_补$ 的运算情况，然后右移两位得到新的部分积。补码两位乘法的操作如表 3—5 所示。

表 3—5　　补码两位乘法的操作

判断位　$Y_{i-1}Y_iY_{i+1}$	组合值	操作
0 0 0	0	+0，右移 2 位
0 0 1	1	+ $[X]_补$，右移 2 位
0 1 0	1	+ $[X]_补$，右移 2 位
0 1 1	2	+2 $[X]_补$，右移 2 位
1 0 0	−2	+2 $[-X]_补$，右移 2 位
1 0 1	−1	+ $[-X]_补$，右移 2 位
1 1 0	−1	+ $[-X]_补$，右移 2 位
1 1 1	0	+0，右移 2 位

采用补码两位乘法时，被乘数和部分积取三位符号位。

当乘数由 1 位符号位和 n（奇数）位数据位组成时，求部分积的次数为$(1+n)/2$，而且最后一次的右移操作只右移一位。

若数值位本身为偶数 n，可采用下述两种方法之一：

（1）可在乘数的最后一位补一个 0，乘数的数据位就成为奇数，而且其值不变，求部分积的次数为 $1+(n+1)/2$，即 $n/2+1$，最后一次右移操作也只右移一位。

（2）乘数增加一位符号位，使总位数仍为偶数，此时求部分积的次数为 $n/2+1$，而且最后一次不再执行右移操作。

无论采用哪种方法，其答案是相同的。下面以乘数的数据位是偶数的情况为例进行说明。

例 3—21　已知：$X=-0.1101$，$Y=-0.1011$，即 $[X]_补=1.0011$，$[Y]_补=1.0101$，求：$[X \cdot Y]_补$。

计算过程如下（取三位符号位）：

$[X]_{补}=111.0011$，$2[X]_{补}=110.0110$

$[-X]_{补}=000.1101$，$2[-X]_{补}=001.1010$

（1）乘数的最低位补 0，$[Y]_{补}=1.01010$。

	部分积	乘数	附加位
	000.0000	1.01010	0
$+2[-X]_{补}$	001.1010		100: $+2[-X]_{补}$
	001.1010		
右移2位	000.0110	101010	1
$+[-X]_{补}$	000.1101		101: $+[-X]_{补}$
	001.0011		
右移2位	000.0100	111010	1
$+[-X]_{补}$	000.1101		101: $+[-X]_{补}$
	001.0001		
右移1位	000.1000	111101	0
	乘积高位	乘积低位	

$[X\cdot Y]_{补}=0.10001111$

$X\cdot Y=0.10001111$

（2）乘数增加 1 位符号位，$[Y]_{补}=11.0101$。

	部分积	乘数	附加位
	000.0000	11.0101	0
$+[X]_{补}$	111.0011		010: $+[X]_{补}$
	111.0011		
右移2位	111.1100	11.1101	0
$+[X]_{补}$	111.0011		010: $+[X]_{补}$
	110.1111		
右移2位	111.1011	1111.11	0
$+[-X]_{补}$	000.1101		110: $+[-X]_{补}$
	000.1000		
	乘积高位	乘积低位	

$[X\cdot Y]_{补}=0.10001111$

$X\cdot Y=0.10001111$

3.4.3　十进制整数的加法运算

在计算机中，十进制是用 BCD 码表示的，BCD 码由 4 位二进制数表示，按照二进制数的加法规律进行加法运算。十进制数的进位是 10，而 4 位二进制数的进位是 16，为此需要进行必要的十进制校正，才能使进位正确。不同的 BCD 码对应的十进制校正规律是不一样的，因此硬件实现也是不同的。下面介绍 8421 码加法运算和余 3 码加法运算。

一、8421 码加法运算

一位 8421 码用 4 位二进制数表示，直接加法运算后产生进位的值是 16，而不是 8421 码的 10。因此，必须加 6 校正，才能使该进位正确。8421 码的加法规则如下：

（1）两个 8421 码相加时，每一位“逢二进一”；

（2）如果两个一位 BCD 码相加之和小于或等于 $(1001)_2$，即 $(9)_{10}$，不需要修正；

（3）如果相加之和大于或等于 $(1010)_2$，或者产生进位，要进行加 $(6)_{10}$ 修正，即加 $(0110)_2$。

例 3—22 一位 8421 码加法举例。

（1）1＋8＝9

```
  0001
 +1000
 -----
  1001
不需要修正
```

（2）4＋9＝13

```
  0100
 +1001
 -----
  1101
 +0110   修正
 -----
 10011
```

（3）9＋7＝16

```
  1001
 +0111
 -----
 10000
 +0110   修正
 -----
 10110
```

例 3—23 多位 8421 码加法举例。

$$2\,805+3\,866=(0010\ 1000\ 0000\ 0101)_{BCD}+(0011\ 1000\ 0110\ 0110)_{BCD}$$

```
   0010 1000 0000 0101
  +0011 1000 0110 0110
  --------------------
   0110 0000 0110 1011
  +     0110      0110   修正
  --------------------
   0110 0110 0111 0001
```

所以 $2\,805+3\,866=(0110\ 0110\ 0111\ 0001)_{BCD}=(6\,671)_{10}$

二、余 3 码加法运算

十进制余 3 码是在 8421 码基础上，把每个编码都加 0011 形成的。其加法运算规则如下：

（1）两个余 3 码相加，每一位“逢二进一”；

（2）当两个余 3 码相加不产生进位时，要从结果中进行减 $(3)_{10}$ 修正，即减 $(0011)_2$；

（3）产生进位时，应将进位信号送入高位，本位则进行加 $(3)_{10}$ 修正，即加 $(0011)_2$。

例 3—24　余 3 码加法举例。

$$(28)_{10}+(55)_{10}=(0101\ 1011)_{余3}+(1000\ 1000)_{余3}$$

```
   0101      1011    … (28)10
  +1000      1000    … (55)10
 ---------------------
   1110      0011    … 低位向高位产生进位，高位不产生进位。
  -0011     +0011    … 低位+3，高位-3。
 ---------------------
   1011      0110
```

所以　$(28)_{10}+(55)_{10}=(1011\ 0110)_{余3}=(83)_{10}$

3.5　数据校验码

数据在存取和传送过程中可能会发生错误。为减少和避免错误，一般有两种方案：一是精心设计各种电路，提高计算机硬件的可靠性；二是用数据编码的方法减少出错的可能性，即采用某种编码方法，通过少量的附加电路，使之能发现某些错误，甚至能确定出错的位置，进而实现自动改错。

数据校验码是一种常用的能够发现错误或能够自动纠正错误的数据编码方法，又称为“检错纠错编码”。

任何一种编码都由许多码字构成，任意两个码字之间最少变化的二进制位数，被称为数据校验码的码距。例如，用四位二进制表示 16 种状态，则有 16 个不同的码字，此时码距为 1，即两个码字之间最少仅有一个二进制位不同（如 0000 与 0001 之间）。这种编码没有检错能力，因为如果某一个合法码字中有一位或几位出错，就会变成另一个合法码字。

具有检、纠错能力的数据校验码的实现原理是：在编码中，除去合法的码字外，再加进一些非法的码字，当某个合法码字出现错误时，就变成非法码字。合理地安排非法码字的数量和编码规则，就能达到纠错的目的。例如，若用 4 位二进制表示八个状态，其中只有 8 个码字是合法码字，而另 8 个码字为非法码字，此时码距为 2。码距大于等于 2 的数据校验码，开始具有检错的能力。码距越大，检错和纠错能力就越强，而且检错能力总是大于或等于纠错能力。所以，合理地增大码距，就能提高发现错误的能力，但这样会使码字所使用的二进位数变多，增加了数据存储的容量或数据传送的数量。

常用的数据校验码有：奇偶校验码、海明校验码、循环冗余校验码等。下面介绍前两种。

3.5.1 奇偶校验码

一、奇偶校验的概念

奇偶校验码是一种最简单的数据校验码，它的码距等于 2，可以检测出一位（或奇数位）错误，但不能确定出错的位置，也不能检测出偶数位错误。事实上发生一位出错的概率要比多位出错的概率高得多，所以，虽然奇偶校验码的检错能力较低，但还是一种应用最广泛的校验方法，常用于存储器读写检查或 ASCII 字符传送过程中的检查。

奇偶校验的实现方法是：由若干位有效信息（如一个字节）加上一个二进制位（校验位）组成校验码，然后根据校验码的奇偶性质进行校验。

奇偶校验码（$N+1$ 位）$=N$ 位有效信息位$+1$ 位校验位。

校验位的取值（0 或 1）将使整个校验码中“1”的个数为奇数或偶数，所以有两种可供选择的校验规律：奇校验和偶校验。奇校验是保证整个校验码（有效信息位和校验位）中“1”的个数为奇数。偶校验是保证整个校验码中“1”的个数为偶数。

二、简单奇偶校验（以奇校验为例）

简单奇偶校验仅实现横向的奇偶校验。表 3—6 给出了奇校验和偶校验的例子。其中，最高一位为校验位，其余低八位为数据位。

表 3—6　奇校验和偶校验举例

有效信息（8 位）	奇检验码（9 位）	偶检验码（9 位）
00000000	100000000	000000000
01010001	001010001	101010001
01111111	001111111	101111111
11111111	111111111	011111111

1. 校验位形成

奇偶校验逻辑电路如图 3—2 所示：

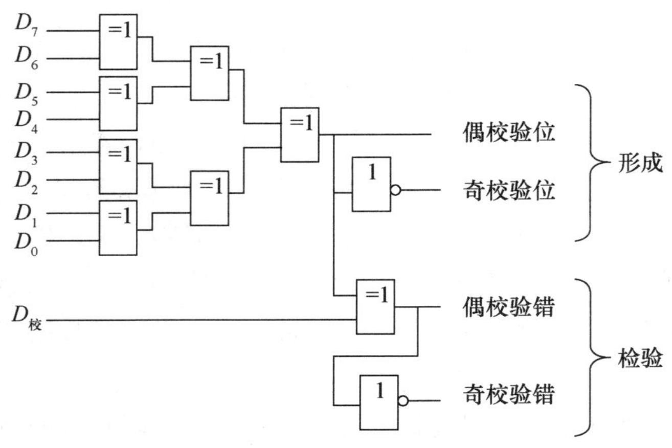

图 3—2　奇偶校验逻辑电路

当要把一个字节的代码 $D_7 \sim D_0$ 写入主存时，就同时将它们送往奇偶校验逻辑电路，该电路形成的信号“奇校验位”就是校验位。它将与 8 位代码一起作为奇校验码写入主存。若 $D_7 \sim D_0$ 中有偶数个“1”，则“奇校验位”$=1$，若 $D_7 \sim D_0$ 中有奇数个“1”，则“奇校验位”$=0$。可见，校验位的取值是 0 还是 1 由数据位中“1”的个数决定。在实际使用中，奇检验与偶校验只需要选择其中之一。

2. 校验检测

读出时，将读出的 9 位代码（8 位信息位和 1 位校验位）同时送入奇偶校验电路检测。若读出代码无错，则“奇校验错”$=0$；若读出代码中的某一位出现错误，则“奇校验错”$=1$，从而指示这个 9 位代码中一定有某一位或奇数个位出现了错误，但具体的错误位置不能确定。

三、交叉奇偶校验

计算机在进行大量字节（数据块）传送时，不仅每一个字节有一个奇偶校验位做横向校验，而且全部字节的同一位也设置一个奇偶校验位做纵向校验，这种横向、纵向同时校验的方法称为交叉校验。

例如，4 个字节组成的信息块，纵向、横向均为偶校验，各校验位取值如下：

	A_7	A_6	A_5	A_4	A_3	A_2	A_1	A_0	横向校验位
第 1 字节	1	1	0	0	1	0	1	1	→1
第 2 字节	0	1	0	1	1	1	0	0	→0
第 3 字节	1	0	0	1	1	0	1	0	→0
第 4 字节	1	0	0	1	0	1	0	1	→0
	↓	↓	↓	↓	↓	↓	↓	↓	
纵向校验位	1	0	0	1	1	0	0	0	

交叉校验可以发现两位同时出错的情况，假设第 2 字节的 A_6、A_4 两位均出错，横向校验位无法检出错误，但是第 A_6、A_4 两位所在列的纵向校验位会显示出错，这与前述的简单奇偶校验相比要保险得多。但是交叉奇偶校验判断不出是哪一个字节出错了，因为当其他字节的 A_6、A_4 两位均出错时，纵向校验位显示出错的结果是相同的。

3.5.2 海明校验码

一、海明校验码的实现原理

海明码是由 Richard Hamming 于 1950 年提出的，目前仍被广泛采用。海明码实际上是一种多重奇偶校验，其实现原理是：在有效信息位中加入几个校验位形成海明码，并把海明码的每一个二进制位分配到几个奇偶校验组中。当某一位出错后，就会引起有关的几个校验位的值发生变化，这不但可以发现错误，还能指出错误的位置，为自动纠错提供了依据。

下面仅介绍能检测和自动校正一位错误并能发现两位错误的海明码的编码原理。此时，校验位的位数 k 与信息位的位数 n 应满足下列关系：

$$2^{k-1} \geqslant n+k+1$$

按照上面的公式，信息位数 n 与校验位数 k 的对应关系如表 3—7 所示。

表 3—7　　校验位数 k 与信息位数 n 的对应关系

n 值	最小 k 值	n 值	最小 k 值
1～3	4	26～56	7
4～10	5	57～119	8
11～25	6		

若海明码的最高位号为 m，最低位号为 1，则海明码为：$H_m H_{m-1} \cdots H_2 H_1$。海明码的编码规则通常为：

（1）校验位和信息位的位数之和为 m，每个校验位 P_i 在海明码中被分到位号为 2^{i-1} 的位置上，其余各位为信息位。

（2）海明码每一位 H_i 由多个校验位校验，其关系是被校验的每一位的位号等于校验它的各校验位的位号之和，即海明码的位号实质上是参与校验的各校验位权值之和。这样安排的目的是，希望校验的结果能正确反映出错的位号。

根据上面的原则来介绍对一个字节信息进行海明码编码和校验的过程。

1. 编码

一个字节由 8 位二进制位组成，此时 $n=8$，从表 3—7 中查到 $k=5$，所以海明码的总位数为 13 位，可表示为：

$$H_{13} H_{12} \cdots H_2 H_1$$

5 个校验位 P_5～P_1 对应的海明码位号应分别为：H_{13}、H_8、H_4、H_2、H_1，除 P_5 外，其余 4 位都满足 P_i 的位号等于 2^{i-1} 的关系，而 P_5 只能放在 H_{13} 上，因为它已经是海明码的最高位了。因此，有如下排列关系：

$$\begin{matrix} H_{13} & H_{12} & H_{11} & H_{10} & H_9 & H_8 & H_7 & H_6 & H_5 & H_4 & H_3 & H_2 & H_1 \\ P_5 & D_8 & D_7 & D_6 & D_5 & P_4 & D_4 & D_3 & D_2 & P_3 & D_1 & P_2 & P_1 \end{matrix}$$

各个信息位形成校验位 P_i（$i=1$～4）的偶校验的结果为：

$$P_1 = D_1 \oplus D_2 \oplus D_4 \oplus D_5 \oplus D_7$$
$$P_2 = D_1 \oplus D_3 \oplus D_4 \oplus D_6 \oplus D_7$$
$$P_3 = D_2 \oplus D_3 \oplus D_4 \oplus D_8$$
$$P_4 = D_5 \oplus D_6 \oplus D_7 \oplus D_8$$

依据上面各信息位形成 P_i 值的公式可以看出，不同信息位出现在 P_i 项中的次数是不一样的，其中 D_4 和 D_7 都出现三次，而 D_1、D_2、D_3、D_5、D_6、D_8 仅出现两次，为此，还要补充一位 P_5 校验位，P_5 的计算公式如下：

$$P_5 = D_1 \oplus D_2 \oplus D_3 \oplus D_5 \oplus D_6 \oplus D_8$$

在这种安排下，每一位信息位都均匀地出现在 3 个 P_i 值的形成关系中。当任何一个信息位发生变化时，必然引起 3 个 P_i 值跟着变化，即合法海明码的码距都为 4。

2. 校验

将接收到的海明码按照如下关系进行偶校验，即：

$$S_1 = P_1 \oplus D_1 \oplus D_2 \oplus D_4 \oplus D_5 \oplus D_7$$
$$S_2 = P_2 \oplus D_1 \oplus D_3 \oplus D_4 \oplus D_6 \oplus D_7$$
$$S_3 = P_3 \oplus D_2 \oplus D_3 \oplus D_4 \oplus D_8$$
$$S_4 = P_4 \oplus D_5 \oplus D_6 \oplus D_7 \oplus D_8$$
$$S_5 = P_5 \oplus D_1 \oplus D_2 \oplus D_3 \oplus D_5 \oplus D_6 \oplus D_8$$

校验得到的结果值 $S_5 \sim S_1$ 称为指误字。它能反映 13 位海明码的出错情况：

（1）当 $S_5 \sim S_1$ 为 00000 时，表明无错。

（2）当 $S_5 \sim S_1$ 中仅有一位不为 0 时，表明是某一个校验位出错或 3 位海明码（包括信息位和校验位）同时出错。由于 3 位海明码同时出差的可能性较小，故一般认为是某一个校验位出错，出错位是该 S_i 对应的 P_i 位。

（3）当 $S_5 \sim S_1$ 中有两位不为 0 时，表明是两位海明码同时出错，此时只能发现错误，而无法确定出错的位置。

（4）当 $S_5 \sim S_1$ 中有 3 位不为 0 时，表明是 1 位信息位出错或 3 位校验位同时出错，由于后一种错误的可能性较小，故认为是前一种错误。出错位的位号由 $S_4 \sim S_1$ 的 4 位编码值指明，此时不仅能检查出一位错，而且能准确地定位，因此可以纠正这个错误（将该位变反）。

（5）当 $S_5 \sim S_1$ 中有 4 位或 5 位不为 0 时，表明出错情况严重，系统工作可能出现故障，应检查系统硬件的正确性。

第（2）和（4）种的详细出错情况见表 3—8。若表中仅有一个 S_i 不为 0，表示 P_i 出错，因为是校验位，所以此时并不需要校正。当 5 个 S_i 位有 3 个为 1 时，表示是某一信息位 D_i 出错。出错信息位的海明码位号由 $S_4 \sim S_1$ 这四位的译码值指出（分别为 12、11、10、9、7、6、5、3）。例如，当 $S_5 \sim S_1 = 00111$ 时，$S_4 \sim S_1$ 的译码值为 7，即对应的 H_7（也就是 D_4）位出错。

表 3—8　　海明码出错情况

海明码	P_5	D_8	D_7	D_6	D_5	P_4	D_4	D_3	D_2	P_3	D_1	P_2	P_1
位号 / S 位	H_{13}	H_{12}	H_{11}	H_{10}	H_9	H_8	H_7	H_6	H_5	H_4	H_3	H_2	H_1
S_5	1	1	0	1	1	0	0	1	1	0	1	0	0
S_4	0	1	1	1	1	1	0	0	0	0	0	0	0
S_3	0	1	0	0	0	0	1	1	1	1	0	0	0
S_2	0	0	1	1	0	0	1	1	0	0	1	1	0
S_1	0	0	1	0	1	0	1	0	1	0	1	0	1

二、海明校验码的举例

例 3—25　设有一个 8 位信息为 10101100，试写出海明码的编码生成和校验过程。

1. 编码生成

检验位长度为 5，按偶校验有：

$$P_1 = 0 \oplus 0 \oplus 1 \oplus 0 \oplus 0 = 1$$
$$P_2 = 0 \oplus 1 \oplus 1 \oplus 1 \oplus 0 = 1$$
$$P_3 = 0 \oplus 1 \oplus 1 \oplus 1 = 1$$
$$P_4 = 0 \oplus 1 \oplus 0 \oplus 1 = 0$$
$$P_5 = 0 \oplus 0 \oplus 1 \oplus 0 \oplus 1 \oplus 1 = 1$$

因此，可得到用二进制表示的海明码为：

$$\underline{1}\ 1\ 0\ 1\ 0\ \underline{0}\ 1\ 1\ 0\ \underline{1}\ 0\ \underline{1}\ \underline{1}$$

注：下划线表示校验位在海明码中的位置。

2. 校验过程

假设上述海明码在传送后 H_{11}（D_7）位发生了错误，原来的码字就变为：

$$1\ 1\ \underset{\text{出错}}{\underline{1}}\ 1\ 0\ 0\ 1\ 1\ 0\ 1\ 0\ 1\ 1$$

出错后检错的过程很简单，只要将接收到的码字重新进行偶校验即可：

$$S_1 = 1 \oplus 0 \oplus 0 \oplus 1 \oplus 0 \oplus 1 = 1$$
$$S_2 = 1 \oplus 0 \oplus 1 \oplus 1 \oplus 1 \oplus 1 = 1$$
$$S_3 = 1 \oplus 0 \oplus 1 \oplus 1 \oplus 1 = 0$$
$$S_4 = 0 \oplus 0 \oplus 1 \oplus 1 \oplus 1 = 1$$
$$S_5 = 1 \oplus 0 \oplus 0 \oplus 1 \oplus 0 \oplus 1 \oplus 1 = 0$$

所以指误字为 01011，其中低 4 位有效，相应的十进制数是 11，指出 H_{11} 出错。现在 H_{11} 出错而成了“1”，纠错就是将 H_{11} 位取反使它恢复为“0”。即：

错误码：1 1 $\underline{1}$ 1 0 0 1 1 0 1 0 1 1

↓

纠正后：1 1 $\underline{0}$ 1 0 0 1 1 0 1 0 1 1

第三章习题

1. 设机器数的字长为 8 位（含 1 位符号位），分别写出下列各个二进制数的原码、反码和补码。

（1）0，　－0，　0.1000，　－0.1000；

（2）0.1111，　－0.1111，　1101，　－1101。

2. 请问 8 位二进制整数 01000111 和 10011010 的编码分别是原码、补码、反码和无符号数时的真值是多少？（结果用十进制数表示）

3. 设某计算机的字长为 16 位。定点数表示时，数值位为 15 位，符号位为 1 位。试求下列几种情况下所能表示的数值范围：

（1）无符号数；　（2）用原码表示定点小数；

（3）用补码表示定点小数；　（4）用原码表示定点整数；

（5）用补码表示定点整数。

4. 某浮点数字长为 12 位，阶码 4 位，其中阶符 1 位，尾数 8 位，其中数符 1 位，阶码的基数为 2，阶码和尾数均用补码表示。试求它能表示的：

（1）最大正数及最小正数；　（2）绝对值最大的负数及绝对值最小的负数；

（3）规格化的最小正数；　（4）规格化的绝对值最小的负数。

5. 分别写出下列 ASCII 码表示的字符：

（1）0100001，0100101，1000100，1001001；

（2）1010000，1010111，1100001，1110110。

6. 分别以下列形式表示十进制数 $(4873)_{10}$。

（1）8421 码；　（2）2421 码；　（3）余 3 码；　（4）二进制数。

7. 用补码运算计算下列各组数的和（$X+Y$），结果用真值表示。

（1）$X=-0.011010$，$Y=-0.010111$；

（2）$X=0.110101$，$Y=-0.101011$。

8. 用补码运算计算下列各组数的差（$X-Y$），结果用真值表示。

（1）$X=-0.011111$，$Y=0.001011$；

（2）$X=0.1101101$，$Y=-0.100100$。

9. 分别用原码一位乘法、补码一位乘法和补码两位乘法计算 $X=0.1010$，$Y=$

－0.0110 的积（$X \cdot Y$），结果用真值表示。

10. 写出有效信息位为 01011001 的偶校验的海明校验码。

11. 已知接收到的海明校验码为 1111010101101（按偶校验原则），请问要求传送的信息是什么？（注：此校验码有错）

第四章

汇编语言与指令系统

控制电灯工作时，需要用只有两个状态的开关；控制电视和空调工作时，需要用有若干个按键的遥控器；控制计算机这样复杂的设备则需要更为复杂的方式。类似于人与人之间的语言交流，我们必须使用计算机能够理解的语言去控制计算机进行各种复杂的操作，包括各种类型的计算、数据的移动，等等。计算机能够理解的语言，我们一般称为指令，所有指令构成的集合一般称为指令系统或指令集，也可以直接称为机器语言。本章主要介绍指令的格式、寻址方式、指令的类型、汇编语言和指令系统的发展等内容。

4.1　概述

计算机能够理解的语言，一般称为指令，所有指令构成的集合一般称为指令系统或指令集，也可以直接称为机器语言。如图 4—1 所示，指令系统是整个计算机系统多层次结构中软件和硬件的分界面，指令系统之下是计算机硬件，指令系统实际上就是将计算机硬件能够提供的功能进行封装（例如，加法指令是对硬件的加法功能的封装）；而指令系统之上是计算机软件，计算机软件通过调用一系列计算机指令，实现软件所需的功能。

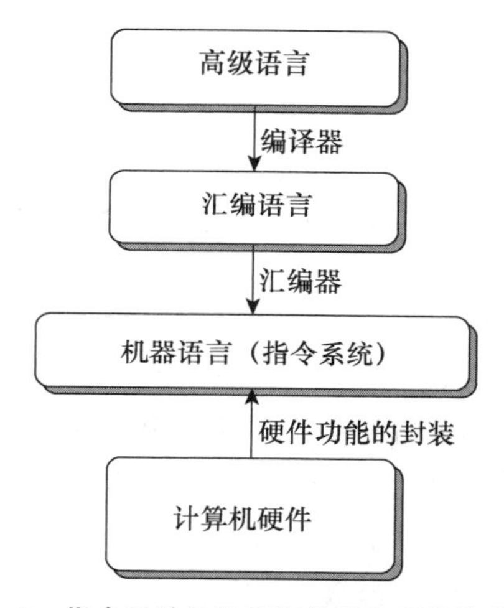

图 4—1　指令系统是计算机软件和硬件的分界面

计算机指令（机器语言）是用二进制数字的形式表示的，例如，控制计算机将两个寄存器的值相加的指令形式为：00000001011100010100000000100000。这种二进制形式的指令非常难以阅读、分析和记忆，因此人们创造出了汇编语言。汇编语言由英文字符构成，便于记忆和编写；汇编语言和机器语言之间一般有很直接的对应关系，而且通过汇编器软件可以将汇编程序翻译为二进制的机器语言。例如上述指令对应的 MIPS 汇编语言语句为 add ＄t0，＄t3，＄s1，即将寄存器＄t3 和＄s1 中的值相加，结果存到寄存器＄t0 中。

当然，现在程序员一般较少直接使用汇编语言，而是基于更为概括和简便的高级语言（例如，C 语言、Java 语言等）来编写软件程序，并通过编译器软件自动翻译为汇编语言。

但是，对于严谨的程序员来说，阅读和理解汇编语言仍然是一项很重要的技能，因为直接理解和使用汇编语言，可以对底层的计算机硬件进行最直接同时也是最强的控制（因为高级语言在提供便利的同时，也明显削弱了程序员对底层硬件的控制力）。在很多对性能或安全方面要求苛刻的软件中，程序员可以检查编译器输出的汇编代码，分析其中隐藏的低效率；程序员也可以在程序中直接内嵌汇编代码，以获得更大的控制权或提高效率。例如，有些蠕虫或病毒程序对系统的攻击方式大都涉及程序存储的细节。许多攻击利用了系统程序中的漏洞重写信息，从而获得系统的控制权。了解这些漏洞是如何出现的，以及如何防御它们，需要具备汇编语言或机器语言级别的知识。

本教材所选指令集源自 20 世纪 80 年代以来的经典指令集 MIPS，全称为 Microprocessor without Interlocked Pipeline Stages。MIPS 架构于 20 世纪 80 年代初期建立，是最早的 RISC 架构之一，也是少数几个至今仍广泛使用的 CPU 架构。2002 年大约有 1 亿片这类微处理器被生产，生产厂商包括：ATI Technologies、Broadcom、Cisco、NEC、Nintendo、Silicon Graphics、Sony、Texas Instruments 和 Toshiba 等。本章的最后列出了所有 MIPS 指令。

4.2 指令的格式

计算机的指令格式与机器的字长、存储器的容量及指令的功能都有很大的关系。

从便于程序设计、增加基本操作的并行性、提高指令功能的角度来看，指令中所包含的信息以多为宜；但在有些指令中，其中一部分信息可能无用，这将浪费指令所占的存储空间，而且增加了访存次数，也许反而会影响速度。

因此，如何合理、科学地设计指令格式，使指令既能包含足够的信息，其长度又能尽可能地与机器的字长相匹配，以便节省存储空间，缩短取指时间，提高机器的性能，是指令格式设计中的一个重要问题。

计算机是通过执行指令来处理各种数据的。为了指出数据的来源、操作结果的去向及所执行的操作，一条指令必须包含下列信息：

（1）操作码，具体说明了操作的性质及功能。

（2）操作数的地址。

（3）操作结果的存储地址。

（4）下一条指令的地址。

从上述分析可知，计算机指令一般由操作码和地址码两个部分组成，如图 4—2 所示。

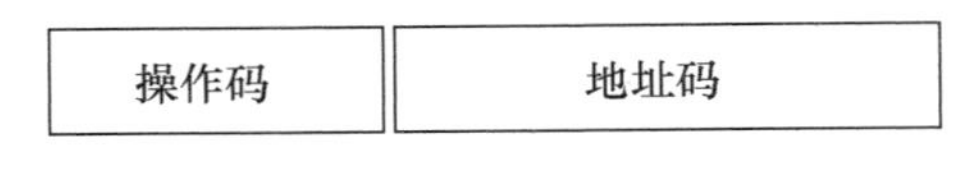

图 4—2　指令的一般格式

1. 操作码

其中操作码（OP）用来指明该指令所要完成的操作，如加法、减法、传送、移位、转移，等等。对于固定长度的操作码来说，操作码所占的位数反映了机器最多能够支持的指令类型数量，例如，操作码为 7 位，则该计算机最多可以包括 $2^7=128$ 条指令。

操作码的长度可以是固定的，也可以是变化的。前者格式单一，硬件设计比较简单，指令译码时间短，广泛用于字长较长的高性能计算机，以及 RISC（reduced instruction set computer，精简指令集计算机）指令系统中。例如，IBM370 和 VAX-11 系列机，操作码长度均固定为 8 位。

而变化的指令操作码能够有效地压缩操作码的平均长度，更节省指令长度，常用在字长较短的计算机中，例如 Intel 8086/80386 等。指令操作码长度不固定，会使控制器的硬件电路更为复杂，但指令格式更为灵活，可以采用扩展操作码技术（详见下面的第 3 小节）。

2. 地址码

地址码用来描述该指令的操作对象，即参与本条指令运算的若干个操作数的地址。一般操作数都是存放在寄存器或主存储器中，所以地址码一般是直接给出操作数，或者指出操作数的存储器地址或寄存器地址（即寄存器名）。如何通过指令中的地址码找到最终参与指令运算的数据的方法称为寻址方式，寻址方式有很多种，具体将在 4.3 节详细介绍。

一条指令中操作数的数量可能有多种，常见的有三操作数指令、双操作数指令、单操作数指令和无操作数指令几种，详见图 4—3。

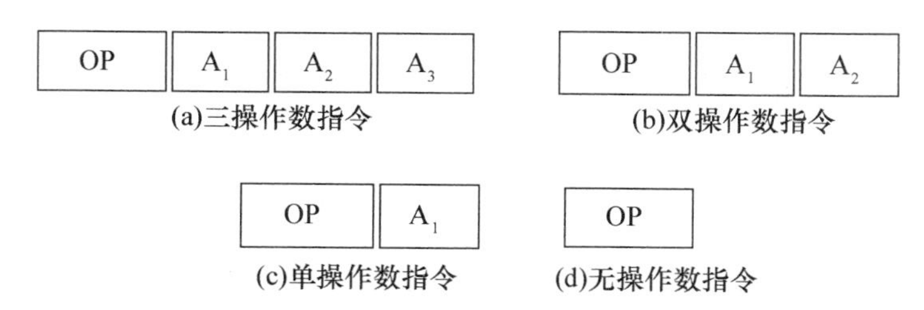

图 4—3　三操作数指令、双操作数指令、单操作数指令和无操作数指令

（1）三操作数指令。

三个操作中，一般第一个操作数 A_1 是目的操作数，即计算结果存放的位置；而后两个操作数 A_2 和 A_3 一般是参与运算的两个源操作数。例如，加法指令中，A_2 和 A_3 相加的结果放入 A_1 中。

（2）双操作数指令。

双操作数指令只包括 A_1 和 A_2 两个操作数，其中 A_1 既充当源操作数，同时也充当目的操作数，而 A_2 则为第二个源操作数。一般双操作数的设计是为了减少指令的长度，常用于 80x86 等字长较短的计算机中。

（3）单操作数指令。

指令中只给出一个地址，该地址既是操作数的地址，也是操作结果的存储地址。如加 1、减 1 和移位等单操作数指令均采用这种格式，对该地址所指定的操作数执行相应的操作后，产生的结果又存回该地址中。

在某些字长较短的微型机中（如早期的 Z80，Intel 8080，MC 6800 等），大多数算术逻辑指令也采用这种格式，第一个源操作数由地址码 A 给出，第二个源操作数在一个默认的寄存器中，运算结果仍送回这个寄存器中，替换了原寄存器的内容，通常把这个默认的寄存器称为累加器。

（4）无操作数指令。

指令中只有操作码而没有操作数或没有操作数地址。这种指令有两种可能：

1）无须任何操作数，如空操作指令、停机指令等。

2）所需的操作数是默认的。如堆栈结构计算机的运算指令，所需的操作数默认在堆栈中，由堆栈指针 SP 隐含指出，操作结果仍然放回堆栈中。又如 Intel 8086 的字符串处理指令，源、目的操作数分别默认在源变址寄存器 SI 和目的变址寄存器 DI 所指定的存储器单元中。

除了以上几种常见的类型，还有一些多操作数的指令。在某些性能较好的大、中型机甚至高档小型机中，往往设置一些功能很强的用于处理成批数据的指令，如字符串处理指令以及向量、矩阵运算指令等。为了描述一批数据，指令中需要多个地址来指出数据存放的首地址、长度和下标等信息。例如，CDC STAR-100 的矩阵运算指令，其地址码部分有七个地址段，以指出用于运算的两个矩阵的存储情况及结果的存放情况。

3. 操作码扩展技术

指令操作码的长度决定了指令系统中完成不同操作的指令条数。若某机器的操作码长度固定为 K 位，则它最多只能有 2^K 条不同指令。但如果采用变长的操作码，则可以表示出更多条指令。

例如，设某机器的指令长度为 16 位，包括 4 位基本操作码字段和三个 4 位地址字段，其格式如图 4—4 所示：

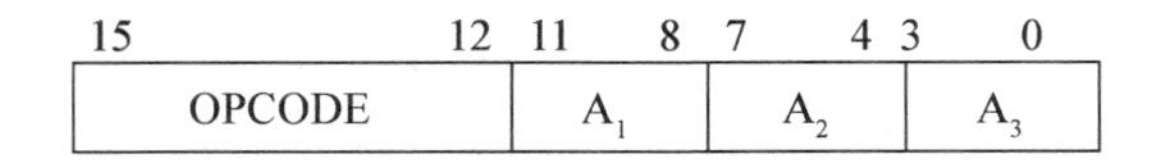

图 4—4　操作码扩展示例

4 位基本操作码有 16 个码点（即有 16 种组合），若全部用于表示三地址指令，则只有 16 条。但是，若三地址指令仅需 15 条，两地址指令需 15 条，一地址指令需 15 条，零地址指令需 16 条，共 61 条指令，应如何安排操作码?

显然，只有 4 位基本操作码是不够的，必须将操作码的长度向地址码字段扩展才能实现。

一种可供扩展的方法和步骤如下：

（1）15 条三地址指令的操作码由 4 位基本操作码从 0000～1110 给出，剩下一个码点 1111 用于把操作码扩展到 A_1，即 4 位扩展到 8 位；

（2）15 条二地址指令的操作码由 8 位操作码从 11110000～11111110 给出，剩下一个码点 11111111 用于把操作码扩展到 A_2，即从 8 位扩展到 12 位；

（3）15 条一地址指令的操作码由 12 位操作码从 111111110000～111111111110 给出，剩下的一个码点 111111111111 用于把操作码扩展到 A_3，即从 12 位扩展到 16 位；

（4）16 条零地址指令的操作码由 16 位操作码从 1111111111110000～1111111111111111 给出。

对于使用哪种扩展方法有一个重要的原则，就是使用频度（即指令在程序中出现的概率）高的指令应分配短的操作码；使用频度低的指令相应地分配较长的操作码。这样不仅可有效地缩短操作码在程序中的平均长度，节省存储器空间，而且缩短了经常使用的指令的译码时间，因而可以提高程序的运行速度。

4. MIPS 指令集的格式

这里以 MIPS32 指令集为例进行介绍，首先看下面这条最基础的 MIPS 汇编语句：

```
add a, b, c        # The sum of b and c is placed into a.
```

这条指令将变量 b 和 c 相加，将结果放到变量 a 中，而＃后面的内容是注释。

MIPS32 指令集中指令长度固定为 32 位，即 4 个字节。由于 32 位的数字经常成组出现，一起表示一个完整的信息（例如，一个 int 型的变量），因此在 MIPS 中，一般将 32 位的数字称为“字”，因此 16 位也被称为半字。为了适应不同功能指令的需求，32 位的 MIPS 汇编指令内部的格式不同，具体来说分为三种类型，分别是 R 型、I 型和 J 型。下面将对这三种类型的格式进行详细的介绍。

（1）R（register）类型的指令。

该类型指令从寄存器堆中读取两个源操作数，计算结果写回寄存器堆中的某个寄存器。这类指令是 MIPS 指令集中数量最多的一类。R 型指令的格式如图 4—5 所示：

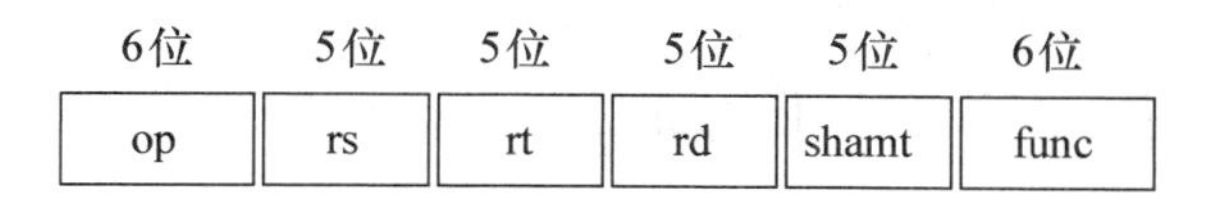

图 4—5　R 型指令的格式

R 型指令中每个字段的含义为：

- op：操作码，标识指令的功能；
- rs：第一个源操作数，在 R 型指令中为寄存器；
- rt：第二个源操作数，在 R 型指令中为寄存器；
- rd：存放该条指令运算结果的目的操作数，在 R 型指令中为寄存器；
- shamt：位移量，一般指令中较少使用，典型应用是在移位指令中的使用。

- func：函数码，实际上可以理解为op的扩展，用来标识指令的功能。

值得注意的是，MIPS指令中寄存器操作数字段的长度都是5位，因此MIPS最多支持的寄存器数量是32（$=2^5$）个。实际上，MIPS中的确正好设置了32个寄存器，下文中将对这32个寄存器进行总结。MIPS中用一个“$”符后面跟两个字符来表示一个寄存器，一般习惯用$s0，$s1，$s2，…来表示寄存器，用$t0，$t1，$t2，…来表示将程序编译为MIPS指令时所需的临时寄存器，其中$t0～$t7为第8～15号寄存器，$s0～$s7为第16～23号寄存器。

典型的R型指令为加法指令add和减法指令sub，它们各字段的定义如表4—1所示，注意，add和sub指令的op字段都为0，但是func字段的值不同，分别为32和34，用来表示不同的指令功能。

表4—1　　add和sub的指令格式

指令	op	rs	rt	rd	shamt	func
add	0	寄存器	寄存器	寄存器	0	32
sub	0	寄存器	寄存器	寄存器	0	34

由表4—1可知，汇编语句add $t0，$t3，$s1（含义为$t0=$t3+$s1）中，$t0编号为8，$t3编号为11，$s1编号为17，因此可以将其翻译为如表4—2所示的机器指令：

表4—2　　add的机器指令格式

	op	rs	rt	rd	shamt	func
	6位	5位	5位	5位	5位	6位
十进制	0	11	17	8	0	32
二进制	000000	01011	10001	01000	00000	100000

（2）I（immediate）类型的指令。

与R型指令不同，I型指令将rd，shamt和func三个域合并为一个16位的新域immediate/address，用于存放一个16位的立即数或地址偏移量。I型指令的格式如图4—6所示：

6位	5位	5位	16位
op	rs	rt	immediate/address

图4—6　I型指令格式

由于immediate/address字段的长度为16位，因此其补码表示范围是$-2^{15}\sim2^{15}-1$，即－32 768～32 767。代表性的I型指令包括addi、lw和sw。addi的功能是寄存器中的数字和立即数相加；lw全称为load word，即从内存中加载一个字（32位）到寄存器中；sw 全称为 store word，即将寄存器中的一个字存储到内存中。它们的具体格式如表 4—3 所示：

表 4—3　　lw，sw 和 addi 的指令格式

指令	op	rs	rt	immediate/address
lw	35	寄存器	寄存器	地址偏移量
sw	43	寄存器	寄存器	地址偏移量
addi	8	寄存器	寄存器	常数

I 型指令的典型应用是访问内存中的数据，实际上 MIPS 中能访问内存的指令只有 lw 和 sw 等少数几条，其他指令的操作数都要求必须是寄存器或立即数。在 32 位计算机中，地址长度为 32 位，因此共有 2^{32} 个有效地址，而 MIPS 是以字节为单位进行编址，因此 MIPS32 最多支持 2^{32} 个字节，即能访问的最大存储空间为 4GB，也就是 2^{30} 个字。但是 address 字段只有 16 位，无法直接表示内存中 2^{30} 个字中的任意一个，因此 MIPS 实际不会将地址直接放入 address 字段，这个字段一般用来表示地址的偏移量，需要配合一个存储基地址的寄存器来表示真正要访问的内存地址。

假设变量 x 存储在 $ s0 中，以字为基本单位的数组 Array 的基地址放在 $ s1 中，如果 C 语言语句 Array［100］＝x-Array［12］翻译为 MIPS 汇编语言，需要用下面三条指令实现：

```
lw     $t0, 48($s1)
sub    $t0, $s0, $t0    # $t0=$s0-$t0
sw     $t0, 400($s1)
```

首先，lw 语句负责将 Array［12］的内容从内存加载到寄存器中，以便进行后续的减法运算。由于数组 Array 以字为基本单位，因此 Array［12］相对于数组基地址的偏移量实际为 12×4＝48，因此 48（$ s1）即指向 Array［12］。然后，sub 语句执行x-Array［12］，并将结果放入临时寄存器 $ t0 中。最后，通过 sw 指令将 $ t0 中的结果存入 Array［100］所在的内存单元。

汇编语句 lw $ t0，48($ s1) 可以按照表 4—4 的方式翻译为机器指令。

表 4—4　　lw 的机器指令格式

	op	rs	rt	immediate/address
	6 位	5 位	5 位	16 位
十进制	35	17	8	48
二进制	100011	10001	01000	0000000000110000

汇编语句 sw $ t0，400($ s1) 可以按照表 4—5 的方式翻译为机器指令。

表 4—5　　sw 的机器指令格式

	op	rs	rt	immediate/address
	6 位	5 位	5 位	16 位
十进制	43	17	8	400
二进制	101011	10001	01000	0000000110010000

（3）J（jump）类型的指令。

J 型指令数量上最少，主要用于跳转语句，需要一个较长的字段存储跳转的目标地址，因此 J 型指令中除了 6 位的 op 字段外，其余的 26 位都用来存放一个立即数，即跳转的目标地址（target address）。J 型指令的格式如图 4—7 所示：

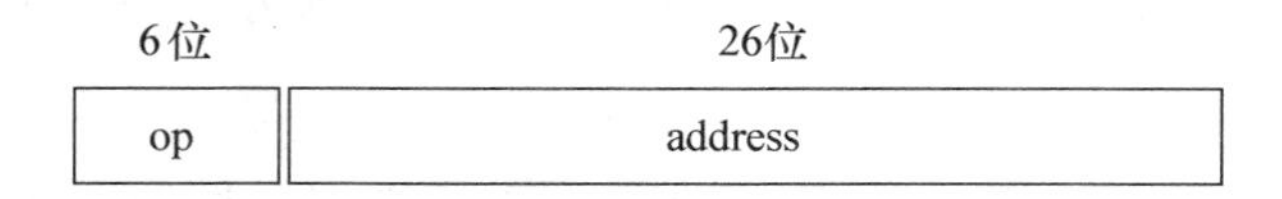

图 4—7　J 型指令的格式

典型的 J 型指令是无条件跳转语句 j，格式为 j L，其功能是跳转到目标地址 L 处。

4.3　寻址方式

在程序执行过程中，操作数可能在运算部件的某个寄存器或存储器中，也可能就在指令中。组成程序的指令代码一般是在存储器中。

所谓寻址方式（或编址方式）指的是确定一条指令的操作数地址及下一条要执行的指令地址的方法，它与计算机硬件结构紧密相关，而且对指令格式和功能有很大影响。

从程序员角度来看，寻址方式与汇编程序设计的关系极为密切；与高级语言的编译程序设计的关系也同样密切。

不同的计算机有不同的寻址方式，但其基本原理是相同的。有的计算机寻址种类较少，因此在指令的操作码中表示出寻址方式；而有的计算机采用多种寻址方式，此时在指令中专设一个字段表示一个操作数的来源或去向。这里仅介绍几种被广泛采用的基本寻址方式。在一些计算机中，某些寻址方式还可以组合使用，从而形成更复杂的寻址方式。

1. 直接寻址

指令的地址码部分给出操作数在存储器中的地址，图 4—8（a）给出了一个操作数地址。当有多个地址时，情况类似，这里不再重复，该指令的寻址方式由操作码表示。图 4—8（b）增加了一个寻址方式字段 M，假如 M 为 3 位二进制码，则可表示 8 种寻址方式。

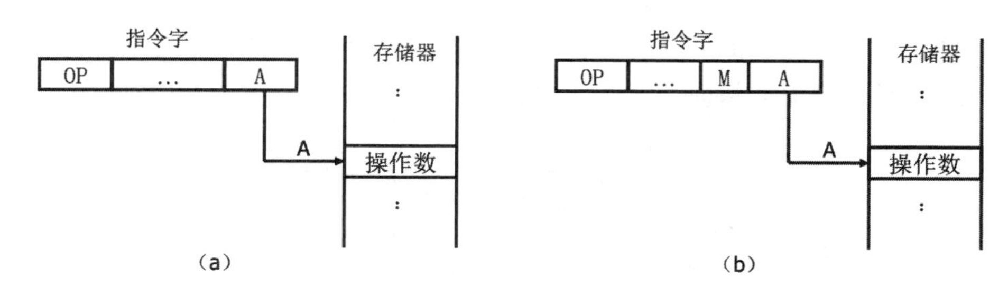

图 4—8　直接寻址

2. 寄存器寻址

计算机的中央处理器中一般设置一定数量的通用寄存器，用以存放操作数、操作数的地址或中间结果。假如指令地址码部分给出某一通用寄存器地址，而且所需的操作数就在这一寄存器中，则称该方式为寄存器寻址，如图 4—9 所示。

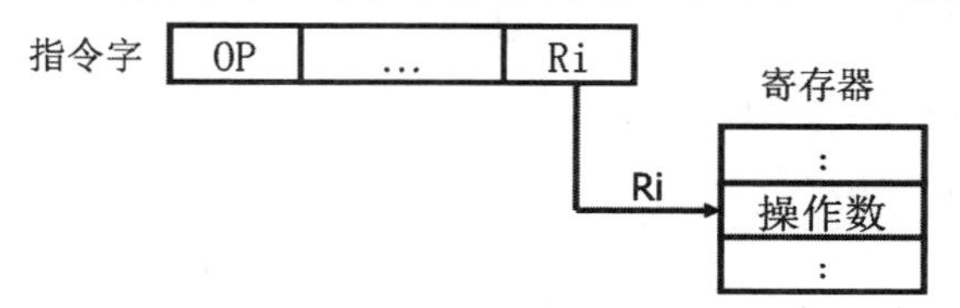

图 4—9　寄存器寻址

通用寄存器的数量一般在几个至几十个之间，比存储单元的数量少很多，因此地址码短，而且从寄存器中存取数据比从存储器中存取数据快得多，所以这种方式可以缩短指令长度，节省存储空间，提高指令的执行速度，在计算机中得到了广泛应用。

3. 基址寻址

在计算机中设置一个专用的基址寄存器，或由指令指定一个通用寄存器为基址寄存器。操作数的地址由基址寄存器的内容和指令的地址码 A 相加得到，基址寻址过程如图 4—10 所示。

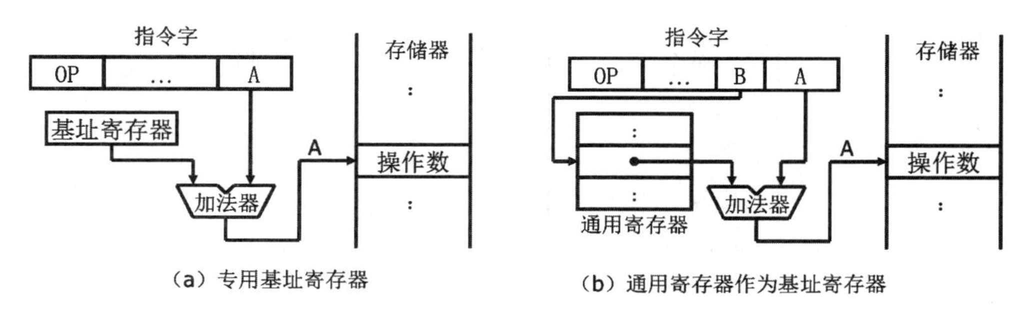

图 4—10　基址寻址

4. 变址寻址

变址寻址的过程如图 4—11 所示。指令地址码部分给出的地址 A 和指定的变址寄存器 X 的内容通过加法器相加，所得的和作为操作数地址从存储器中读出所需的操作数。这几乎是所有计算机都采用的一种寻址方式。当计算机中还有基址寄存器时，在计算有效地址时还要加上基址寄存器的内容。

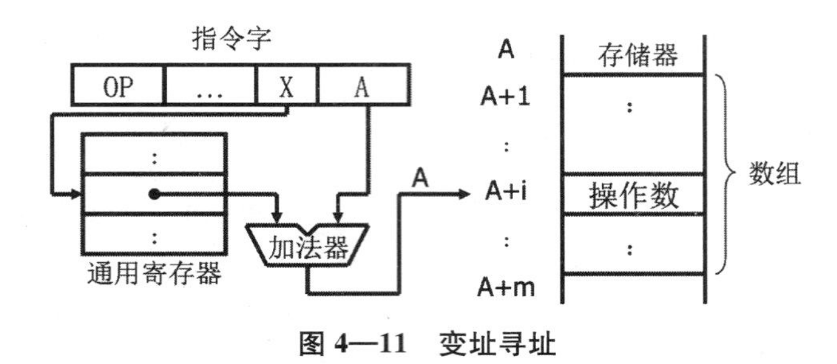

图 4—11　变址寻址

5. 间接寻址

在寻址时，有时根据指令的地址码所取出的内容既不是操作数，也不是下一条要执行的指令，而是操作数的地址或指令的地址，这种方式称为间接寻址或间址。根据地址码指的是寄存器地址还是存储器地址，间接寻址又可分为寄存器间接寻址和存储器间接寻址两种方式。

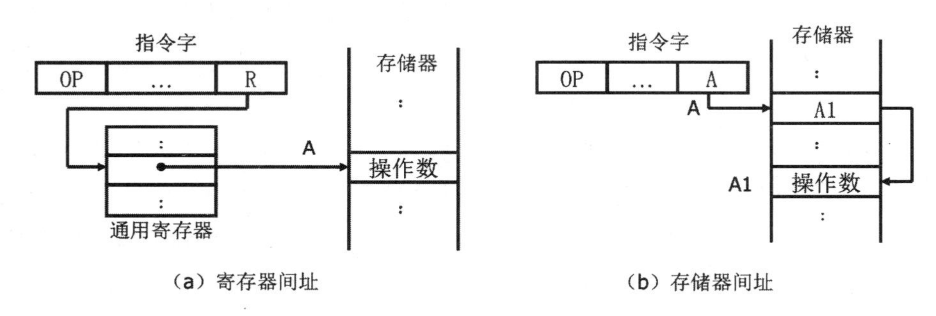

图 4—12　间接寻址

以转移指令 Jump 为例来说明在直接寻址和间接寻址方式下如何确定下一条要执行的指令的地址。如图 4—13 所示。

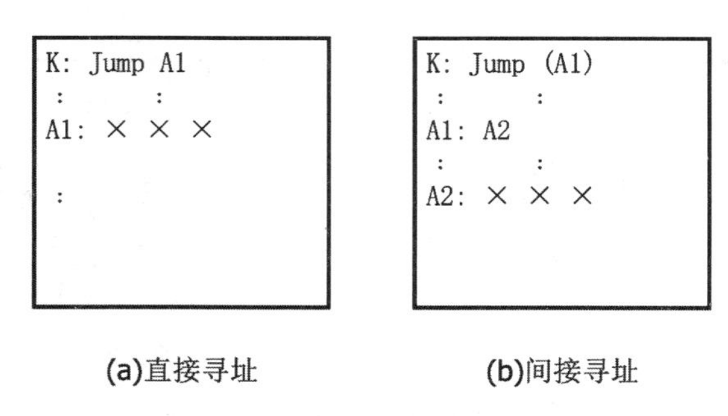

图 4—13　Jump 指令中直接寻址和间接寻址的区别

6. 相对寻址

把程序计数器 PC 的内容（即当前执行指令的地址）与指令的地址码部分给出的位移量 disp 之和作为操作数的地址或转移地址，称该方式为相对寻址。

相对寻址主要用于转移指令，执行本条指令后将转移到（PC）+disp，（PC）为程序计数器的内容。相对寻址有两个特点：

（1）转移地址不是固定的，它随着 PC 中值的变化而变化，并且总是与 PC 相差一个固定值 disp，因此，程序装入存储器的任何地方均能正确运行，对浮动程序很适用。

（2）位移量可正、可负，通常用补码表示。如果位移量为 n 位，则这种方式的寻址范围在 $(PC)-2^{n-1}\sim(PC)+2^{n-1}-1$ 之间。

计算机的程序和数据一般是分开存放的，程序区在程序执行过程中不允许修改。在程序与数据分区存放的情况下，不用相对寻址方式来确定操作数地址。

例 4—1　16 位计算机中 PC 当前值为 1F5AH，指令采用相对寻址方式，其中偏移量 disp 用 8 位补码表示。如果 disp 的值分别为 2FH 和 85H，请计算目标地址分别是多少。

解：（1）当 disp= $(2F)_{16}$ = $(0010\ 1111)_2$时，disp 表示一个正数（因为补码第一位（即符号位）为 0），将其补位到 16 位后，其值为 002FH。

所以，目标地址= $(1F5A+002F)_{16}$ = $(1F89)_{16}$。

（2）当 disp= $(85)_{16}$ = $(1000\ 0101)_2$时，disp 表示一个负数（因为补码第一位（即符号位）为 1），将其补位到 16 位后，其值为 FF85H。

所以，目标地址= $(1F5A+FF85)_{16}$ = $(1EDF)_{16}$。

7. 立即数寻址

所需的操作数由指令的地址码部分直接给出，就称该方式为立即数（或直接数）寻址。这种方式的特点是取指时操作码和一个操作数同时被取出，不必再次访问存储器，提高了指令的执行速度。

但是由于这一操作数是指令的一部分，不能修改，而一般情况下，指令所处理的数据都是在不断变化的（如上一条指令的执行结果作为下一条指令的操作数），故这种方式只能适用于操作数固定的情况。通常用于给某一寄存器或存储器单元赋初值或提供一个常数等。

8. 复合寻址

以上这些寻址方式，在计算机中可以组合使用，例如在一条指令中可以同时实现基址寻址与变址寻址，其有效地址为：

基址寄存器内容+变址寄存器内容+指令地址码 A

假如用户用高级语言编程，根本不用考虑寻址方式，因为这是编译程序的工作，但若用汇编语言编程，则应对它有确切的了解，才能编出正确而高效率的程序。此时应认真阅读指令系统的说明书，因为不同计算机采用的寻址方式是不同的，即使是同一种寻址方式，在不同的计算机中也有不同的表达方式或含义。

MIPS 中用到的寻址方式包括：

（1）寄存器寻址：直接以寄存器中的值作为操作数。

（2）基址寻址：操作数在内存中，其地址是指令中指定的基址寄存器和地址偏移量（立即数）的和，例如前文中的 48（$s1）。

（3）立即数寻址：操作数是 I 型指令中的 16 位立即数，例如 addi 指令中指定的立即数。

（4）PC 相对寻址：同样出现于 I 型指令中，操作数地址是程序计数器 PC 和指令中 16 位立即数的和，具体操作时需要先将 16 位立即数左移两位再与 PC 相加。

（5）伪直接寻址：用于 J 型指令，即跳转指令，跳转的目标地址是指令中的 26 位地址域和 PC 计数器的高 4 位相连。

4.4 指令功能/类型

指令系统决定了计算机的基本功能，因此指令系统的设计是计算机系统设计中的一个核心问题。它不仅与计算机的硬件结构紧密相关，而且直接影响到编写操作系统和编写编译程序的难易程度。

因此，设计一个合理而有效的指令系统是至关重要的，它对机器的性价比有很大影响。一台计算机最基本的、必不可少的指令不多，因为很多指令都可以用这些最基本的指令组合来实现。

例如，乘法（除法）运算指令、浮点运算指令，既可以直接用硬件实现，也可用其他指令编成子程序来实现；但两者在执行时间上差别很大，因此在指令系统中，有一部分指令是为了提高程序的执行速度和便于程序员编写程序而设置的。另外，指令系统的有效性还表现在用它所编制的程序占用的存储器空间小。

一台计算机的指令系统通常有几十条至几百条指令，按其所完成的功能可分为：算术逻辑运算指令、移位操作指令、浮点运算指令、十进制运算指令、字符串处理指令、数据传送指令、转移指令、堆栈操作指令、输入输出指令、特权指令等类型。

1. 算术逻辑运算指令

算术逻辑运算指令一般支持二进制加法、减法、比较和求补码（取负数）等最基本的指令；而有些计算机，还设置乘、除法运算指令。这里讲的算术运算一般指的是定点数运算，即相当于高级语言中对整数（integer）的处理。

通常根据算术运算的结果置状态位，一般有 Z（结果为 0）、N（结果为负）、V（结果溢出）、C（产生进位或借位）四个状态位。

通常计算机具有对两个数进行与、或、非（求反）、异或（按位加）等操作的逻辑运算指令。

一些计算机还设置了位操作指令，如位测试（测试指定位的值）、位清除（把指定位清零）、位求反（取某位的反值）等指令。

MIPS 中算术运算指令的典型代表是 add、sub 和 addi，其中 add 和 sub 是寄存器间进行加法和减法操作，addi 是寄存器和立即数之间的相加。注意，MIPS 中没有支持立即数的减法指令，其原因一方面是没有很多寄存器和立即数之间减法的需求，另一方面是立即数用补码表示，可以表示负数，与负数的加法就相当于减法，因此没有必要设置专门的立即数减法指令。

MIPS 中典型的逻辑运算指令包括 and，or，nor，andi，ori 等。and 是按位与操作，结果中某一位为 1 的条件是当且仅当两个源操作数的对应位都为 1。例如，and \$t0，\$t1，\$t2 会将 \$t1 和 \$t2 进行按位与操作，并把结果放到 \$t0 中。

or 操作是按位或操作，与 and 不同，两个操作数中有一个对应位是 1，那么结果中该位就为 1。例如，or \$t0，\$t1，\$t2 就将 \$t1 和 \$t2 进行按位或操作，并把结果放到 \$t0 中。

not 操作是按位取非操作，只有一个源操作数。但为了保持两个源操作数的格式，MIPS 的设计者决定引入指令或非 nor 来取代 not。如果有一个源操作数为 0，那么结果就如同 not。例如，nor \$t0，\$t1，\$t2 的功能是 \$t0=not(\$t1 or \$t2)。

andi 和 ori 也是逻辑与/或功能，只是源操作数有一个是立即数。

例 4—2　CPU 进行两个 BYTE 类型数字（最高位为符号位）的加法，其中一个为 7CH，另一个为 35H，求加法完成后，CPU 中标志位 N（负数标志位）、Z（全零标志位）、V（溢出标志位）、C（进位标志位）、P（奇偶标志位，结果中 1 的个数为奇数时值为 1）的结果。

解：

$$(7C)_{16}+(35)_{16}=(1011\ 0001)_2=(B1)_{16}$$

(1) 结果为负数，因此 N=1；

(2) 结果不为 0，因此 Z=0；

(3) 两个正数相加，结果是一个负数，说明加法产生了溢出，因此 V=1；

(4) 加法并没有在最高位上产生进位，因此 C=0；

(5) 计算所得结果中有 4 个 1，即 1 的个数为偶数，因此 P=0。

2. 移位操作指令

移位操作指令分为算术移位、逻辑移位和循环移位三种类型。

算术移位与逻辑移位类似，但由于操作对象不同（前者的操作数为有符号数，后者的操作数为无符号数），因而移位操作有所不同。它们的主要差别在于，右移时填入最高位的数据不同。算术右移保持最高位（符号位）不变，而逻辑右移最高位补零

（见图 4—14）。

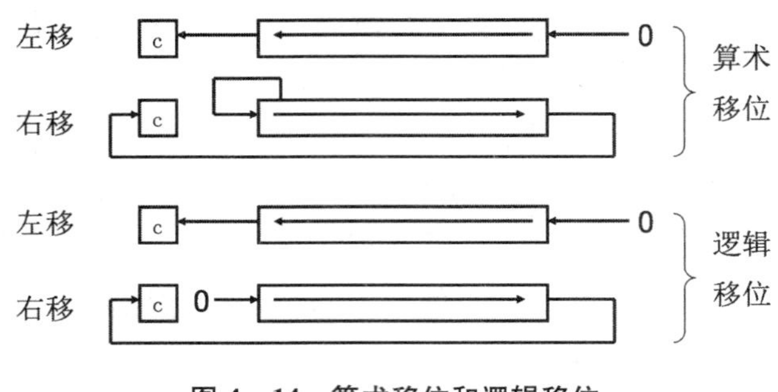

图 4—14　算术移位和逻辑移位

循环移位按是否与进位位 C 一起循环，还分为小循环（即自身循环）和大循环（即和进位位 C 一起循环）两种。它们一般用于实现循环式控制、高低字节互换或与算术、逻辑移位指令一起实现双倍字长或多倍字长的移位（见图 4—15）。

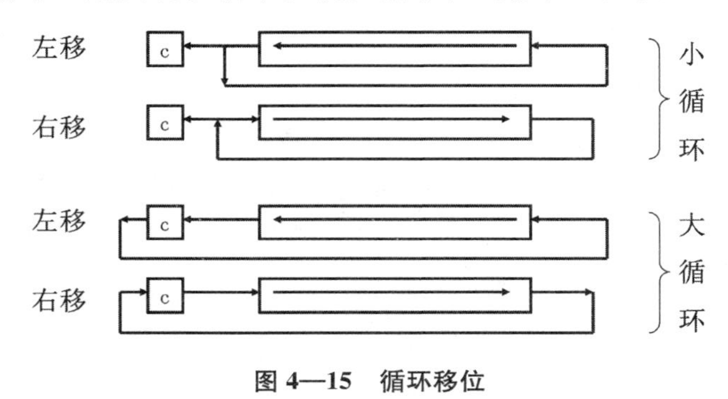

图 4—15　循环移位

MIPS 中的逻辑移位指令是 sll 和 srl，其中 sll 是逻辑左移，srl 是逻辑右移。sll 的格式形如 sll ＄t0，＄t1，4，功能是将寄存器＄t1 中的内容逻辑左移 4 位，即相当于乘以 2^4。

例 4—3　一个 8 位寄存器中的值为 C2H，进位标志位 C 为 1。求进行下列移位操作后寄存器中的值（用 16 进制形式表示）和进位标志位 C 的值：

（1）算术右移 1 位：

（2）逻辑左移 1 位；

（3）大循环左移 1 位。

解：寄存器中原始数据为 $(C2)_{16}=(1100\ 0010)_2$，则

（1）进行算术右移 1 位，则最高位补位的值等于符号位的值 1，因此移位后的结果为：$(1110\ 0001)_2=(E1)_{16}$，C 的值为最低位移出的值 0；

（2）进行逻辑左移 1 位，则最低位补位的值为 0，因此移位后的结果为：$(10000100)_2=(84)_{16}$，C 的值为最高位移出的值 1；

（3）进行大循环左移 1 位，则最低位补位的值为 C 的值 1，因此移位后的结果为：

$(1000\ 0101)_2=(85)_{16}$，C 的值为最高位移出的值 1。

3. 浮点运算指令

高级语言中的实数（real）经常是先转换成浮点数的形式而后再进行处理。因此主要用于科学计算的计算机应该设置浮点运算指令，一般可以对单精度（32 位）、双精度（64 位）数据进行处理。

MIPS 中的 add. s 和 sub. s 是单精度浮点数的加减法指令，add. d 和 sub. d 是双精度浮点数的加减法指令，mul. s 和 div. s 是单精度浮点数的乘除法指令，而 mul. d 和 div. d 是双精度浮点数的乘除法指令。

4. 十进制运算指令

在人机交互作用时，输入输出的数据都是以十进制形式表示的。在某些数据处理系统中输入输出的数据很多，但对数据本身的处理却很简单，在不具有十进制运算指令的计算机中，首先将十进制数据转换成二进制数，再在机器内运算；而后又转换成十进制数据输出。因此，在输入输出数据频繁的计算机系统中设置十进制运算指令能提高数据处理的速度。

5. 字符串处理指令

字符串处理指令就是一种非数值处理指令，一般包括字符串传送、字符串比较、字符串查询、字符串转换等指令。

其中“字符串传送”指的是数据块从主存储器的某区传送到另一区域；“字符串比较”是一个字符串与另一个字符串逐个字符进行比较，以确定其是否相等；“字符串查询”是查找在字符串中是否含有某一指定的子串或字符；“字符串转换”指的是从一种数据表达形式转换成另一种表达形式。例如，从 ASCII 码转换成 EBCDIC 码（扩充的 BCD 码）。这类指令在需对大量字符串进行各种处理的文字编辑和排版方面非常有用。

6. 数据传送指令

这类指令用于实现寄存器与寄存器、寄存器与存储器、存储器与存储器之间的数据传送。对于存储器来讲，数据传送包括对数据的读（相当于取数指令）或写（相当于存数指令）操作。数据传送时，数据从源地址传送到目的地址，而源地址中的数据保持不变，因此实际上相当于数据复制。

数据传送指令一次可以传送一个数据或一批数据，如 Intel 8086 的 MOVS 指令，一次传送一个字或字节，而当加上重复执行前缀（REP）后，一次可以把多达 64KB 的数据块从存储器的一个区域传送到另一个区域。

MIPS 中的数据传送指令分为两类：一类是 move 指令，功能是将一个寄存器中的内容复制到另一个寄存器中，例如，move $t0，$t1 会将 $t1 中的值复制到 $t0 中。

另一类数据传送指令负责存储器和寄存器之间的数据传送，例如，lw 指令将内存中的一个字（32 位）读到寄存器中，sw 指令将寄存器中的值写到内存中的一个字中。

另外还有 lb 和 sb 指令，负责读取或写入内存中的一个字节，而指定寄存器最右边的 8 位会与之配合；lh 和 sh 会读取或写入内存中的一个半字（16 位），指定寄存器最右边的 16 位会与之配合。另外，需要注意，MIPS 只有这几条指令具有访问内存的权限，其他指令的操作数都是寄存器或立即数（立即数实际存储于指令寄存器中）。

7. 堆栈操作指令

堆栈（stack）是由若干个连续存储单元组成的先进后出（first in last out，FILO）存储区，第一个送入堆栈中的数据存放在栈底，最近送入堆栈中的数据存放在栈顶。栈底是固定不变的，而栈顶随着数据的入栈和出栈在不断变化。为了表示栈顶的位置，有一个寄存器或存储器单元专门用于指出栈顶的地址，这个寄存器或存储器单元称为堆栈指针（stack pointer，SP）。任何堆栈操作只能在栈顶进行。

在一般计算机中，堆栈主要用来暂存中断和子程序调用时的现场数据及返回地址。用于访问堆栈的指令只有压入（即进栈）和弹出（即退栈）两种，它们实际上是一种特殊的数据传送指令：压入指令（PUSH）是把指定的操作数送入堆栈的栈顶；弹出指令（POP）的操作刚好相反，是把栈顶的数据取出，送到指令所指定的目的地。

一般的计算机中，堆栈从高地址向低地址扩展，即栈底的地址总是大于或等于栈顶的地址（也有少数计算机刚好相反）。当执行压入操作时，首先把堆栈指针（SP）减量（减量的多少取决于压入数据的字节数，若压入一个字节，则减 1；若压入两个字节，则减 2，依此类推），然后把数据送入 SP 所指定的单元；当执行弹出操作时，首先把 SP 所指定的单元（即栈顶）的数据取出，然后根据数据的大小（即所占的字节数）对 SP 增量。

例如：

（1）压入指令：

push　opr 把 opr（长度为两个字节）压入堆栈。

其操作是：(SP)－2→SP

　　　　　opr→（SP）

（2）弹出指令：

pop　opr 弹出一个数据（长度为两个字节）送入 opr

其操作是：((SP)) →opr

　　　　　(SP) ＋2→SP

其中，(SP) 表示堆栈指针的内容；((SP)) 表示 SP 所指的栈顶的内容。

堆栈还有一个重要的作用，就是用于子程序调用时参数的传递，特别是在不同语言（如 pascal 语言和汇编语言）程序之间相互调用的过程中，使用堆栈来传递参数更加普遍。

利用堆栈传递参数时，首先把所需传递的参数压入堆栈中，然后调用子程序。

为了在子程序中方便地访问到堆栈中的任一参数，除了指向栈顶的堆栈指针（SP）以外，通常还设置了一个指向参数区的参数指针，利用该指针访问堆栈就像访问存储器一样不受堆栈先进后出性质的限制，可以直接用变址方式访问堆栈中的各个参数。

MIPS 中并没有专门的 push 和 pop 指令，而是用 lw 和 sw 指令配合 $ sp 来执行入栈和出栈的操作，并用 addi 修改堆栈指针 $ sp。

8. 转移类指令

这类指令用以控制程序流的转移。在大多数情况下，计算机是按顺序方式执行程序的，但是也经常会遇到离开原来的顺序转移到另一段程序或循环执行某段程序的情况。

按转移的性质，转移指令分为无条件转移、条件转移、过程调用与返回、陷阱（trap）等几种类型。

（1）无条件转移与条件转移。

无条件转移指令不受任何条件约束，直接把程序转移到指令所规定的目的地，在那里继续执行程序，本书中以 jump 表示无条件转移指令。

条件转移指令则根据计算机处理结果来决定程序如何执行。它先测试根据处理结果设置的条件码，然后根据所测试的条件是否满足来决定是否转移，本书中用 branch 表示条件转移指令。

条件码的建立与转移的判断可以在一条指令中完成，也可以由两条指令完成。前者通常在转移指令中先完成比较运算，然后根据比较的结果来判断转移的条件是否成立，若条件为“真”则转移，若条件为“假”则顺序执行下一条指令。

例如，高级语言中的 if 语句、循环语句（for，while 循环等）都需要依靠条件转移语句实现。当不满足 if 语言中的条件时，代码执行流程会跳过 if 后的语句，而转移到 else 语句后面开始继续执行。对于循环语句来说，满足循环条件，则在循环体执行完之后不会继续顺序执行，而是向后跳转到循环开始处执行指令。

MIPS 汇编语言中的无条件跳转语句为 j Label，其中 Label 是汇编程序中的一个标号，用来标记跳转的目标地址，例如：

```
        j Skip
        add $t0, $t1, $t2
Skip:   …
```

上述代码中 add $ t0，$ t1，$ t2 语言永远不会被执行，因为从 j Skip 处会直接跳转到 Skip 标号所在行的代码处继续执行。

与 Intel 汇编语言中设置很多条件转移语句不同，MIPS 汇编采用了更为简单的设计，只有下面两条条件转移语句：

beq reg1，reg2，Label

bne reg1，reg2，Label

前者的意思是当 reg1 和 reg2 中的值相等时，程序将跳转到 Label 标签所在的代码行继续执行；而后者的意思是当 reg1 和 reg2 中的值不相等时，程序将跳转到 Label 标签处执行。

以下列高级语言代码为例进行说明。

```
int sum=0;
if (a==b)
        sum-=a;
else
        sum+=a;
```

假设变量 a 存储于 $ t0，变量 b 存储于 $ t1，变量 sum 存储于 $ t2，则上述语句可以翻译为下列 MIPS 汇编语句：

```
        move $t2, $zero
        bne $t0, $t1, Else
        sub $t2, $t2, $t0
        j OK
Else:   add $t2, $t2, $t0
OK:     …
```

其中 $ zero 是 MIPS 中第 0 个寄存器，其值固定为 0。当 a 和 b 的值不相等时，会跳转到 Else 标号处开始执行加法操作；当 a 和 b 的值相等时，会执行减法操作，并跳过后面的加法操作，从 OK 标号处开始执行后续代码。

如果需要根据大于、小于等关系跳转到不同的分支，或者完成循环操作，则需要用到 slt 和 slti 指令。例如：

slt $ t0，$ s3，$ s4

这条指令的功能是判断寄存器 $ s3 和 $ s4 的大小，如果 $ s3＜$ s4，则 $ t0 被设置为 1，否则 $ t0 被设置为 0。

slti $ t0，$ s1，12

这条指令会判断寄存器 $ s1 和立即数 12 之间的大小关系，如果 $ s1＜12，则 $ t0 被设置为 1，否则 $ t0 被设置为 0。

例如，C语言描述的下列while循环

```
while (a>=10)
  a++;
```

假设变量a存储于寄存器＄t0中，则可以翻译为下列MIPS汇编语句：

```
          slti $t1, $t0, 10
          bne $t1, $zero, EndWhile
          addi $t0, $t0, 1
EndWhile: …
```

当a<10时，需要退出循环；slti语句将＄t1的值设置为1，因此＄t1和＄zero的值不等，bne语句之后会跳转到EndWhile标号处退出循环；否则会执行循环体的加法操作。

利用slt、beq和bne的组合，可以根据两个寄存器之间的各种大小关系（等于、不等于、小于、大于、小于等于、大于等于）决定是否跳转。表4—6总结了＄s0和＄s1的大小关系当且仅当满足下列条件时才会跳转：

表4—6　六种条件转移的汇编实现

＄s0 vs. ＄s1的关系	汇编语句
==	beq ＄s0，＄s1，Label
! =	bne ＄s0，＄s1，Label
<	slt ＄t0，＄s0，＄s1　#＄t0被设置为1 bne ＄t0，＄zero，Label　#不等于0，因此跳转
>	slt ＄t0，＄s1，＄s0　#＄t0被设置为1 bne ＄t0，＄zero，Label　#不等于0，因此跳转
<=	slt ＄t0，＄s1，＄s0　#＄t0被设置为0 beq ＄t0，＄zero，Label　#等于0，因此跳转
>=	slt ＄t0，＄s0，＄s1　#＄t0被设置为0 beq ＄t0，＄zero，Label　#等于0，因此跳转

（2）调用指令和返回指令。

在编写程序过程中，常常需要编写一些经常使用的、能够独立完成某一特定功能的程序段。在需要时能随时调用，而不必多次重复编写，以便节省存储器空间和简化程序设计。这种程序段就称为子程序或过程。

除了用户自己编写的子程序以外，为了便于各种程序设计，系统还提供了大量通用子程序。如申请资源、读写文件、控制外部设备等。需要时可直接调用，而不必重新编写。通常使用调用（过程调用/系统调用/转子程序）指令来实现从一个程序转移到另一个程序的操作，本书中用call表示调用指令。

call 指令与 jump 指令、branch 指令的主要差别是需要保留返回地址，也就是说，当执行完被调用的程序后要回到原调用程序，继续执行 call 指令的下一条指令。

返回地址一般保留于堆栈中，随同保留的还有一些状态寄存器或通用寄存器的内容。保留寄存器内容有两种方法：

1）由调用程序保留从被调用程序返回后要用到的那部分寄存器内容，其步骤是先由调用程序将寄存器内容保存在堆栈中，当执行完被调用程序，返回到调用程序后，再从堆栈中取出并恢复寄存器内容。

2）由被调用程序保留并最后恢复调用程序要用到的那些寄存器内容，也是保存在堆栈中。这两种方法的目的都是为了保证调用程序继续运行时寄存器内容的正确性。

调用（call）与返回（return）是一对配合使用的指令，返回指令从堆栈中取出返回地址，继续执行 call 指令的下一条指令。

MIPS 中为了完成和加速子过程调用，设置了一些专用的寄存器：

- ＄a0～＄a3：四个参数寄存器，用于传递参数；
- ＄v0～＄v1：两个返回值寄存器，用于存储子过程的返回值；
- ＄ra：一个返回值寄存器，用于存储主过程中的返回地址。

MIPS 中的调用语句为 jal，即跳转—链接指令，格式为 jal ProcedureAddress。这条指令的功能是首先将返回地址链接存储到寄存器＄ra 中，然后转移到子过程的开始地址 ProcedureAddress 处继续执行。而当子过程执行结束后，需要调用 jr ＄ra 语句来返回主过程的返回地址处继续执行。当多重子程序嵌套调用时，需使用堆栈保存返回地址。

MIPS 中 32 个寄存器的编号、名称和功能的总结如表 4—7 所示：

表 4—7　MIPS 寄存器的功能描述

寄存器编号	寄存器名称	功能
0	＄zero	常数 0
2～3	＄v0～＄v1	结果值和表达式求值
4～7	＄a0～＄a3	参数
8～15	＄t0～＄t7	临时变量
16～23	＄s0～＄s7	保存
24～25	＄t8～＄t9	其他临时变量
28	＄gp	全局指针
29	＄sp	栈指针
30	＄fp	帧指针
31	＄ra	返回地址

注：1 号寄存器为＄at，受汇编器保护；26～27 号寄存器为＄k0～＄k1，受操作系统保护。

（3）陷阱指令。

在计算机运行过程中，有时可能出现电源电压不稳、存储器校验出错、输入输出设备出现故障、用户使用了未定义的指令或特权指令等种种意外情况，使得计算机不能正常工作。

这时若不及时采取措施处理这些故障，将影响到整个系统的正常运行。因此，一旦出现故障，计算机就发出陷阱信号，并暂停当前程序的执行（称为中断），转入故障处理程序进行相应的故障处理。

陷阱实际上是一种意外事故中断，它中断的主要目的不是为了请求 CPU 的正常处理，而是通知 CPU 已出现了故障，并根据故障情况转入相应的故障处理程序。

在多数计算机中，陷阱指令一般作为隐含指令（即指令系统中不提供的指令，它所完成的功能是隐含的）不提供给用户使用，只有在出现故障时，才由 CPU 自动产生并执行。也有些计算机设置可供用户使用的陷阱指令或“访管”指令，利用它来实现系统调用和程序请求。例如，IBM PC 的软件中断指令实际上就是一种直接提供给用户使用的陷阱指令，用它可以完成系统调用过程。它的汇编格式为：

INT TYPE

其中 TYPE 是一个 8 位常数，表示中断类型。执行时，根据中断类型就可以找到相应系统子程序的入口地址。

9. 输入输出（I/O）指令

输入输出指令的一般格式如下：

OP　REG　A

其中 OP 是操作码，表示 I/O 指令。REG 是寄存器名，用于指定与外部设备交换数据的寄存器，A 是外部设备中的寄存器地址或设备码，其长度一般为 8～16 位，可以表示 256～64K 个设备寄存器（输入数据寄存器/输出数据寄存器/控制寄存器）。

输入指令完成从 A 地址指定的外部设备寄存器中读入一个数据到 REG 寄存器中；输出指令刚好相反，是把 REG 寄存器中的数据送到 A 地址所指定的外部设备寄存器中。此外，I/O 指令还可用来发送和接收控制命令和回答信号，用以控制外部设备的工作。

有些计算机采用外部设备与存储器统一编址的方法把外部设备寄存器看成是存储器的某些单元，任何访问存储器的指令均可访问外部设备，因此不再专设 I/O 指令。

10. 特权指令

某些指令使用不当会破坏系统或其他用户信息，因此为了安全起见，这类指令只能用于操作系统或其他系统软件，而不提供给用户使用，称为特权指令。

一般来说，在单用户、单任务的计算机中不一定需要特权指令，而在多用户、多任务的计算机系统中特权指令却是必不可少的。它主要用于系统资源的分配和管理，包括改变系统的工作方式、检测用户的访问权限、修改虚拟存储器管理的段表、页表以及完成任务的创建和切换等。

在某些多用户的计算机系统中，为了统一管理所有的外部设备，输入输出指令也作为特权指令，不允许用户直接使用。需输入输出时，可通过系统调用，由操作系统来完成。

特权指令中包括控制指令，例如等待指令、停机指令、空操作指令、开中断、关中断、置条件码指令等。

当用户程序执行完毕时，可安排一条停机指令，此时机器不再继续执行程序。但在多用户情况下，则不允许停机，因为其他用户程序可能正在等待，此时通常让机器处于动态停机状态：执行等待指令或执行只有1～2条指令的小循环程序。空操作指令除了将程序计数器增量外（若空操作指令为1字节指令则加1，4字节指令加4），不进行其他操作。

4.5　高级语言的翻译和启动执行

程序员一般用高级语言（例如C语言）编写程序，那么这些高级语言编写程序是如何转换为计算机上可以直接执行的二进制机器语言的呢？图4—16给出了具体的转换过程，本节将逐一简要介绍一下四个转换层次。

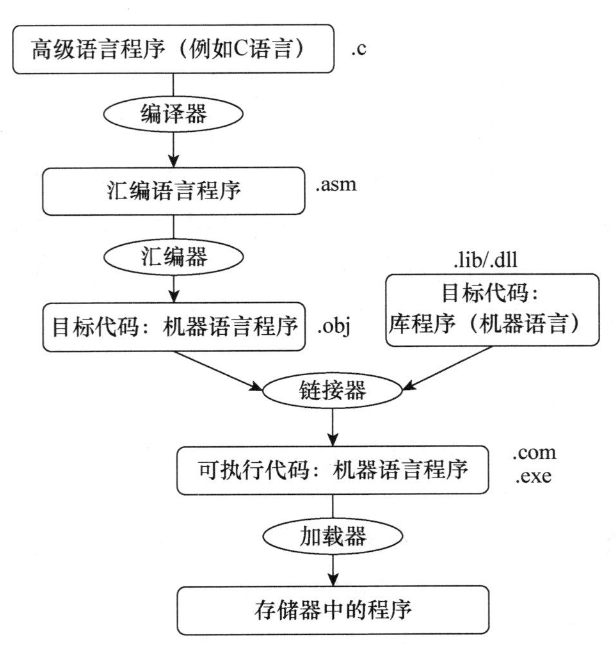

图4—16　从高级语言到机器语言的转换层次

1. 编译器

编译器能够将C程序自动转为汇编语言构成的程序，由于高级语言的语句信息量更大，因此C程序翻译为汇编语言程序后，代码长度会有较多增长。

20世纪70年代以前，许多操作系统和程序都用汇编语言直接编写，因为那时内存容量较小而且编译器效率不高。但目前硬件资源增长极为迅速，编译器也已经被优化到非常理想的程度，编译器生成的汇编代码几乎与汇编语言专家所写的代码一样好，一般会优于汇编语言学员的代码。但是，不排除一些特定的地方还需要人工对汇编代码进行优化。

在Windows操作系统下，C程序文件后缀为.c，汇编程序文件后缀为.asm；在Unix平台下，C程序文件后缀也是.c，而汇编程序文件后缀为.s。

2. 汇编器

汇编语言是高级语言和机器能够直接执行的机器指令之间的中间形态，汇编器能够将汇编语言翻译为机器语言。汇编语言的设计是为了汇编程序能够方便地看懂和编写汇编程序，有时会使用一些硬件不需要的指令，这些指令在经过汇编器翻译之后就会消失，被硬件能够识别的真正的机器语言取代。例如，MIPS汇编中有move语句，可以将一个寄存器的内容拷贝到另一个寄存器中，但实际上MIPS体系结构中并没有对应的机器语言，但汇编器能够正确识别move语句：

```
move $t0, $s1      # 将寄存器$s1中的内容拷贝到寄存器$t0中
```

而汇编器会将上述语句翻译为下列等价的语句对应的机器代码：

```
add $t0, $zero, $s1      # $t0=0+$s1
```

总的来说，汇编语言是一个比硬件支持的语句更为丰富的集合，同样，汇编器也能识别二进制、十进制、十六进制等不同表现形式的数字，尽管最终都会转换为二进制形式的机器语言。

汇编器生成的结果是目标代码，即机器语言构成的程序，在Windows平台下目标代码文件后缀为.obj，而在Unix平台下则是.o。

3. 链接器

经过上述编译器和汇编器的工作后，程序员所写的C程序已经被转换为硬件可以识别的二进制机器代码（存在于目标文件中），但是不能直接执行，还必须通过链接器生成可执行文件才可以。其中的原因是程序员所写的C程序不可避免地要调用标准的功能模块，例如输入、输出、文件访问等，即系统提供的标准库程序，必须将程序员自己的目标文件和标准库的目标文件拼接在一起，才能保证整个程序的完整性和可执行性。这个过程就是链接器的工作，最终生成的可执行文件，在Windows平台下文件后缀一般是.exe或.com，而在Unix平台下则是.out。

标准库程序一般以链接库的形式存在，分为静态链接库和动态链接库两种类型。标准库的功能很多，因此其代码量比较大。静态链接库会在程序执行时将库中全部内

容都加载进来，尽管很多内容都不会用到。因此产生了动态链接库（dynamic link library，DLL），程序不调用的部分就不会加载。在 Windows 平台下，静态链接库文件后缀为. lib，而动态链接库为. dll。

4. 加载器

可执行文件一般会存放在磁盘中，操作系统需要将其读到内存中并启动运行。在 Unix 系统中，加载器的工作按照如下步骤运行：

（1）读取可执行文件的首部，以便确定代码段和数据段的大小。

（2）为代码段和数据段创建足够大的地址空间。

（3）把可执行文件中的指令和代码复制到相应的内存区域中。

（4）把主程序的参数（如果存在）复制到栈的顶部。

（5）初始化机器寄存器，将栈指针指向栈中的第一个空单元。

（6）跳转到启动例程，它将参数复制到参数寄存器，并调用程序的主程序。当主程序返回时，通过 exit 系统调用终止程序。

4.6 汇编语言和指令系统的发展

1. Intel IA-32、IA-64 的发展

MIPS 是 1985 年推出的，这个体系结构的各个部分之间相互配合得很好；而 Intel 的 IA-32 并不是这样的，它来源于多个独立的组织，发展历史超过 30 年，其间不断增加新的特点和功能，因此指令集的变化很多，指令条数越来越多。下面是 IA-32 的主要发展历史：

1978 年：Intel 8086 发布，它扩展自之前已经成功的 8 位微处理器 Intel 8080，是 16 位计算机。与 MIPS 不同，它的寄存器都是专用的，因此 8086 并不是一个通用寄存器的体系结构。

1980 年：Intel 8007 浮点数协处理器问世，扩展了 8086，并增加了 60 个浮点数指令。

1982 年：Intel 80286 对 8086 做了扩展，将地址空间扩大到 24 位，创建了保护模式。

1985 年：Intel 80386 扩展 80286 的地址空间到 32 位，增加了一些新的寻址方式。

1985—1995 年：一共只有 4 个指令被增加到用户可见的指令集中。1989 年发布 Intel 80486，1992 年发布 Pentium，1995 年发布 Pentium Pro。

1997 年：多媒体扩展 MMX 指令集（multi media extension）推出，包括 57 条指令。

1999 年：Intel 添加了 70 个指令，加入到 Pentium Ⅲ。

2001 年：Intel 又增加了 144 个指令。

2003 年：另一家处理器生产企业 AMD 改进了 IA-32 体系结构，率先发布了 64 位体系结构，把所有寄存器都拓宽到 64 位，并把寄存器的数目增加到 16 个。

2004 年：Intel 认输并接受了 AMD 64，重新标记为 Extended Memory 64 Technology（EM64T），主要的区别是 Intel 增加了一个 128 位的原子比较交换指令。

2. CISC 和 RISC

随着 VLSI 技术的发展，计算机的硬件成本不断下降，软件成本不断提高，使得人们热衷于在指令系统中增加更多的指令和复杂的指令来提高操作系统的效率，并尽量缩短指令系统与高级语言的语义差别，以便于高级语言的编译和降低软件成本。

另外，为了做到程序兼容，同一系列计算机的新机器和高档机的指令系统只能扩充而不能减去任意一条，因此，使得指令系统越来越复杂，某些计算机的指令甚至多达几百条。例如，DEC 公司的 VAX 11/780 计算机有 303 条指令，18 种寻址方式，一般称这些计算机为复杂指令系统计算机（complex instruction set computer，CISC）。Intel 公司的 80x86 微处理器和 IBM 公司的大、中型计算机均为 CISC。

（1）RISC 的产生。

1975 年 IBM 公司开始研究指令的合理性问题，IBM 的 John Cocke 提出了 RISC 的想法。

对 CISC 的测试表明：最常使用的是一些简单指令，占指令总数的 20%，但在程序中出现的频率却占 80%。而对于占 20%的复杂指令，为实现其功能而设计的微程序代码却占总代码的 80%。CISC 研制时间长、成本高、难以实现流水线，因此出现了 RISC 技术。

（2）RISC 的发展。

1983 年，一些中小型公司开始推出 RISC 产品，由于其高性价比，市场占有率不断提高。1987 年 SUN 公司用 SPARC 芯片构成工作站；目前一些大公司，如 IBM、DEC、Intel、Motorola 已经将部分力量转移到 RISC 方面。

生产 RISC 芯片的公司及产品包括 IBM 的 PowerPC、DEC 的 Alpha、HP 的 HP-PA、MIPS 的 R10000 和 SUN 的 Ultra SPARC。

（3）RISC 的特点。

1）优先选取使用频率最高的一些简单指令；

2）指令长度固定；

3）只有取数/存数指令（load/store）可以访问内存；

4）CPU 中的寄存器数量很多；

5）大部分指令在一个或小于一个机器周期内完成；

6）以硬布线控制逻辑为主，不用或少用微程序控制；

7）一般用高级语言编程，特别重视编译优化，以减少程序执行时间。

3. 指令系统的兼容性

各计算机公司设计生产的计算机，其指令的数量与功能、指令格式、寻址方式、数据格式都有差别，即使是一些常用的基本指令，如算术逻辑运算指令、转移指令等也是各不相同的，因此尽管各种型号计算机的高级语言基本相同，但将高级语言程序（例如，FORTRAN语言程序）编译成机器语言后，其差别是很大的。因此将用机器语言表示的程序移植到其他机器上几乎是不可能的。

从计算机的发展过程已经看到，由于构成计算机的基本硬件发展迅速，计算机的更新换代是很快的，这就存在软件如何跟上硬件发展的问题。大家知道，一台新机器推出交付使用时，仅有少量系统软件（如操作系统）可提交用户，大量软件是不断充实的，尤其是应用程序，有一部分是用户在使用机器时不断产生的，这就是所谓的第三方提供的软件。

为了缓解新机器的推出与原有应用程序的继续使用之间的矛盾，1964年在设计IBM 360计算机时所采用的系列机思想较好地解决了这一问题。从此以后，各个计算机公司生产的同一系列的计算机尽管其硬件实现方法可以不同，但指令系统、数据格式、I/O系统等保持相同，因而软件完全兼容（在此基础上，产生了兼容机）。当研制该系列计算机的新型号或高档产品时，尽管指令系统可以有较大的扩充，但仍保留原来的全部指令，保持软件向上兼容的特点，即低档机或旧机型上的软件不加修改即可在新机器上运行，以保护用户在软件上的投资。

例如，Intel公司的80x86微处理器系列是完全向上兼容的，Intel 8086是16位微处理器，它的指令由1～6个字节组成。随着大规模集成电路技术的发展，Intel公司在20世纪80年代推出了在片内具有存储管理与保护机构的Intel 80286新一代微处理器。80286包括了8086的全部指令，增加了一些有关过程调用、成批数据传送的高级指令以及专用于虚地址保护的15条保护控制类新指令。Intel公司在1985年推出了与8086和80286兼容的80386微处理器，其指令字的长度在1～10个字节之间。

后来发布的Pentium，Pentium Ⅱ以及1999年1月推出的Pentium Ⅲ处理器中都增加了一些指令，但仍保持软件向上兼容的特点。

80x86系列的第一个微处理器8086是16位微处理器，20位地址线能够寻址的主存容量为1M（20位地址）。80286地址线扩充到24位，访存空间达到16MB。从80386开始直到Pentium Ⅲ，均是32位地址线，可寻址的主存容量为4GB。这样大的寻址空间允许Intel的微处理器执行多任务，这对于8086是不可能实现的。

从80286开始，所有的Intel处理器都可以运行两种操作模式：实模式和保护模式。

在实模式，该系列的所有先进处理器（包括 Pentium 系列在内），其操作犹如一台快速的 8086（8086 只能工作于实模式），只能访问 1MB 主存。当机器加电时，自动选择实操作模式进入 DOS 操作系统（DOS 是一个实模式的操作系统）。

在保护模式，4GB 主存对处理器都是有效的，因此可执行专门设计的特权指令及其相关的功能，包括支持多任务操作、存储管理和保护、虚拟存储器以及片内的数据 cache 和指令 cache。

第四章附表：　　　　**MIPS 32 常用指令**

助记符	指令格式						示例	示例含义
Bit #	31..26	25..21	20..16	15..11	10..6	5..0		
R-type	op	rs	rt	rd	shamt	func		
add	000000	rs	rt	rd	00000	100000	add $1, $2, $3	$1=$2+$3
addu	000000	rs	rt	rd	00000	100001	addu $1, $2, $3	$1=$2+$3
sub	000000	rs	rt	rd	00000	100010	sub $1, $2, $3	$1=$2−$3
subu	000000	rs	rt	rd	00000	100011	subu $1, $2, $3	$1=$2−$3
and	000000	rs	rt	rd	00000	100100	and $1, $2, $3	$1=$2&$3
or	000000	rs	rt	rd	00000	100101	or $1, $2, $3	$1=$2 | $3
xor	000000	rs	rt	rd	00000	100110	xor $1, $2, $3	$1=$2 ^ $3
nor	000000	rs	rt	rd	00000	100111	nor $1, $2, $3	$1=~($2 | $3)
slt	000000	rs	rt	rd	00000	101010	slt $1, $2, $3	if($2<$3) $1=1 else $1=0
sltu	000000	rs	rt	rd	00000	101011	sltu $1, $2, $3	if ($2<$3) $1=1 else $1=0
sll	000000	00000	rt	rd	shamt	000000	sll $1, $2, 10	$1=$2<<10
srl	000000	00000	rt	rd	shamt	000010	srl $1, $2, 10	$1=$2>>10
sra	000000	00000	rt	rd	shamt	000011	sra $1, $2, 10	$1=$2>>10
sllv	000000	rs	rt	rd	00000	000100	sllv $1, $2, $3	$1=$2<<$3
srlv	000000	rs	rt	rd	00000	000110	srlv $1, $2, $3	$1=$2>>$3
srav	000000	rs	rt	rd	00000	000111	srav $1, $2, $3	$1=$2>>$3
jr	000000	rs	00000	00000	00000	001000	jr $31	goto $31
I-type	op	rs	rt	immediate				
addi	001000	rs	rt	immediate			addi $1, $2, 100	$1=$2+100
addiu	001001	rs	rt	immediate			addiu $1, $2, 100	$1=$2+100
andi	001100	rs	rt	immediate			andi $1, $2, 10	$1=$2 & 10
ori	001101	rs	rt	immediate			andi $1, $2, 10	$1=$2 | 10
xori	001110	rs	rt	immediate			andi $1, $2, 10	$1=$2 ^ 10

续前表

助记符	指令格式				示例	示例含义
lui	001111	00000	rt	immediate	lui $1，100	$1=100*65536
lw	100011	rs	rt	immediate	lw $1，10（$2）	$1=memory[$2+10]
sw	101011	rs	rt	immediate	sw $1，10（$2）	memory[$2+10]=$1
beq	000100	rs	rt	immediate	beq $1，$2，10	if($1==$2) goto PC+4+40
bne	000101	rs	rt	immediate	bne $1，$2，10	if($1!=$2) goto PC+4+40
slti	001010	rs	rt	immediate	slti $1，$2，10	if($2<10) $1=1 else $1=0
sltiu	001011	rs	rt	immediate	sltiu $1，$2，10	if($2<10) $1=1 else $1=0
J-type	op	Address				
j	000010	Address			j 10000	goto 10000
jal	000011	Address			jal 10000	$31<-PC+4；goto 10000

第四章习题

1. 某指令系统指令字长为16位，每个操作数地址码长度为6位，指令包括无操作数、单操作数、双操作数三种类型。若双操作数指令有 *M* 条，无操作数有 *N* 条，请问单操作数指令最多可能有多少条？

2. 如果基址寄存器的内容为2000H，变址寄存器的内容为03A0H，指令的地址码部分是3FH，当前正在执行的指令所在地址为2B00H，请求出基址变址寻址和相对寻址两种情况的访问有效地址。

3.（接上题）（1）设基址变址寻址用于取操作数，相对寻址用于指明转移指令的转移地址，存储器内存放的内容如下：

地址　　内容

003FH　　2300H

2000H　　2400H

203FH　　2500H

233FH　　2600H

23A0H　　2700H

23DFH　　2800H

2B00H　　063FH

请写出从存储器中所取得的数据以及转移地址。

(2) 若采用直接编址，请写出从存储器中取出的数。

4. 在下面这段C程序中，f，g，h，i，j都是变量：

```
    if(i==j) go to L1;
    f=g+h;
L1: f=f-i;
```

假设f，g，h，i，j五个变量分别对应于从$s0到$s4的寄存器，编译后形成的MIPS代码是怎样的?

第五章

主存储器与存储系统

正如记忆是大脑进行一切处理时不可或缺的能力，存储也是计算机进行一切计算时不可或缺的功能。到目前为止，我们所用的计算机都基于这样一个简单的模型，CPU 执行指令，而指令和数据都存储于主存储器当中。CPU 无论进行任何处理和计算，都是在执行一系列指令，如果没有主存储器，计算机就无法进行工作。

计算机技术到今天取得了很大的成功，远远超过过去几十年内很多社会精英的预测，其中很重要的一个原因就是，存储技术的巨大进步使计算机能处理更多、更复杂的数据，这一点远远超过了人们的预期。早期的计算机只有几千字节的随机访问存储器，最早的 IBM PC 甚至没有硬盘。1982 年引进的 IBM PC-XT 只有 10MB 的硬盘。到了 2010 年，主流的计算机已有 150 000 倍于 IBM PC-XT 的硬盘存储容量。目前主流的内存容量已经达到若干 GB，甚至有的高端服务器已经配备了 TB 级别的主存储器，这是早期计算机内存容量的 10^6～10^9 倍。

本章主要介绍主存储器的逻辑模型、使用存储介质的发展、芯片的扩展等内容，并介绍为提高 CPU 对主存储器的访问速度而设置的高速缓存。

5.1　主存储器的逻辑模型

目前使用的计算机都基于这样一个简单而有效的内存模型，内存空间是一个线性的字节数组，而CPU能够在一个常数时间内访问任意一个存储器位置。访问的方式包括读和写两种操作，访问的粒度是字节，即最小可以读出或写入一个字节的内容。此外，一般都认为内存的读和写操作的访问速度是基本一致的，即读写平衡，这是由于长期以来主存储器的物理器件的确都具有这个特性。因此虽然没有明确的规定，但系统设计者和软件程序员都基于这个假设而设计系统和开发软件。

对于这个内存线性数组，核心的元素是两个，一是空间本身，二是空间中每一个单元（一般是字节）的地址。因此5.1.1小节会基于实际的例子来深入理解这两个元素。另外，内存线性数组还有两个关键的技术指标，一是数组的大小，即内存的容量，二是这个数组的访问速度。这部分内容将会在5.1.2小节中介绍。

5.1.1　内存线性空间

内存线性空间如图5—1所示，这个数组以字节为单位，每一个字节有一个全局唯一的地址，一般从0开始编址，地址常用16进制数字表示。内存中存储的内容分为程序和数据两类，图5—1（a）展示的是在内存中以机器语言的形式存储的一段C语言程序，而图5—1（b）展示的是一个int类型的数字和int＊型指针在内存中的样子。

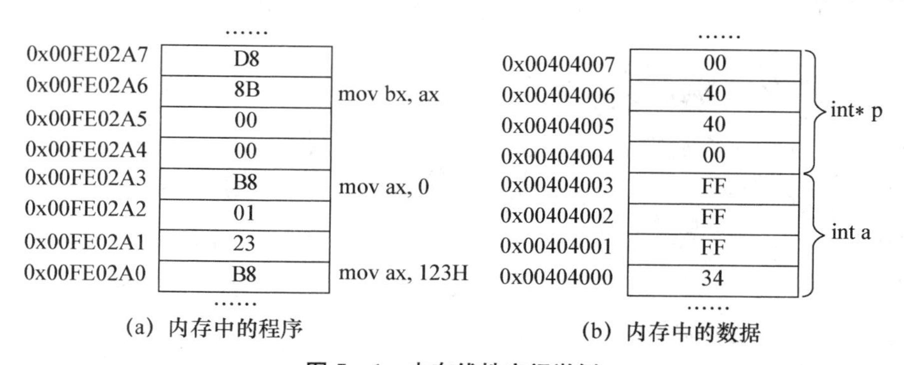

图5—1　内存线性空间举例

计算机对存储空间的访问是地址驱动类型的，即必须先知道需要访问的内容在内存线性空间中的地址。高级语言中常用的指针数据类型实际上就是内存的地址，它标记了某个需要记录的位置，通过指针可以很容易从内存线性空间的大量字节中找到目标。指针类型变量也需要记录在内存线性空间中，例如图5—1中的int＊p。而指针类型变量在内存线性空间中的地址就是指针的指针了：

int ** p1=&p=0x00404004

若以字节为单位的内存线性空间中需要存储的数据正好是一个字节，那么只需要直接存储到对应位置即可，比如 char 类型变量。但是若需要存储的数据占用超过一个字节，例如 short 类型占用 2 个字节，int 类型占用 4 个字节，那么需要占用连续的 2 个或 4 个字节，并且以这些字节中地址最小的那个作为整个数据（short 或 int 类型）的地址。例如，图 5—1 的例子中，int 型数字的地址是 0x00404000，假设需要指针 p 指向这个 int 类型数据，那么 p 的值就是 0x00404000。

值得注意的是，多字节的数据类型的数据排布有两种方式。比如一个 int 类型变量的 4 个字节的内容从高到低依次是 01、02、03 和 04，如果 01 放到内存线性空间的 4 个字节中地址最大的那个，而 02、03、04 依次放到内存地址较低的几个字节中，04 的地址最小，即“高对高、低对低”，这种方式称为“小端方式”。与此相反的“高对低、低对高”则为“大端方式”。一般在一套计算机体系结构中，为了防止出现二义性，只会选择其中一种，并不会混用。

前面的介绍都假设内存线性空间是以字节为基本单位的，目前使用的计算机也基本都是这样，但是也有些计算机的内存不是以字节为单位进行管理，而是以其他长度为基本单位，例如 16bit，这个长度一般称为字长，按字长划分的内存基本单位称为一个字。在这种情况下，内存线性空间仍然是一个一维数组，唯一的区别是每个“格子”的大小不一定是 1byte，而是一个字。一个字有多大是由计算机设计者决定的，并且在整个计算机系统中是一个不会变化的常数。也就是说，字节是一个长度固定的单位，一定是 8bit；但字是一个长度不固定的单位，在每个计算机系统中可能都不同。

5.1.2 主存储器的技术指标

与 CPU 一样，主存储器目前也是基于半导体器件，其发展速度基本遵循摩尔定律，即集成电路的规模以每 18 个月翻一番的速度高速发展。然而，这些年来，CPU 将新增加的逻辑单元用于提升计算速度，而主存储器器件主要用来扩展容量，速度没有明显提升，因此，尽管主存储器的容量增长很快，但访问速度方面与 CPU 的差距却逐渐增大，如图 5—2 所示。

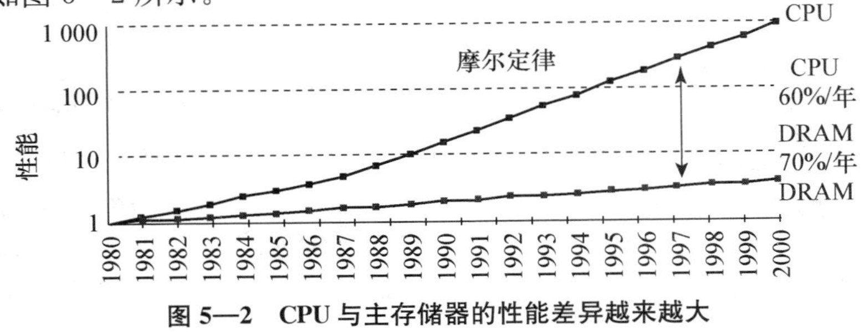

图 5—2　CPU 与主存储器的性能差异越来越大

戈登·摩尔

戈登·厄尔·摩尔（Gordon Earle Moore，1929—　）是英特尔公司的创立人之一和摩尔定律的提出者。

摩尔早年在圣荷西州立大学学习，并在那里认识了他后来的夫人。1950年他在加州大学伯克利分校获得化学学士学位，1954年又在加州理工学院获得物理学博士学位。

他进入由加州理工学院毕业生威廉·肖克利领导的贝克曼库尔特公司的肖克利半导体实验室。但又与“八叛逆”一起离开那里并创立了仙童半导体公司。

1968年他与其他人一起创立了英特尔公司，任公司副总裁，1975年他成为总裁和首席执行官。1979年4月至1987年4月他成为董事长和首席执行官，此后他任董事长，现已退休。

摩尔定律的内容为：集成电路上可容纳的晶体管数目约每隔24个月便会增加一倍；经常被引用的“18个月”是由英特尔首席执行官David House所说的：预计18个月会将芯片的性能提高一倍（即更多的晶体管使其更快）。尽管这种趋势已经持续了超过半个世纪，但摩尔定律仍应该被认为是一种观测或推测，而不是一个物理或自然法。预计定律将持续到至少2015年或2020年。

1965年4月19日，《电子学》杂志（*Electronics*）第114页发表了摩尔（时任仙童半导体公司工程师）撰写的文章《让集成电路填满更多的组件》，文中预言半导体芯片上集成的晶体管和电阻数量将每年增加一倍。

1975年，摩尔在IEEE国际电子组件大会上提交了一篇论文，根据当时的实际情况对摩尔定律进行了修正，把“每年增加一倍”改为“每两年增加一倍”，而现在普遍流行的说法是“每18个月增加一倍”。

主存储器的技术指标包括存储容量、访问速度等。

1. 存储容量

存储容量是指存储器所提供的可访问空间的大小，一般以字节（byte）为单位。由于计算机存储器的存储容量越来越大，只以byte为单位表示非常麻烦，因此有了很多更大的计量单位，比如KB指1 024（2^{10}）个字节，后面更大的单位依次是MB（2^{20}）、GB（2^{30}）、TB（2^{40}）、PB（2^{50}）、EB（2^{60}）、ZB（2^{70}）等，相邻的两个单位的差异都是1 024倍。

图5—3给出了常见的一些数据量的存储容量级别：早期计算机的内存容量只有几KB，早期的硬盘也只有几MB；而目前主流计算机的内存都是若干GB，服务器内存一般都是几十GB至几百GB；目前主流的硬盘容量一般为TB级别，而砍伐5万棵树

制造的纸所能容纳的信息量就约为 1TB；人类有史以来所有印刷品的信息量约为 200PB，而 2012 年全球企业所维护的存储容量就达到了 2.2ZB。

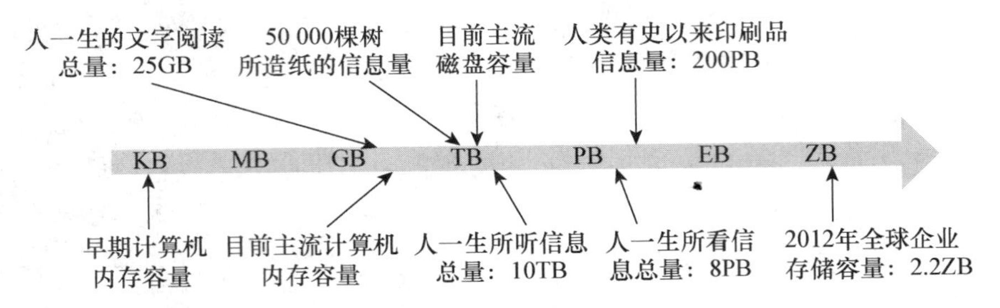

图 5—3 存储容量对比示意图

存储容量主要由存储设备决定，但另一方面也与计算机的地址线位数相关。计算机的地址线位数即指令中地址码的最大位数，决定了计算机能访问的主存储器的地址范围。例如，早期的 16 位计算机使用 20 位地址线，所支持的最大地址数量是 $2^{20}=$ 1M。由于一般计算机都以字节为单位分配地址，即每一个字节有一个全局唯一的独立地址，所以，16 位计算机最多能访问 1MB 的内存。如果内存的容量超过 1MB，计算机也只能访问最前面的 1MB，后面的空间就浪费了。

目前，主流的 32 位计算机的地址线为 32 位，所以最多能访问到 2^{32}B=4GB 的主存空间，很多个人计算机已经可以配备 8GB、16GB 的内存，因此 32 位计算机有些不够用了；而 64 位计算机的地址线也是 64 位，最大访问地址为 2^{64}B=16EB，这远远超过了目前存储器所能提供的存储容量。

内存的地址范围经常用 16 进制的形式表示。例如前文所说的 16 位计算机，地址范围是 [0，1MB)，即 [0，2^{20}B)。由于每位 16 进制数字相当于 4 位 2 进制数字，因此 2^{20} 最多需要 5 位 16 进制数字。因此，该地址范围用 16 进制形式表示为 0x00000～0xFFFFF。

计算机可用的存储容量计算公式如下：

可用存储容量=地址总数×每个地址单元的容量

注意，其中每个地址单元的容量取决于计算机的设计，如果计算机是以字节为单位进行管理和分配地址的，那么这个值是 1 字节；如果计算机是以字为单位进行管理和编址的，那么这个值为计算机的字长（字长由计算机设计者决定）。

2. 访问速度

除了存储容量，访问速度是存储器的另一个重要的指标。作为主存储器的器件（例如 DRAM），一般以提高容量、降低成本为主要目标，但是其他一些容量较小的存储器，则往往有更高的访问速度。存储器访问速度的具体衡量指标一般有两个：访问延迟和访问带宽。

访问延迟指从程序向存储器发出访问请求，到本次访问完成之间的时间差。访问延迟越小，说明存储器速度越快，令 CPU 等待的时间越短，能加快计算机的处理速度。

目前，主流的主存储器器件 DRAM 的访问延迟一般为 50ns 左右，如果 CPU 的主频为 2GHz，那么 CPU 的一个时钟周期为 1/2GHz，约为 0.5ns，即 DRAM 的一次访问延迟大约是 100 个 CPU 周期。如果 CPU 需要频繁访问 DRAM，那么必然有很多时间处于等待状态，浪费了 CPU 的处理能力。为了解决这一问题，计算机中一般采用层次存储结构（详见 5.3 节），加入一些更快速的小容量存储器件来减少主存储器的平均访问延迟，这些器件的延迟一般在 0.5ns～5ns 之间，即 1～10 个 CPU 周期，比较接近 CPU 的工作速度。

访问带宽指存储器单位时间内能够访问并传输多少数据量。内存访问带宽的计算公式为：

访问带宽＝内存核心频率×内存总线位数×倍增系数

以目前典型的 DDR3-1333 内存为例，1333 指内存的数据传输频率是 1 333MHz，而 DDR3 内存核心频率是其数据传输频率的 1/8（降频是为了节能）、倍增系数为 8（详见 5.2.2 小节中对 DDR3 内存的介绍），内存总线位数为 64bit，即 64/8 byte。

所以每个通道的带宽为（1 333/8)×(64/8)×8MB/s＝10.4GB/s；如果 CPU 是 3 个通道的，那么这个 CPU 访问内存的总带宽是 10.4×3GB/s＝31.2GB/s。当然这只是理论上限，实际情况不可能 3 个通道完全充分利用，所以会小于此值。

5.2　主存储器介质的发展

5.2.1　早期的主存储器介质

早期计算机使用各种各样的方法存储数据，包括对电容器进行旋转，甚至机械存储等。图 5—4 显示的是 1949 年在英国剑桥大学，计算机先驱威尔克斯（Maurice Wilkes）与 EDSAC 计算机内存的合影。EDSAC 建成于 1949 年 5 月 6 日，是第一台采用冯·诺依曼体系结构的计算机。在设计与建造 EDSAC 的过程中，威尔克斯创造和发明了许多新的技术和概念，比如“变址”（详见“第 4 章 汇编语言与指令系统”，威尔克斯当时称之为“浮动地址”——floating address）和微程序设计（将每一条机器指令的执行分解为一系列更基本的微命令，将可同时执行的微命令组合在一起形成微指令，详见“第 6 章 CPU 工作原理”）等。威尔克斯后来获得了 1967 年度计算机世界最高奖——“图灵奖”。

图 5—4 中的内存叫做汞延迟线内存，需要依赖比光速慢很多的音速实现存储功能。电信号以光速在环路内部传递，同时把充满汞的长玻璃管放在环路中间。在玻璃管的一端是扬声器，另一端则是麦克风。输入的数据脉冲会被转换成声音，然后借助汞传递到玻璃管的另一头并被重新转换为电信号脉冲，进行整理后重新转换并通过环路发送出去。

图 5—4　计算机先驱威尔克斯与 EDSAC 计算机内存的合影

通过这种方法，一组 500～600 个脉冲（通常代表 16 bit～35 bit 的数据）组成的信号就能在系统内近乎无限地传递下去（换句话说，可以被保存在系统中）。计算机只能通过数据被转换为声音信号时的音频脉冲读取数据，要想更改（写入）数据，则需要给环路加入新的电脉冲。如果断电，数据将丢失。汞延迟线体积庞大，结构复杂，对温度变化非常敏感。

后来的计算机逐渐采用磁存储介质作为计算机的内存，具体的技术包括磁芯、磁鼓、磁带等。例如，1953 年，第一台磁鼓应用于 IBM701 作为内存使用。磁存储介质更为稳定、安全，而且具有非易失性，在很长一段时间内是内存的主要器件。但是随着后面新型存储介质的出现，磁存储介质速度较慢的特点，以及普遍采用的磁带适合顺序访问而不适合随机访问，使磁存储介质逐渐成为辅助存储器的主要器件（磁存储介质将在第 7 章详细介绍），而计算机逐渐采用亚铁盐核心内存，并最终采用今天我们使用的非常快速的半导体存储器。

5.2.2　半导体存储器

半导体存储器包括随机存储器 RAM（random-access memory）和只读存储器 ROM（read-only memory）两大类。

1. 随机存储器（RAM）

随机存储器是目前计算机主存储器所使用的物理器件，它是半导体存储器的一种，是可以随机地以字节为单位对各个存储单元（即前文所说的线性数组）进行访问（读或写）的存储器。一般 RAM 访问所需的时间基本固定，而且与存储单元地址无关，也与读、写操作类型无关。但是断电会造成 RAM 上的信息全部丢失，属于易失性存储器。在讨论计算机的主存时，如果没有特别说明，一般就是指随机存储器。

目前主流的随机存储器分为静态随机访问存储器（SRAM）和动态随机访问存储器（DRAM）两大类。划分的依据是存储元件在运行中是否能长时间保存信息。如果能长期保存，只要不断电，信息就不丢失，则为静态存储器；而动态存储器是利用 MOS 电容存储电荷来保存信息，因此只有周期性地、不断地给电容充电才能使信息长期保持。

（1）静态随机访问存储器（SRAM）。

SRAM 将每个信息位存储在一个双稳态的（bistable）存储单元里。每个单元是用一个六晶体管电路来实现的。这个电路有这样一个属性：它可以无限期地保持在两个不同的电压状态之一，而任何其他的状态都是不稳定的。一旦电路处于任何不稳定状态，它会迅速地转移到两个稳定状态之一。这样的一个存储单元类似于图 5—5 中倒挂的钟摆。

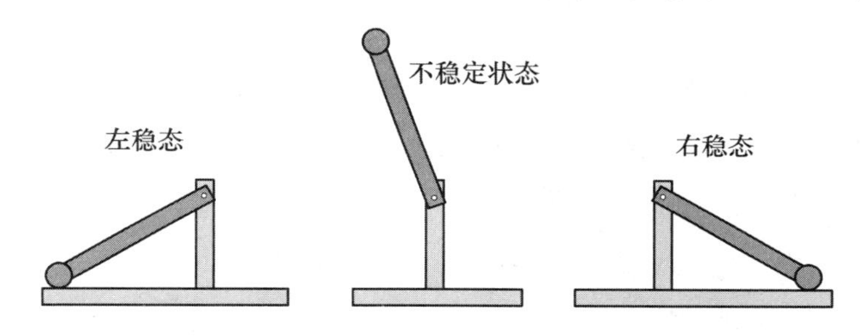

图 5—5　SRAM 的存储单元类似倒挂的钟摆，只有两个稳定的状态

当钟摆倾斜到最左边或最右边时，它是稳定的。在任何其他位置，钟摆都会迅速导向某一边，达到稳定状态。理论上钟摆在垂直的位置上能无限期地保持平衡，但在实际中这个状态也是不稳定的，即使有很细微的扰动，也能令钟摆倒下，而且一旦倒下，就不能再恢复到垂直的位置了。

所以 SRAM 存储单元非常稳定，只要有电就能长期保持它所存储的值。即使有干扰（例如电子噪音）来扰乱电路，当干扰消除后，电路也会恢复到稳定值。当然，SRAM 更重要的优点是 SRAM 的访问速度很快，比 DRAM 要快，这也是目前计算机中使用 SRAM 的主要原因。

（2）动态随机访问存储器（DRAM）。

DRAM 的每个基本存储单元由一个非常小的电容和一个访问晶体管组成，主要利用电容存储或不存储电荷来区分存储 0 或者 1。但是，与 SRAM 不同，DRAM 存储单元对干扰非常敏感。当电容的电压被扰乱之后，它就永远不能恢复了。暴露在光线下也会导致电容电压改变。实际上，数码相机和摄像机中的传感器本质上就是 DRAM 单元的阵列。动态随机访问存储器由 IBM 开发，最早于 1970 年在 Intel 的 1103 内存中实现商用。

DRAM 的读操作都是破坏性的，因为读出操作的原理是将电容的电荷放出，根据有无电荷可以判断存储的是 0 还是 1，由于电容中的电荷很小，因此需要通过读放大器才能正确地读出信息。但是，读出的同时也会破坏电容的状态，因此需要再重新写入原有信息。

DRAM 中的电容无法长时间保持电荷，因为很难避免漏电现象，DRAM 单元一般在 10 毫秒～100 毫秒的时间内会失去电荷。幸运的是，计算机的运行周期是以纳秒来衡量的，因此 10 毫秒～100 毫秒的时间相对来说仍是非常长的。存储系统会周期性地利用读放大器进行读操作来刷新存储器的每一位，因为读出之后都需要再次写入，这一般被称为再生或刷新。

DRAM 的主要优势是存储密度大、存储容量大，并且成本比 SRAM 低很多，因此是目前内存的主流存储介质。目前常见的内存已达到 GB 级别，服务器的内存一般为几十至上百 GB，甚至有的高端服务器已经配备了 TB 级别的内存。

（3）SRAM 与 DRAM 的比较。

SRAM 与 DRAM 的主要区别如表 5—1 所示。SRAM 的存储原理为双稳态触发器，一个 SRAM 存储单元大约需要六个晶体管，访问速度很快，存储单元可以长时间、持续性存储数据，而且抗干扰能力强。但由于电路复杂，存储密度较低，因此存储容量一般较小，成本较高。SRAM 主要应用于高速缓存存储器、高端路由器的主存等领域。

DRAM 主要利用电容存储电荷来保存信息，一个 DRAM 存储单元大约需要一个晶体管和一个电容（不包括行读出放大器等），而且电容也无法长时间、持续性保持电荷，需要定期进行刷新；而且对外界干扰非常敏感，一旦电容的电压被扰乱，存储的信息就无法复原了。DRAM 的主要优势是存储密度大、存储容量大，而且成本比 SRAM 低很多。DRAM 在芯片封装上采用了地址复用技术，以减少封装管脚的数量（详见 5.3.1 小节）。由于 DRAM 进行读操作时还需要再生，需要周期性刷新，以及行列地址复用等几个原因，相对访问时间较长。

表 5—1　　SRAM 与 DRAM 的主要区别

	SRAM	DRAM
存储原理	双稳态触发器	电容电荷
每位晶体管数	6	1
相对访问时间	1×	10×
持续的?	是	否
敏感的?	否	是
容量	较小	较大
相对成本	100×	1×
地址复用封装	否	是
主要应用领域	高速缓存、高端路由器	主存、帧缓冲区

（4）增强的 RAM。

在 DRAM 的发展过程中，容量提升是其主要目标，因此相对于 CPU 的计算速度来说，DRAM 的速度慢很多，因此很多生产厂家不断推出新的种类。每种都是基于传统的 DRAM 单元，并进行了一些优化，改进了访问 DRAM 单元的速度。这些改进包括快页模式 DRAM（fast page model DRAM，FPM DRAM）、扩展数据输出 DRAM（extended data out DRAM，EDO DRAM）、同步 DRAM（synchronous DRAM，SDRAM）、双倍速率同步 DRAM（double data-rate synchronous DRAM，DDR SDRAM）等。

其中 DDR SDRAM 与传统内存的区别是每个周期不是只在上升沿处传输数据，而是上升沿和下降沿都传输，因此它的实际数据传输频率是外部给它的时钟信号频率的两倍。具体来说，DDR SDRAM 设置一个多位的预取缓冲区，每次读取多个二进制位，然后可以分多次进行传输。

以第一代 DDR 技术为例，预取缓冲区是 2 位，每次读取 2bit，因此称为倍增系数是 2。DDR 内存的核心工作频率与外部频率相同，但每个周期读取 2bit，然后分别利用该周期的上升沿和下降沿，分两次将 2bit 进行传输。因此，DDR 技术可以将内存的访问带宽提升一倍。

不过 DDR 技术主要用于在保证同样访问速度的前提下，通过降低实际工作频率的方式来节能。不同类型的 DDR 技术就是用预取缓冲区的大小来划分的：DDR（2 位）、DDR2（4 位）、DDR3（8 位）。不过 DDR2 和 DDR3 技术并没有用来进一步提高访问带宽，而是在保证与 DDR 1 代同样的访问带宽的前提下，通过降低内存核心工作频率来降低其功耗。DDR2 和 DDR3 的倍增系数分别为 4 和 8，其工作频率也是外部频率的 1/2 和 1/4，能耗也随之降低，但能够保持访问带宽不变。例如，DDR3 内存在每个自己的工作周期内读取 8bit 数据，1 个内部周期对应外部时钟信号的 4 个周期，每个周期的上升沿和下降沿都传输数据，因此可以进行 8 次传输。

直到 1995 年，大多数 PC 都是用 FPM DRAM 构造的。1996—1999 年，EDO DRAM 在市场上占据了优势。SDRAM 最早出现在 1995 年的高端系统中，到 2002 年，大多数 PC 都是用 SDRAM 和 DDR SDRAM 制造的。到 2010 年，大多数服务器和桌面系统都是用 DDR3 SDRAM 制造的，而 Intel Core i7 只支持 DDR3 SDRAM。

2. 只读存储器（ROM）

前面介绍的随机存储器（SRAM 和 DRAM）是易失型存储器，断电后全部信息都会丢失，而 ROM 是非易失内存，断电后仍能一直保持信息，ROM 的操作粒度与 RAM 一样，都是以字节为单位访问。按照 ROM 的原始定义，一旦写入原始信息便不能改变，因此出厂时信息就确定了。但是不能修改的存储器对于用户来说非常不方便，用户希望能够在合适的时候修改甚至任意修改 ROM 中的信息。因此在原始 ROM 的基础上，逐渐发展出了 PROM、EPROM 和 E^2PROM 等多种类型。

（1）掩膜式只读存储器（ROM）。

掩膜式 ROM 由芯片制造商在制造时写入内容，以后只能读而不能写入。其基本原理是以元件的“有/无”来表示该存储单元的信息（0 或 1）。

（2）可编程的只读存储器（PROM）。

PROM 是可以实现一次性编程的只读存储器，由电路和熔丝构成。如果要在某一位置存储“0”，则加大耦合元件处的电流，将熔丝熔断；如果要存储“1”，则不加大电流，熔丝不断。但是，已经熔断的熔丝是无法恢复的，因此 PROM 只能实现一次编程，不能再次修改。

（3）可擦除可编程的只读存储器（EPROM）。

EPROM 是一种可以多次擦除的可编程只读存储器，用户可以对其所存储的信息进行多次修改。EPROM 芯片上方有一个石英玻璃窗口，修改信息时需要从电路上取下，用紫外线照射这个窗口，可以实现整体擦除。EPROM 的擦除次数大约 10 万次。

EPROM 中每个存储单元的结构如图 5—6 所示，存储单元分为基片上的源极和漏极以及控制栅极三个极，另外中间增加一个由绝缘的氧化层包裹的浮置栅。当要写入信息时，在源极上接地，漏极上加 5V 的电压，而控制栅上加 12V 的高电压，三极之间的电场使电子穿越氧化层进入浮置栅；当浮置栅捕获足够多的自由电子后，源漏极之间形成导电隧道（隧道效应），达到导通状态。而正常情况下源漏极之间是不导通的状态，因此可以区分出存储的是 0 还是 1，即使掉电后信息仍能保存。当需要擦除信息时，紫外线照射可以使浮置栅内的电荷泄漏，实现整体擦除。

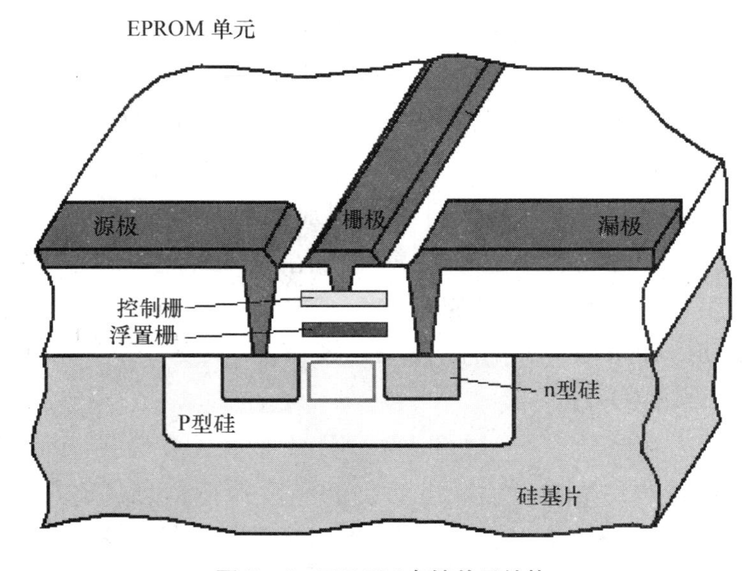

图 5—6　EPROM 存储单元结构

（4）可电擦除可编程的只读存储器（E^2PROM）。

E^2PROM 的存储原理与 EPROM 基本相同，但是可以用电擦除，与 EPROM 相比，可以不用将芯片从电路中取下用专用设备进行紫外线照射，直接在电路中即可进行，因此操作更为方便。

E^2PROM 的缺点是擦写的次数有限，因为电擦除比紫外线擦除的力度小，因此氧化层必须制造得更薄，否则无法顺利擦除。这样擦除次数过多时，氧化层会磨损而使存储单元失效，一般 E^2PROM 的擦除次数上限约为 10 万次。

ROM 主要应用于嵌入式系统，存储一些简单的程序，例如遥控器、计算器、电话机、打印机、硬盘、手机，等等，这种内置的程序一般称为固件（firmware）。固件基于软件和硬件之间，与软件一样，固件是在硬件上运行的程序，然而它和硬件紧密相关。

在标准的计算机中，一般也利用 ROM 来存储固件，例如 BIOS。BIOS（basic input/output system）是 IBM PC 兼容机上的一种业界标准的固件接口，最早是于 1975 年第一次在 CP/M 操作系统中出现。

BIOS 是个人计算机启动时加载的第一个软件，主要用于计算机开机时执行系统各部分的自检，并启动引导程序或装载于内存的操作系统。此外，BIOS 还向操作系统提供一些系统参数。系统硬件的变化由 BIOS 隐藏，程序使用 BIOS 服务而不是直接访问硬件。现代操作系统会忽略 BIOS 提供的抽象层并直接访问硬件组件。

5.2.3　新型非易失主存储器介质

除了近年来发展迅速的闪存存储器外，还有很多新型非易失存储器也得以发明并不断提升性能和容量，可能会在未来的几年到十几年内取代现有的某些存储介质，或者与现有介质一起组成新的混合型存储产品。这些新型非易失存储的典型代表包括相变存储器 PCM、STT-MRAM、FRAM 和忆阻器等。

1. PCM

PCM 的全称为 phasec change memory，即相变存储器，它用含一种或多种硫族化物的玻璃（chalcogenide glass）制成。硫族化物玻璃的特性是，经加热可以改变它的状态，成为晶体（crystalline）或非晶体（amorphous）。这些不同状态具有相应的电阻值，因此 PRAM 可以用来存储不同的数值。

在室温环境中，基于第六族元素的某些金属（硫族化合物）的晶态和非晶态的稳定性非常好。特别是 GeSbTe 合金最被看好，简称为 GST。如图 5—7（a）所示，在基于硅的相变存储器中，不同强度的电流经过加热器（电阻），到达硫化物材料，利用局部热焦耳效应，改变接触区周围的可写入容量。在经过强电流和快速猝灭后，材料被冷却成非晶体状态，导致电阻率增大，此为 RESET 操作，如图 5—7（b）所示。切换到非晶体状态通常用时不足 100ns，单元的热时间常量通常仅为几纳秒。若要恢复接触区的晶体状态，使材料的电阻率变小，需要施加中等强度的电流，脉冲时间较长，此为图中的 SET 操作。存储单元写入操作所用的不同电流会导致存储不同的值。

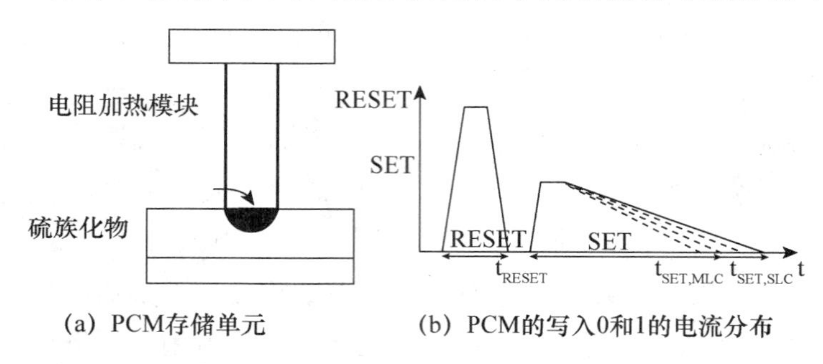

图 5—7　PCM 存储单元和写入电流分布

PCM 是一种快速的非易失存储介质，其访问性能介于内存和闪存之间。同内存相比，PCM 最大的优势是非易失性，更容易保障数据的安全；同闪存相比，PCM 的优势是速度快，以及有支持按字节访问的接口（相对的，闪存的读写访问单位是页，一般 4KB～16KB）。因此，PCM 最理想的应用是取代现有的易失型内存（DRAM），或与 DRAM 组成混合型内存，甚至在计算机系统内完成内存和外存的统一，实现超大容量的、高速访问的、按字节访问的存储级内存（storage class memory，SCM）。目前 IBM、镁光（Micron）、三星在 PCM 上已经进行了大规模的投入和研发，已生产出了初步的 PCM 芯片产品，而且镁光和三星的芯片已经取代部分手机中的 NOR Flash 芯片，获得了实际的应用。

但 PCM 的缺点是读写不平衡，写操作明显慢于读操作，而且写入 0 和 1 的时间也不相等（如图 5—7（b）中的 RESET 和 SET 操作的持续时长不同）。而且近年来为了提高 PCM 的存储密度，降低产品成本，类似闪存的 MLC 技术也在 PCM 中发展起来，但 MLC 型的 PCM 目前仍有两个比较严重的问题没有解决：一是存储单元的出错率仍然比较高，存储数据的可靠性不够；二是 MLC 技术使 PCM 的耐久性变差，面临与闪存类似的不能写入过多的问题。所以大容量的 PCM 存储产品，特别是在服务器领域广泛使用的产品，还需要较长时间才能普及。

2. STT-MRAM

STT-MRAM 的全称为自旋转移力矩磁阻随机存取存储器，它通过将电子自旋的角动量传递给存储媒介的方式来工作。控制电子的自旋成为存储数据的有效方式，电子向左或向右自旋分别代表 0 或 1。STT-MRAM 也是一种非易失存储器，它的工作速度非常快，访问延迟约为 1ns～2ns，超过了现有的内存。

3. FRAM

铁电随机存取内存（ferroelectric RAM，FeRAM 或 FRAM），类似于 SDRAM，是一种随机存取存储器技术。但因为它使用了一层有铁电性的材料，取代了原有的介电质，因而它也拥有非易失内存的功能。FRAM 在高速读写入、高读写耐久性、低功耗和防窜改方面具有优势。麻省理工学院的达德利·艾伦·巴克（Dudley Allen Buck）在 1952 年的硕士论文中首次提出了这个概念。目前实际生产出的 FRAM 容量较小，距真正大规模商用还有很大的距离。

4. 忆阻器

忆阻器（memristor）又名记忆电阻，是一种被动电子元件。最初于 1971 年，加州大学伯克利分校的华裔科学家蔡少棠教授根据电子学理论，预测到在电阻器、电容器及电感元件之外，还存在电路的第四种基本元件，即忆阻器。忆阻器如同电阻器，忆阻器能产生并维持一股安全的电流通过某个装置。但是与电阻器不同的地方在于，忆阻器在关掉电源后，仍能“记忆”先前通过的电荷量。两组的忆阻器更能产生与晶体管相同的功能，但更为细小。

从 2000 年开始研究人员在多种二元金属氧化物和钙钛矿结构的薄膜中发现了电场作用下的电阻变化，并应用到了下一代非易失内存——阻抗存储器（RRAM 或 ReRAM）中。2008 年 4 月，惠普公司公布了基于 TiO_2 的 RRAM 器件，并首先将 RRAM 和忆阻器联系了起来。2010 年，惠普实验室再次宣布，忆阻器具有布尔逻辑运算的功能，这一发现震动了计算机学界。2013 年，比勒菲尔德大学物理学系的高级讲师安迪·托马斯博士研制的忆阻器被内置于比人头发薄 600 倍的芯片中，把这种忆阻器作为人工大脑的关键部件。

5.3　存储器模块的组织

存储器模块是采用层次式进行组织的，前面介绍的 RAM 和 ROM 的基本存储单元会首先组成具有读写功能和一定存储容量的存储芯片，然后若干存储芯片会再通过一定方式组织在一起来扩展容量。

5.3.1　存储芯片内部组织和封装

如同其他集成电路产品，半导体存储器产品也是以封装芯片的形式出现在计算机系统中。存储芯片内部由很多存储单元组成的存储阵列构成，图 5—8 给出了一个简单的存储阵列的例子，1 024 个存储单元构成一个 32×32 的存储阵列。这些存储单元需要 10 个二进制位的地址来表示（$2^{10}=1\,024$），10 位地址中的 5 位（$A_0 \sim A_4$）称为行地址，通过一个 5-32 译码器可以选中 32 根行选择线的一根；而另外 5 位（$A_5 \sim A_9$）称为列地址，通过另一个 5-32 译码器选中 32 根列选择线中的一根。选中的行选择线和列选择线交叉确定的存储单元为选中的存储单元，可以对其进行读出或写入的操作。

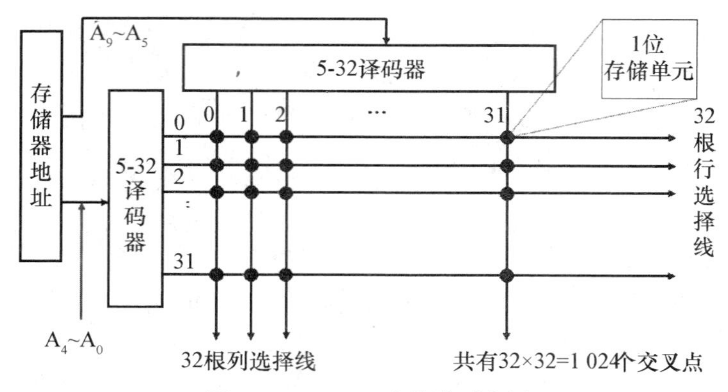

图 5—8　32×32 存储阵列实例

图 5—9 给出了 1K×1（前面的 1K 表示 1K 个存储字，后面的 1 表示每个字的长度是 1 个二进制位）的 SRAM 存储芯片的内部结构和封装管脚，存储芯片由存储阵列、控制电路、地址译码器等部分组成；而封装管脚包括地址线 $A_0 \sim A_9$，数据输入线 D_{IN}，数据输出线 D_{OUT}，写使能端$\overline{WE}$，以及芯片的片选信号$\overline{CS}$。

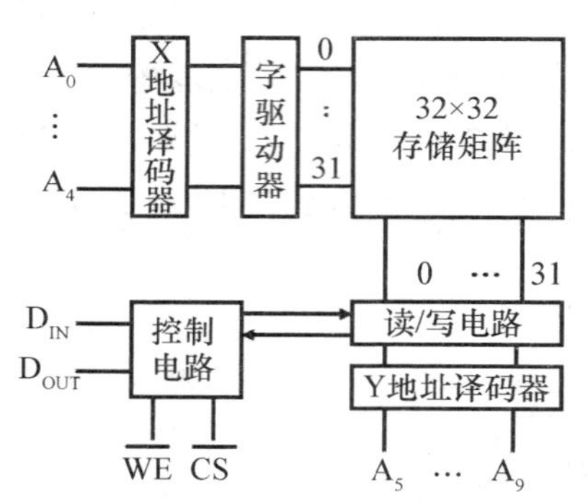

图 5—9　1K×1 SRAM 存储器芯片内部结构和封装管脚

表 5—2 给出了该芯片各管脚的功能真值表。只有在片选信号$\overline{CS}$为低电平时，存储芯片才处于工作状态，而当$\overline{CS}$为高电平时，芯片未选中，暂时不工作。写使能端$\overline{WE}$决定存储芯片是进行读操作（$\overline{WE}$＝H）还是写操作（$\overline{WE}$＝L）；地址线 $A_0 \sim A_9$用来选中 1 024 个存储单元中的一个。当芯片进行读操作时，D_{OUT}输出选中的存储单元的数值；当进行写操作时，D_{IN}输入的数值会写入存储单元。

表 5—2　　1K×1 SRAM 存储器芯片管脚的功能真值表

$\overline{CS}$	$\overline{WE}$	D_{IN}	D_{OUT}	操作方式
H	×	×	H	未选
L	L	L	H	写 0
L	L	H	H	写 1
L	H	×	D_{OUT}	读

DRAM 芯片的封装与 SRAM 大体相似，主要的区别是 DRAM 减少了封装管脚的

数量和芯片的大小，采用了“地址复用”技术。地址复用指将全部地址按位数平均分为行地址和列地址，行地址和列地址共用同一组管脚。以上述 1K×1 为例，SRAM 的地址管脚为 10 个，而 DRAM 由于采用地址复用技术，只需要 5 个。但是地址复用需要 DRAM 芯片增加两个控制信号——行地址选通$\overline{RAS}$和列地址选通$\overline{CAS}$。

另外，DRAM 芯片存储阵列中的每一列都有自己的读放大器，因此，只要依次改变行地址，轮流对存储矩阵的每一行所有单元同时进行读出，直到把所有行全部读出一遍，就完成了对存储器的再生。对于上述 1K×1 的芯片，其中的存储阵列为 32×32，即拥有 32 个读放大器，只需刷新 32 次，就能对全部 1 024 个存储单元都完成一次刷新操作。

通常 DRAM 有两种刷新方式：

（1）集中式刷新。

集中式刷新指在一个刷新周期内，利用一段固定的时间，依次对存储器的所有行逐一再生，在此期间停止对存储器的读和写。

例如，一个存储器有 1 024 行，系统工作周期为 200ns。RAM 刷新周期为 2ms。这样，每个刷新周期内共有 10 000 个工作周期，其中用于再生的为 1 024 个工作周期，用于读和写的为 8 976 个工作周期。

集中式刷新的缺点是在刷新期间不能访问存储器，会影响计算机系统的性能。

（2）分布式刷新。

分布式刷新指尽可能将各行的刷新工作分散开，这样用户访问请求不会由于刷新而等待过多时间。在上述例子中，可以在 2ms 时间内分散地将 1 024 行刷新一遍，具体做法是：将刷新周期除以行数，得到两次刷新操作之间的时间间隔 t=2ms/1 024=1.95us，利用逻辑电路每隔时间 t 产生一次刷新请求。

动态 MOS 存储器的刷新需要有硬件电路的支持，包括刷新计数器、刷新访存裁决、刷新控制逻辑等。这些线路可以集中在 RAM 存储控制器芯片中。

5.3.2　多个存储芯片的扩展

单个存储器的芯片的容量是有限的，它在字数或字长方面与实际存储器的要求都有很大差距，所以需要在字向和位向进行扩展才能满足需要。

1. 位扩展

位扩展指的是用多个存储器器件对字长进行扩充，字的数量不变，但每个字包含的二进制位数增加。位扩展相当于要增加一个大楼的总人数，可以增加房间内可居住的人数，而没有增加房间的数量。

图 5—10 给出了一个位扩展的实例，两个 16K×4 的存储芯片进行位扩展，字的个数仍然是 16K 个，保持不变，但每个字的位数由 4 位扩展为 8 位，因此总容量也扩

展为单个芯片的两倍，扩展后为 16K×8。

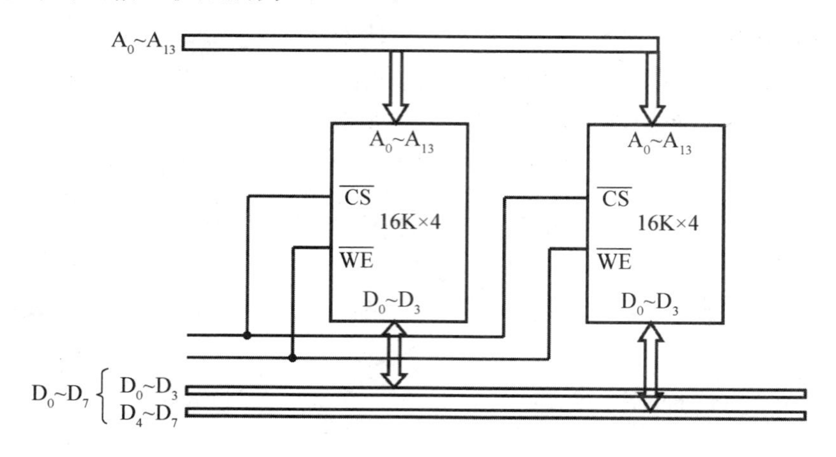

图 5—10　两个 16K×4 的存储芯片位扩展为 16K×8

位扩展的连接方式是将多片存储器的地址线、片选信号$\overline{CS}$、写能使端$\overline{WE}$相应并联，但多个芯片的数据端分别引出，合并为总的数据线（数据线位数增加）。每当访问存储器时，这两个芯片会同时工作或休息（由$\overline{CS}$决定），同时进行读或写（由$\overline{WE}$决定），地址线 A_0～A_{13}同时选中两个芯片的同一个 4 位长的字，这两个 4 位长的字合并起来，组成一个 8 位长的字，通过数据线 D_0～D_7输入或输出。

位扩展的特点为：

(1) 地址的总位数不变，总存储器字的数量不变。例如，芯片的地址线是 A_0～A_{13}，存储器的地址总线还是 A_0～A_{13}。

(2) 数据线的位数增加，增加的数量等于各芯片位数之和。例如，共两个芯片，每个芯片 4 位，总存储器的数据总线是 8 位。

2. 字扩展

字扩展指的是增加存储器中字的数量，而每个字的位数不变。字扩展相当于要增加一个大楼的总人数，可以增加房间数，而没有增加房间内的人数。

图 5—11 给出了一个字扩展的实例。四个 16K×8 的存储芯片字扩展为 64K×8，字的长度始终为 8，但是字的个数由 16K 增加到 64K，正好是 4 个芯片的总字数。

存储芯片进行字扩展时，将各芯片的地址线、数据线、读写控制线相应并联，而由多出来的地址线通过译码器生成片选信号来选择工作的芯片。也就是说，这四个芯片只有一个在工作，而其他三个芯片都处于休息状态，因为每个芯片都能独立提供完整的 8 位字长的字。这四个芯片可以理解为 4 座大楼，每个楼都有一些房间，每次需要一个房间时只需要选择 4 座楼中的一个即可，然后从中选择一个房间。地址线中的 A_0～A_{13}用来选择每个芯片内部的 16K 个字之一，相当于选择楼内的房间；而地址线

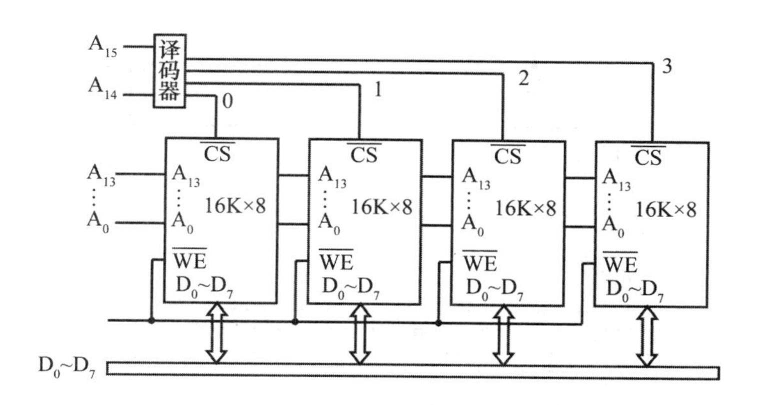

图 5—11　四个 16K×8 的存储芯片字扩展为 64K×8

中的最高两位 A_{14} 和 A_{15} 则可以通过译码器选择四个芯片之一，即相当于选择 4 座大楼之一。

实际上，各芯片有各自的地址范围，该例子中四个芯片的地址范围分别为 0～16K－1、16K～32K－1、32K～48K－1、48K～64K－1。如果用常见的 16 进制地址格式表示，则分别为 0x0000～0x3FFF、0x4000～0x7FFF、0x8000～0xBFFF、0xC000～0xFFFF（计算方法只需将 16K－1、16K、32K－1 等数字先表示为二进制数字，再转换为 16 进制数字即可）。

字扩展的特点为：

（1）地址的总位数增加，总存储器的字容量增加。总字容量等于各芯片的字容量乘以芯片个数。例如，芯片的字容量是 16K，4 个芯片，总存储器的字容量为4×16K＝64K。

（2）数据线的位数不变，总存储器的数据总线位数等于各芯片位数。例如，共 4 个芯片，每个芯片 8 位，总存储器的数据总线是 8 位。

3. 字位扩展

实际存储器往往需要在字向和位向同时扩展，因为单个存储芯片的字长和字的个数往往都不够。字位扩展相当于要增加一个大楼的总人数，可以同时增加房间数和增加房间内的人数。

一个存储器的容量为 $M\times N$ 位，若使用 $L\times K$ 位存储器芯片，那么这个存储器共需要 $M/L\times N/K$ 个存储器芯片。例如，图 5—12 给出了一个字位同时扩展的实例，存储芯片为 16K×4，目标存储器容量为 64K×8，则需要（64K/16K）×(8/4)＝8 个存储芯片。具体的连接方式为以上两种连接方式的综合，在位扩展方向需要由两个芯片扩充，因此每两个存储芯片为一组，首先两个芯片通过位扩展方式将字长扩展为 8 位，然后这四组芯片再通过字扩展方式进行连接。

字位扩展的特点为：

（1）地址的总位数增加，总存储器的字容量增加。总字容量等于各芯片字容量乘

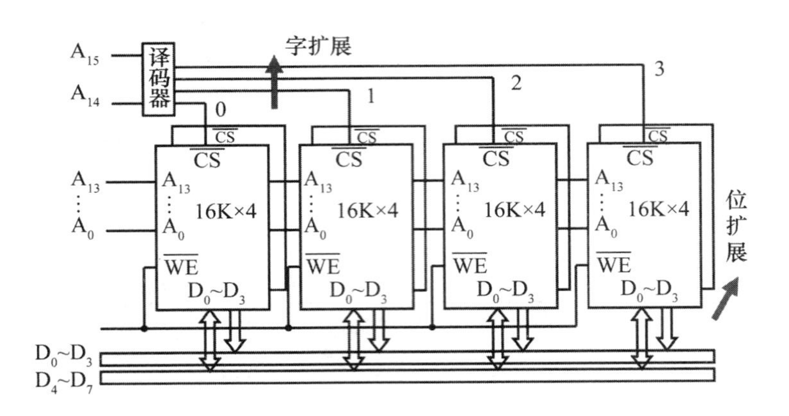

图 5—12　八个 16K×4 的存储芯片字位扩展为 64K×8

以芯片组数（位扩展）。例如，芯片的字容量是 16K，4 组芯片，则总存储器的字容量为 4×16K=64K。

（2）数据线的位数增加，增加的数量等于用于位扩展的芯片位数之和。例如，每个芯片 4 位，2 个芯片用于位扩展，总存储器的数据总线是 2×4=8 位。

5.4　存储系统的层次结构

存储器是现代计算机的重要组成部分，如前所述，计算机实际需要一个简单的、扁平式的存储器。当然，人们希望内存足够大，以便能装下更多程序和数据；也希望内存非常快，更接近 CPU 的运算速度，防止 CPU 空转浪费计算能力。那么几十年来主流存储器的容量和访问速度的发展趋势如何呢?

从 1980 年以来，SRAM 技术的成本和性能基本上是以相同的速度改善的。其访问时间下降了大约 200 倍，每 MB 的成本下降了约 300 倍。而 DRAM 和磁盘的变化更大，也更不一致。DRAM 每 MB 的成本下降了 13 万倍，而 DRAM 的访问时间只下降了大约 10 倍。磁盘技术和 DRAM 有相同的趋势，但更为明显。自 1980 年以来，磁盘的每 MB 成本暴跌了 100 万倍，但是访问速度提高很少，只有 30 倍左右。这些数据表明，在存储器领域，增加存储密度以降低成本比减少访问时间更容易做到或者更为重要，是主流存储器产品的首要目标。但同时也使存储器的访问速度与 CPU 运算速度的差异越来越大。

这就说明存储器容量增长的目标完成得比较好，但访问速度方面就无法满足要求了，如果不做改进，人们就只能忍受大而慢的内存拖慢计算机的运算了。但实际的计算机并不是这样，计算机存储领域通过建立一个类似金字塔的层次结构成功地解决了这一问题，而这一切的基础正是普遍存在的局部性原理。

5.4.1　局部性原理

局部性原理是普遍存在的，不仅仅是在计算机内部，在日常生活中也是如此。例如，全世界艺术作品和艺术家有很多，但受到人们广泛关注的非常少，这可以从优酷等视频网站的点播量、微博的粉丝数等很多方面观察到。我们可以通过下面这个例子来进一步理解局部性原理。

假如你要去图书馆查找计算机发展历史方面的书籍用来撰写课程论文。在图书馆的无数图书中，你可能不会去逐一浏览，而是选择计算机分类数据上的相关图书。如果你找到一本讲述第一台电子计算机 ENIAC 的图书，那么你很可能会关注这个书架的其他图书，因为它们很可能也有你所关注的内容，而图书馆中的其他绝大部分图书则很少会用到。也就是说，你不会以相同的概率查阅图书馆中的所有图书，而是大概率访问其中极少数的一部分，这个现象可以称为“空间局部性”。

另外，你在图书馆读书的时间可能集中在提交论文前的几天内，而不是一个学期中的每一天都有相同的概率去图书馆，这可以称为“时间局部性”。

局部性原理说明：在任一瞬间，程序只访问地址空间中的一小部分。具体可以分为时间局部性和空间局部性两种。

时间局部性：如果一个数据项被引用，那么在不久的将来它很可能再次被引用。就像你刚刚拿起桌面上的一本书查阅，那么很有可能你很快会再次用到它。

空间局部性：如果某个数据项被引用，那么与它地址临近的数据项很可能很快被引用。就像你从书架上选择一本图书，那么同书架的其他图书很可能也有用。

计算机领域的大量统计工作证实了局部性原理是普遍存在的，而且对于程序数据和程序指令都成立。

1. 对程序数据访问的局部性

考虑下面一个对一个向量元素求和的简单程序。我们观察一下这个程序是否有良好的局部性。

```
int sum(int v[N]) {
    int i, sum=0;
    for (i=0;i<N;i++)
        sum+=v[i];
    return sum;
}
```

这个程序中频繁访问的数据变量主要有两个：一是数据 v，二是存放和的局部变量 sum。对于 v 来说，它有 8 个元素，在内存中按如下方式顺序排列。程序访问 v 的元素是按顺序一个接一个地读取的，因此空间局部性很好，但是由于每个元素只访问一次，因此没有时间局部性。

地址：	0	4	8	12	16	20	24	28
内容：	v_0	v_1	v_2	v_3	v_4	v_5	v_6	v_7
访问顺序：	1	2	3	4	5	6	7	8

对于变量 sum 来说，每次访问 v[i] 后，都会累加到 sum 中，因此具有很好的时间局部性；另外，由于 sum 就是孤立的一个变量，没有空间局部性，因此这段程序中的变量 v 和 sum，要么有很好的空间局部性，要么有很好的时间局部性，因而这段程序的数据访问具有很好的局部性。

2. 对程序指令访问的局部性

程序的指令是以二进制机器语言的形式连续存放于内存中的代码区域，除了转移指令、子过程调用等情况外，其他情况下计算机都是一条一条连续读取和执行指令，即指令访问一般具有很好的空间局部性。而转移指令也经常有局部性，例如常用的循环就有很好的空间局部性；而且由于循环体会被反复执行很多次，所以也有很好的时间局部性。

5.4.2 存储器的金字塔结构

局部性原理说明，无论是数据还是指令，CPU 并不是以相等的概率均匀访问内存空间的每一个位置，而是有很少的一部分数据会有很大的被访问概率。虽然大容量内存的访问速度比 CPU 慢很多，但如果将这些大概率访问的少量数据放置在容量小但访问速度更快的快速存储设备中，那么存储系统整体的性能会得到极大的提升。

举例来说明，假设 DRAM 内存的访问速度是 50ns，而 SRAM 的访问速度是 1ns。现在用小容量的 SRAM 来缓存 DRAM 中访问概率最高的少量数据，假设 SRAM 缓存了 1%的数据，但是这 1%数据的访问占到所有 DRAM 数据的 60%，那么访问速度的提升可以这样来计算：

纯 DRAM 内存的访问速度就是 50ns；

(DRAM 内存+SRAM 缓存)的访问速度=60%×1ns+(1−60%)×50ns=20.6ns；

速度提升倍数为 50ns/20.6ns=2.43。

实际的计算机正是基于这样的技术，只需增加少量快速设备就能明显提升 CPU 访问数据的平均速度（上述例子用 1%容量的 SRAM 就能将访问速度提升至 2.43 倍）。当然，实际的情况更为复杂，计算机采用了更多层次的存储设备，组成了一个类似金字塔的结构，越靠上面（接近 CPU）的存储设备速度越快，但由于成本高，配备的容量也越小；越靠下面（远离 CPU）的存储设备速度越慢，但容量也越大。如图 5—13 所示。

首先，CPU 一般直接访问寄存器，寄存器由触发器构成，访问速度最接近于

CPU 的运算速度。其次，一般计算机中有 2～3 级高速缓存，一般由 SRAM 组成，但下层的高速缓存容量更大，速度稍慢；而上层的高速缓存速度更快，但容量较小。然后，DRAM 构成主存，以及本地存储（一般由磁盘或固态硬盘组成）。服务器可能还配备了二级存储，利用分布式文件系统、Web 服务器，甚至磁带、光盘等设备进行备份等工作。

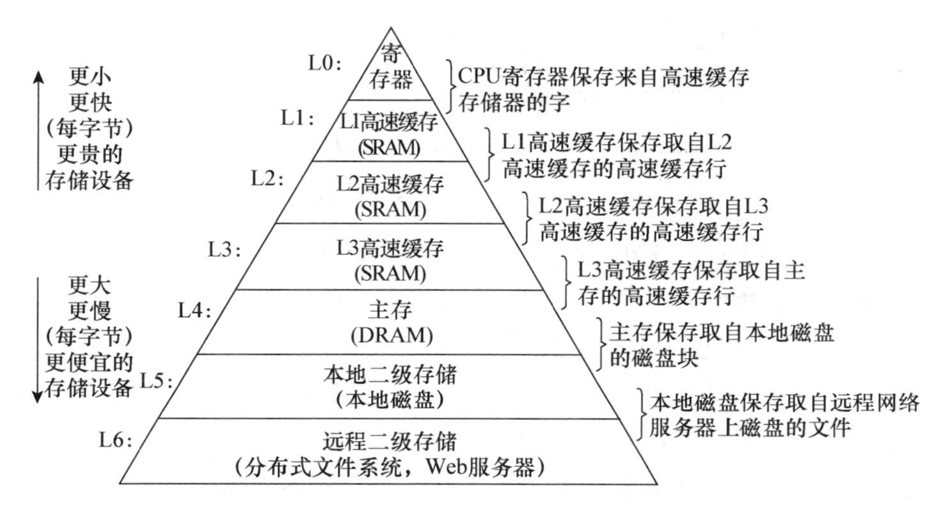

图 5—13　类似金字塔的存储层次结构

在这个类似金字塔的存储层次结构中，上一层永远是下一层的缓存，利用局部性原理缓存访问概率最高的那一小部分数据。因此，整个存储"金字塔"的访问速度接近于上层的快速设备，但支持的存储容量是由最下层的大容量存储决定的，可以说兼顾二者的优势，而且成本增加并不多，因此目前被各种计算机系统普遍采用。

5.4.3　缓存行为和命中率

存储器层次结构的中心思想是，对于每个 k，位于 k 层的更快、更小的存储设备作为第 $k+1$ 层的更大、更慢的存储设备的缓存。一般而言，为了使缓存的管理更为简单和高效，所有的数据都按照固定的大小进行划分和缓存，按这个标准大小划分后的数据可称为缓存块（block）。图 5—14 给出了一个示例，第 $k+1$ 层存储器被划分为 16 个大小固定的块，编号为 0～15。

类似的，第 k 层的存储器的空间更小，被划为更少的块的集合，每个块的大小与第 $k+1$ 层一致。注意，在任何时刻，第 k 层的缓存包含第 $k+1$ 层块的一个子集（两层的数据可能会不一致，比如用户对某数据块的更新会写入第 k 层，但暂时没有更新第 $k+1$ 层，这时第 k 层的数据块比第 $k+1$ 层的更新）。在本例子中，第 k 层包括块 3、15、7 和 5 的拷贝。

数据总是以块的大小为传送单元在第 k 层和第 $k+1$ 层之间来回拷贝，即使程序访

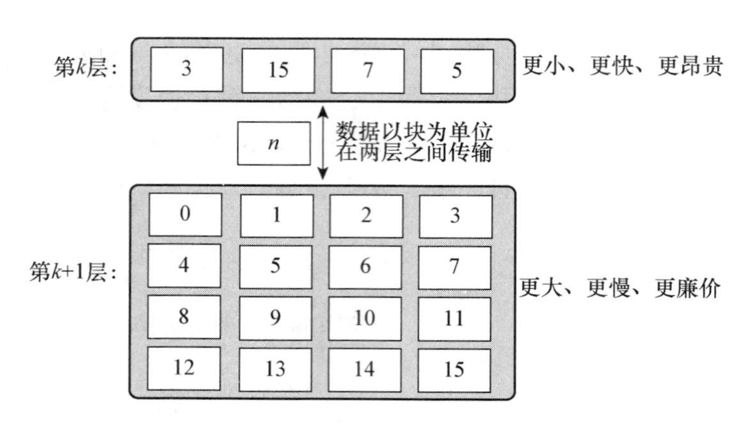

图 5—14　存储器层次结构中基本的缓存原理

问的数据量远小于一个块的大小，也需要一次性从下层读出一个块大小放入上层存储器，然后再给程序提供它所需要的大小。注意，存储层次结构中相邻的两层之间的块大小定义是一样的，但是不相邻的层的块大小则未必相同。例如，图 5—13 中 L1 和 L0 之间的传送单位往往是 1 个字，L2 和 L1 之间（以及 L3 和 L2 之间、L4 和 L3 之间）通常是 8～16 个字的块，而 L5 和 L4 之间的传送大小通常为几百或几千字的块。通常，层次结构中较低层（距离 CPU 较远）的存储设备速度较慢，因此为了补偿这些较长的访问时间，需要尽可能少地访问这些慢速设备，倾向于使用较大的块。

访问缓存一般会导致以下两种可能：

（1）缓存命中。

当程序需要访问第 $k+1$ 层中的某个数据块 b 时，会首先在第 k 层中查找，如果 b 刚好在第 k 层中，则程序可以从相对快速的第 k 层存储设备中读取。

（2）缓存不命中。

如果第 k 层中没有块 b，那么只能从第 $k+1$ 层中读取 b 来提供给程序。同时，如果第 k 层允许写入，那么会将 b 同时写入第 k 层，因为块 b 刚刚被访问过，参考时间局部性，b 在未来很短的一段时间内很可能被再次访问，那时会缓存命中，加快访问速度。

在块 b 写入第 k 层时，如果第 k 层还没有满，那么会写入其中一个空白位置；如果第 k 层已经满了，那么需要选择一个未来最不可能被访问的数据块，将其覆盖为块 b，这个过程称为缓存替换，这个过程被称为替换（replacing）或驱逐（evicting）这个块 b，块 b 也被称为牺牲块（victim）。选择什么样的数据块被替换的策略被称为缓存替换策略/算法，对系统性能影响很大。这个领域有很多研究工作和经典的方法，最常见的是最近最少访问（least recently used，LRU）替换策略，LRU 会选择最后被访问时间距现在最远的那个数据块进行替换。

优秀的缓存替换策略会使程序的所有请求中缓存命中的比例（即缓存命中率）更高，从而得到更高的性能，缓存领域经常使用“缓存命中率”来定量衡量缓存替换策略的优劣。例如，请求总数为 R，缓存命中数为 H，则缓存不命中的请求数为 $R-H$，缓存命中率为 H/R。

值得注意的是，对于多个层次的存储系统，缓存命中率的计算略为复杂。假设存储一共有 3 个层次，前两个层次为缓存；请求总数为 R，第 0 层的缓存命中数为 H_0，第 1 层的缓存命中数为 H_1，则：

第 0 层缓存命中率为 H_0/R；

第 1 层缓存命中率为 $H_1/(R-H_0)$；

整个存储系统的缓存命中率为 $(H_0+H_1)/R$。

具体来说，如果 $R=10$，$H_0=8$，$H_1=1$，则第 0 层的缓存命中率为 80%，第 1 层的缓存命中率为 50%，整体的缓存命中率为 90%。

除了缓存命中率，平均访存时间也是评价层次存储性能的一个重要指标，平均访存时间的计算公式如下所示：

平均访存时间＝命中时间＋(1－缓存命中率)×失效开销

其中，命中时间指从快速的上层中访问数据所消耗的时间，而失效开销指从下层存储器中访问数据所消耗的时间。

5.5　高速缓存（Cache）

高速缓存 Cache 这个词来源于法语，它的含义是一个隐秘的、保存贵重物品的处所。因此这个空间不以大见长，计算机中使用 Cache 这个词，就是取用其隐秘和微小的含义。隐秘指 Cache 空间一般对于软件是“透明”的，完全由硬件实现，高级语言程序和汇编程序员都看不到且也操作不了这个空间；微小指相对于内存空间，Cache 的容量的确小很多，当然速度要明显高于内存。

在设计高速缓存时，主要需要考虑以下四个重要的问题：

（1）当把一个块调入高一层（靠近 CPU）的存储器时，哪些位置是允许写入的？

这个问题涉及高速缓存中非常重要的“映像规则”，将在下面详细阐述。

（2）当所要访问的块在高一层存储器中时，如何判定是否命中，以及快速找到该数据块？

一般来说，最简单的查找策略是遍历查找，一般适合缓存空间不大的情况，但当缓存空间较大时，这种方法的查找速度较慢。高级的查找策略包括哈希表、bloom filter 等，具体内容超出了本书的介绍范围。

（3）当发生缓存不命中时，应替换缓存中的哪一个数据块？

这个问题涉及前文介绍的缓存替换策略。最简单的访问为先进先出算法 FIFO，此外最基本和常用的方法包括前面介绍的 LRU，以及最少使用策略 LFU，LFU 总选择高速缓存中访问次数最少的数据块进行替换。很多高级的缓存策略都是将 LRU 和 LFU 两种方法进行一定方式的综合而形成的，能够取得更高的缓存命中率。

（4）当进行写访问时，数据会先写入高一层的缓存中，那么这份数据什么时候写入下一层？

这个问题涉及高速缓存的写策略，将在后面介绍。

1. 映像规则

高速缓存的映像规则主要包括全相连映像、直接映像和组相连映像。

（1）全相连映像。

全相连映像指第 $k+1$ 层中的每一个数据块都可以被放置到第 k 层缓存中的任意一个位置。这相当于大家去图书馆阅览室，你可以随便坐任何一个座位。如图 5—15 所示，当主存中的块 9 需要进入上层缓存时，它可以被写入缓存中的任意一个位置。

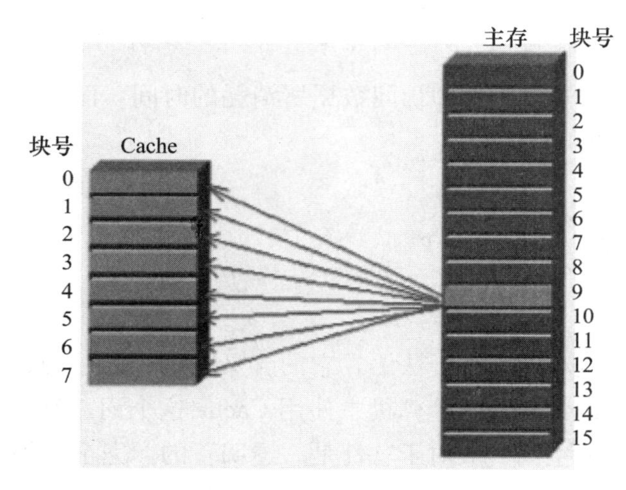

图 5—15　全相连映像举例

这种方法的空间利用率最高，块冲突的概率最低，只要全局有空位，就可以利用起来放置新进入的数据块。而且，当进行缓存替换时，可以选择整个第 k 层中最差的一个进行替换，这样有助于保持较高的缓存命中率，因此全相连映像是这几种方式中性能最好的一种；但是其实现复杂度较高，而且高速缓存的全过程一般都由硬件控制和实现，因此很多系统没有实现这种复杂的全相连映像方式，而是选择更简单的直接映像和组相连映像方式。

（2）直接映像。

直接映像是指第 $k+1$ 层中的每一块只能被放置到第 k 层缓存中唯一的一个位置。相当于去图书馆阅览室时，每个人都分配了一个座位号，你只能去坐这个座位。如果图书馆有 1 000 个座位，但一共有 5 000 个学生，每个学生都分配唯一的一个座位号，那么实际上每个座位是被 5 个学生共享的。如果共享某座位的 5 个学生中有两个或两个以上同时来到阅览室，就会发生冲突和竞争，只有其中一个人能坐到这个座位上；这时即使其他的座位都是空着的，这些人也不能去占用。

图 5—16 给出了另一个实际的例子，假设主存有 16 个块，缓存有 8 个块，那么按照顺序进行循环分配，主存中的每个块都对应缓存中唯一的一个位置：主存中的 0～7 号分别对应缓存中的 0～7 号；主存中的 8～15 号也分别对应缓冲中的 0～7 号。

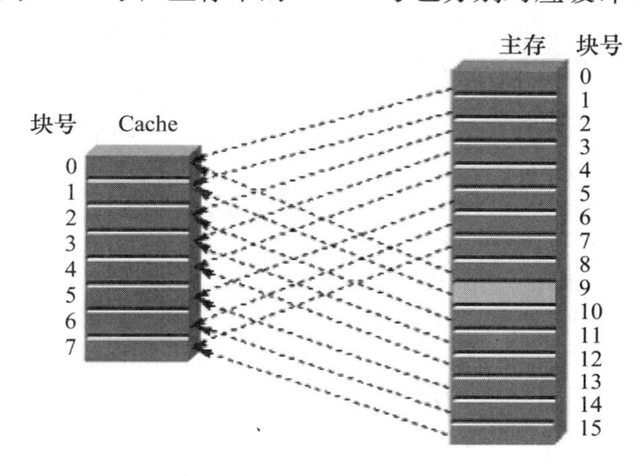

图 5—16　直接映像举例

直接映像的空间利用率最低，冲突概率最高；而且进行缓存替换时，也只能替换新写入块所分配的那个缓存位置上的原有数据块，即使这个数据块的局部性很好，也必须替换掉，因此直接映像的缓存命中率是最低的。但这种方法最大的优势是简单，实现方便，因此在很多系统中也有广泛的使用。

量化的映像规则为：对于主存的第 i 块，若它映像到 Cache 的第 j 块，则：

$j = i \bmod (M)$　（M 为 Cache 的块数）

设 $M=2^m$，则当表示为二进制数时，j 实际上就是 i 的低 m 位。

（3）组相连映像。

组相连映像是指第 $k+1$ 层中的每一块可以被放置到第 k 层中唯一的一个组中的任何一个位置。图 5—17 给出了一个组相连映像的实例：Cache 有 8 个块，分为 4 组，每两个块为一组；主存有 16 个块，从块 0 开始，仍然采用循环分配的方式，每个块依次被分配到缓存的组 0、1、2、3 上。这样，主存中的块 0、4、8、12 这四个块共享缓存的组 0（即缓存的块 0 和块 1）；在进行缓存替换时，主存中块 0、4、8、12 同时最多能有两个块存储在高速缓存中。主存中其他的块也符合类似的规律。

组相连映像是直接映像和全相连的一种折中，它的复杂度和性能都介于这两者之间，而且可以通过调节组的大小，在复杂度和性能这两个指标之间找到合适的平衡点。组的选择常采用位选择算法。

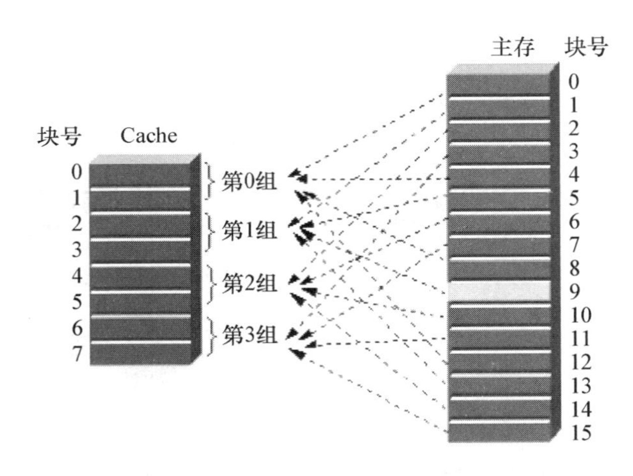

图 5—17 组相连映像举例

若主存第 i 块映像到第 k 组，则：

$k=i\ \mathrm{mod}(G)$ （G 为 Cache 的组数）

设 $G=2^g$，则当表示为二进制数时，k 实际上就是 i 的低 g 位，上述的 j 和 k 通常称为索引。

如果每个组中有 n 个块（$n=M/G$），则一般称为 n 路组相连，其中 n 为相连度。相连度越高，Cache 空间的利用率就越高，块冲突概率就越低，缓存命中率也就越高。如果 $n=M$，则组相连就演化为全相连；如果 $n=1$，那么组相连就变为直接映像，如表 5—1 所示。绝大多数计算机的高速缓存都设置 $n\leqslant 4$ 来保持较低的复杂度。

表 5—3　　组相连映像和全相连映像、直接映像的关系

	n（路数）	G（组数）
全相连映像	M	1
直接映像	1	M
组相连映像	$1<n<M$	$1<G<M$

2. 写策略

读操作和写操作对缓存的影响是不同的，读操作不会改变数据的内容，所以任何一层存储设备中的数据都是一致的；而写操作为了达到更快的访问速度，一般会先写入快速的上层缓存，而将新版本数据从上层缓存写回下层存储设备的策略，被称为写策略。一般来说，典型的写策略有写直达（write through）和写回（write back）两种。

（1）写直达。

写直达是指在执行写操作时，不仅把数据写入上层缓存，也同时写入下一级存储器中相应的块。写直达方法是一种简单直接的写策略，它能保证上层缓存和下层存储器的数据始终保持一致；但是由于写入下层存储器的速度较慢，因此写直达策略的性能一般较差。

（2）写回。

写回策略只把数据写入上层缓存中相应的块，而不同时写入下层存储器。这时两层存储中这个数据块出现了不一致，上层数据块的版本比下层更新，因此会在上层缓存中将这个数据块标记为“脏”（dirty）块。脏块在被其他块替换掉时，不能直接丢弃，这时要写入下层存储器。

写回策略每次写入操作只需要写入快速的上层缓存，因此响应时间很短，性能较好。由于局部性的普遍存在，脏块很可能在未来短时间内被再次写入，因此脏块可能会在上层缓存中停留较长时间，“吸收”较多次的写入操作，脏块被替换写入下层存储器的数量很可能远远小于程序的写入请求数，因此写回策略的性能一般明显高于写直达策略。但是写回策略中，上下层之间不能一直保持数据一致，有丢失新版本数据的风险（例如，断电）。

例 5—1　假设 Cache 的命中时间为 1 个时钟周期，失效开销为 50 个时钟周期，在混合 Cache（指既缓存指令，又缓存数据）中一次 load 或 store 操作访问 Cache 的命中时间都要增加一个时钟周期（因为混合 Cache 只有一个端口，无法同时满足两个请求）。约 75%的访存为取指令，25%为取数据。根据表 5—4 所列的缓存失效率（不命中率），试问指令 Cache 和数据 Cache 容量均为 16KB 的分离 Cache 与容量为 32KB 的混合 Cache 相比，哪种 Cache 的失效率更低？请问上述两种情况下平均访存时间各是多少？

表 5—4　　**缓冲失效率（不命中率）**

容量	指令 Cache	数据 Cache	混合 Cache
1KB	3.06%	24.61%	13.34%
2KB	2.26%	20.57%	9.78%
4KB	1.78%	15.94%	7.24%
8KB	1.10%	10.19%	4.57%
16KB	0.64%	6.47%	2.87%
32KB	0.39%	4.82%	1.99%
64KB	0.15%	3.77%	1.36%
128KB	0.02%	2.88%	0.95%

解：

（1）约 75%的访存为取指令。因此，分离 Cache 的总体失效率为：

$$(75\% \times 0.64\%) + (25\% \times 6.47\%) = 2.10\%$$

根据表 5—4，容量为 32KB 的混合 Cache 的失效率略低一些，只有 1.99%。

（2）平均访存时间公式可以分为指令访问和数据访问两部分：

平均访存时间＝指令所占的百分比×(指令命中时间＋指令失效率×失效开销)
＋数据所占的百分比×(数据命中时间＋数据失效率×失效开销)

所以，两种结构的平均访存时间分别为：

$$平均访存时间_{分离}=75\%\times(1+0.64\%\times50)+25\%\times(1+6.47\%\times50)$$
$$=75\%\times1.32+25\%\times4.235$$
$$=0.990+1.059=2.05(时钟周期)$$

$$平均访存时间_{混合}=75\%\times(1+1.99\%\times50)+25\%\times(1+1+1.99\%\times50)$$
$$=75\%\times1.995+25\%\times2.995$$
$$=1.496+0.749=2.245(时钟周期)$$

第五章习题

1. 一个存储器的容量为 128MB，以字节为单位进行编址，至少需要多少位地址？请用 16 进制形式写出地址范围。

2. 有一个 512K×16 的存储器，由 64K×1 的 2164RAM（芯片内是 4 个 128×128 结构），请问：

（1）总共需要多少个 RAM 芯片？

（2）采用分散刷新方式，单元刷新间隔不超过 2ms，则刷新信号的周期是多少？

3. 某机器中，已知 ROM 区域的地址空间为 0000H…1FFFH，现在再用 RAM 芯片（8K×4）形成一个 16K×8 的 RAM 区域，起始地址为 2000H，假设 RAM 有 CS＃ 和 WE＃ 控制端。CPU 地址总线为 A15…A0，数据总线为 D7…D0，控制信号为 R/W＃，MREQ＃，要求画出存储区域的逻辑图。

第六章

CPU 工作原理

本章介绍了CPU的发展历史、基本组成和工作原理，介绍了CPU控制器工作时序的基本概念以及控制器的基本组成，通过典型指令执行过程的分析，详细描述了指令执行的机器周期的分解、每个机器周期中的基本操作的形成，可以很好地了解CPU的工作过程。根据CPU控制器中控制信号产生部件实现方法的不同，CPU的实现技术可以分为硬布线逻辑和微程序实现技术。本章还介绍了硬布线的实现技术、微程序实现技术的原理，CPU实现的流水线技术和高级流水线技术，最后介绍了CPU的多核技术。

6.1　CPU 的基本概念

CPU（central processing unit，中央处理器）、主存储器和 I/O（输入/输出）设备是计算机的三大核心部件。本节介绍了 CPU 的发展历史、分立晶体管和集成电路 CPU、微处理器、CPU 的基本组成与简单工作原理。

6.1.1　CPU 的发展历史

20 世纪 70 年代以前，CPU 是由多个独立单元构成的，后来出现了由集成电路制造的 CPU。早期的中央处理器通常是为大型及特定应用的计算机而定制的。随着时间的推移，人们发现采用开发便宜、标准化、适用于一个或多个目的的处理器更加合算。这个标准化趋势随着“集成电路”的出现而加速。CPU 的标准化和小型化都使得许多数字设备在现代生活中的普及远远超过应用有限的专用计算机。现代微处理器出现在包括从汽车、手机、家电、儿童玩具等在内的各种商品中。

6.1.2　分立晶体管与集成电路 CPU

由于许多厂家参与更小更可靠的电子装置，使得 CPU 变得越来越复杂。晶体管的出现是 CPU 的第一个飞跃式的进步。20 世纪 50 年代到 60 年代的晶体管 CPU 不再采用体积庞大、不可靠及易碎的开关组件（例如，继电器与真空管）来制造。更复杂和可靠的 CPU 便被制造在一个或多个包含分立（离散）组件的印刷电路板上。

在此时期，集成电路（IC）技术的出现可以将大量的晶体管集中在一小块半导体片，或芯片（chip）上。刚开始只有非常基本、非特定用途的数字电路小型化到 IC 上（例如，NOR 逻辑门）。以这些预装式 IC 为基础的 CPU 称为小规模集成电路（SSI）装置。SSI 通常包含数十个晶体管。以 SSI 建构整个 CPU 需要数千个独立的芯片，但与之前的分立晶体管设计相比，可节省可观的空间与功耗。随着微电子科技的进步，IC 上的晶体管数量越来越大，因此减少了建构一个完整 CPU 需要的独立 IC 数量。“中规模集成电路”（MSI）与“大规模集成电路”（LSI）将内含的晶体管数量增加到成千上万。

1964 年 IBM 推出了 System/360 计算机架构，此架构让一系列速度与性能不同的 IBM 计算机可以运行相同的程序。这是一项创举，因为当时的计算机大多互不兼容，甚至同一家厂商制造的也是如此。为了实践此项创举，IBM 提出了微程序概念，此概念依然广泛使用在现代 CPU 上。System/360 架构非常成功，因此支配了大型计算机数十年之久，并留下一系列使用相似架构，名为 IBM zSeries 的现代主机产品。同一年（1964年），DEC推出了另一个深具影响力且瞄准科学与研究市场的计算机，名为PDP-8。DEC稍后推出了非常有名的PDP-11，此产品原计划以SSI IC构组，但在LSI技术成熟后改为LSI IC。与之前SSI和MSI的祖先相比，PDP-11的第一个LSI产品包含一个只用了4个LSI IC的CPU。

晶体管计算机有许多前一代产品没有的优点。除了可靠性与低耗电量之外，由于晶体管的状态转换时间比继电器和真空管短得多，CPU也就拥有更快的速度。得益于可靠性的提升和晶体管转换器切换时间的缩短，CPU的时钟频率在此期间达到十几百万赫兹。另外，由于分立晶体管与集成电路CPU的使用量大增，新的高性能设计（例如，SIMD（单指令多数据）、矢量处理机）开始出现。这些早期的实验性设计，刺激了之后超级计算机的崛起。

6.1.3 微处理器

微处理器自20世纪70年代问世之后便大大影响了CPU的设计与制造。自1971年第一款微处理器Intel 4004与1974年第一款广泛使用的Intel 8080问世以来，这种类型的CPU几乎完全取代了其他CPU。当时的大型机与微型计算机行业开发了专用IC的设计以改进它们的旧计算机结构，最终推出可以向下兼容它们的旧硬件与软件的指令集，与当时刚发展并在之后普及大众的个人计算机相结合。“CPU”这个词现在几乎等同于微处理器。图6—1展示了各代微处理器。

Intel 4004

Intel 8086

Intel Pentium

图6—1 各代微处理器

前几代的CPU制造是在一或多个电路板上放置几个分散的组件与数量众多的小IC。而微处理器则是制作成几个少量的IC，通常是一个。由于物理因素，例如降低寄生电容的门槛值，此种单芯片的小尺寸CPU设计让它有更快的反应能力。这使得同步微处理器拥有数十兆赫到数百万兆赫的执行频率。另外，由于在一个IC放置小型晶体管的技术持续进步，在单个CPU上的晶体管数量与复杂度都在大大地增加。摩尔定律成功预言了CPU与其他IC的复杂度与时俱增的性质。CPU的复杂度、尺寸、结构与形态随着时间向前发展并且有了很大的改变，但它的基本设计与功能并没有太大改变。当今所有普通的CPU都几乎遵循冯·诺依曼体系结构。

6.1.4　CPU 的组成

CPU 中的两个主要部件是：ALU（arithmetic logic unit），完成算术和逻辑运算；CU（control unit），从存储器中取出指令、译码和执行指令。为了完成指令的执行流程，还需要其他部件的支持，分别是：数据通路、程序计数器（PC）、指令寄存器（IR）、操作码译码器、时钟源、状态和周期信号、启停控制部件、控制信号产生部件等。

6.1.5　CPU 的工作原理

CPU 的主要工作原理是执行储存于存储器中的二进制代码——被称为程序的一系列指令。在此讨论的是遵循普遍的冯·诺依曼结构设计的 CPU。程序以一系列二进制数字储存在计算机存储器中。不同的计算机系统的 CPU 在设计的过程中一条指令的执行所占用的机器周期数是不同的。但一般的 CPU 执行指令通常包含以下四个阶段：

第一阶段，提取指令（fetch）。

从程序存储器中提取指令，指令的地址由程序计数器（PC）指定，程序计数器保存当前指令的地址，或者下一条要执行指令的地址。换言之，程序计数器记录了 CPU 在目前程序里的踪迹。提取指令之后，PC 的值会根据指令的长度增加存储器的单元数。

第二阶段，指令译码（decode）。

CPU 根据从存储器提取到的指令来决定其执行行为。在译码阶段，指令分解为几个有意义的域，一般是操作码和地址码。操作码指示 CPU 要进行哪些运算。地址码提供运算对象的信息。根据 CPU 的寻址方式子域的内容，可以对地址码域的内容按照寻址方式的要求予以解释，这样的运算对象也许提供一个常数值（即立即值），或者一个寄存器的编号（地址）或存储器地址，这由寻址方式决定。

第三阶段，执行阶段（execute）。

该阶段中，连接到各种所需运算的 CPU 部件协同完成运算。例如，要求一个加法运算，算术逻辑单元将会连接到一组输入和一组输出。输入提供了要相加的数值，而输出将包含运算结果。ALU 包含的逻辑电路完成简单的算术运算和逻辑运算（比如，加法和异或运算）。如果加法运算产生一个运算结果，运算结果的标志会保存在标志寄存器中，例如如果结果发生溢出，溢出标志被设置。

第四阶段，写回（write back）。

以一定格式将执行阶段的结果写回目标地址。运算结果通常被写进 CPU 内部的寄存器，以供随后指令快速访问。运算结果也可能写进速度较慢、容量较大且较便宜的主存。某些类型的指令会实现程序计数，而不直接产生结果数据。

在执行指令并写回结果数据之后，程序计数器的值会递增，然后，下一个指令周期正常地提取下一个顺序指令。如果完成的是跳转指令，程序计数器将会修改成跳转到的指令地址，然后程序继续正常执行。

6.2 CPU 控制器的时序

程序的执行是由一系列指令执行的序列组成的。每个指令执行的时间称为指令周期，由于每个指令执行的时间不同，所以不同指令的指令周期是不同的。

控制器执行指令的时序就是以同步控制的方式划分每个操作执行的时间片段的。通过对基本划分单位的确定，针对不同长度的指令周期，需要对该周期进行时间单位的分配。该原理和学校的上课时间的分配过程类似，每次上课的基本单位是一节课，这样便于分配和管理。针对每条指令的执行时间的分配也采用一个基本的分配单位。对于每个 CPU 的设计，基本单位的选择是不一样的，但一般均采用称为机器周期的基本单位。

CPU 在工作过程中需要和许多部件通信，包括 CPU 芯片内的部件，例如 ALU、PC、IR、寄存器组等，其中组合电路部件的延迟是最小的，而寄存器的延时较长一些，由于都在 CPU 内部操作，总的来说延时较小。但 CPU 和芯片外部的部件进行通信时，主要是与存储器和 IO 接口通信，操作所占用的时间较长。因此，一般选择较长延迟的存储器操作时间作为基本分配单位，即机器周期。一个指令周期是由多个机器周期组成的，不同的指令包含不同数量的机器周期。

6.2.1 CPU 控制器的时序信号组成

下面介绍 CPU 时序信号的一些基本概念。

1. 时钟频率（clock frequency）和时钟周期

CPU 的时钟速率一般由晶体振荡器（oscillator crystal）的频率决定，晶体振荡器产生固定频率的正弦波，通过电路转换为相同频率的方波。CPU 内的时钟分布网络（clock distribution network）将时钟信号传送到计算机的各个部件。

对于一款特定的 CPU，若更换为原频率一半的晶体会使 CPU 运行性能减半，但是减少了 CPU 的功耗。因此，有人通过更换较高频率的晶体实现 CPU 性能的提高，称为 CPU 超频（overclocking），但超频受到最高频率和温度过高的限制。

时钟周期也称为振荡周期，定义为时钟脉冲的倒数（例如，12M 的晶振，它的时间周期就是 1/12 μs），是计算机中最基本的、最小的时间单位。在一个时钟周期内，CPU 仅完成一个最基本的动作。时钟脉冲是计算机的基本工作脉冲，它控制着计算机的工作节奏（使计算机的每一步都统一到它的步调上来）。显然，对同一种机型的计算机，时钟频率越高，计算机的工作速度就越快。

2. 机器周期（machine cycle）

在 CPU 设计中，为了便于管理，常把一条指令的执行过程划分为若干个阶段，每一阶段完成一项工作。例如，取指令、存储器读、存储器写等，每一项工作称为一个基本操作。完成一个基本操作所需要的时间称为机器周期。一般情况下，一个机器周期由若干个 T 周期（状态周期）组成。

3. 指令周期（instruction cycle）

执行一条指令所需要的时间，一般由若干个机器周期组成。指令不同，所需的机器周期也不同。对于一些简单的指令，在取指令周期中，指令取出到指令寄存器后，立即译码执行，不再需要其他的机器周期。对于一些比较复杂的指令，例如转移指令、乘法指令，则需要两个或者两个以上的机器周期。通常只包含一个机器周期的指令称为单周期指令，包含两个或两个以上机器周期的指令称为多周期指令。

4. 指令周期、机器周期和时钟周期的关系

一个指令周期由若干机器周期组成，一个机器周期由若干状态组成，每个状态由时钟周期组成。组成形式类似：一天 24 小时，1 小时 60 分，1 分 60 秒。如果将秒看成时钟周期，则状态周期和分对应，机器周期和小时对应，指令周期和天对应。

6.2.2 信号的产生电路

下面介绍如何通过基本的工作时钟，通过电路产生状态、机器周期控制信号。设 CPU 的主时钟信号为 CLK2，一次分频之后的时钟为 CLK，产生状态的时钟为 CP-T（状态产生时钟）。状态产生脉冲 CP-T 产生状态信号 T1、T2，经周期信号产生逻辑得到周期产生时钟信号 CP-C。如果某指令执行产生 2 个工作周期，可采用图 6—3 所示的周期产生电路。因此，CPU 所产生的时序图如图 6—2 所示，完成上述时序分配的逻辑电路如图 6—3 所示。

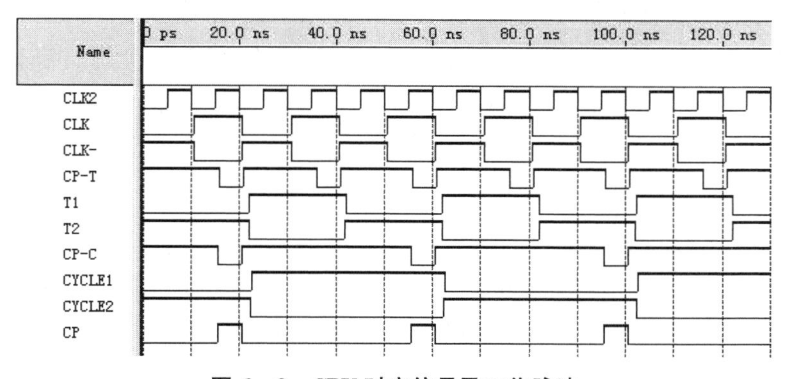

图 6—2　CPU 时序信号及工作脉冲

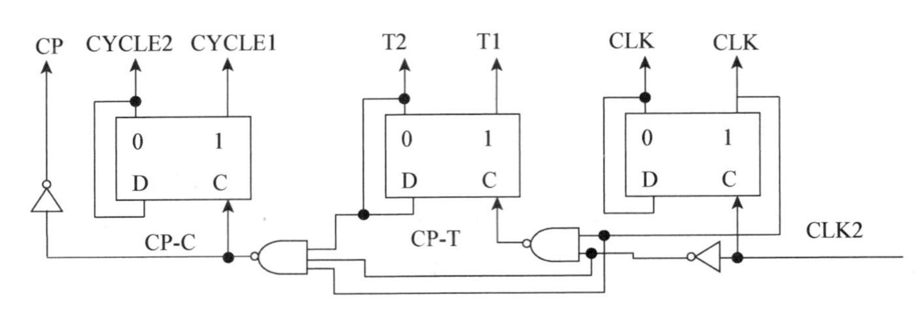

图 6—3 CPU 控制信号产生电路

6.3 CPU 控制器的工作原理

控制器的工作过程就是执行指令的过程。上一节重点介绍了控制器的时序，本节介绍控制器的工作原理。首先，介绍两个重要的部件：通用寄存器和数据通路，然后，通过指令执行的例子介绍输出电平和输入脉冲的概念以及执行指令的原理。

6.3.1 通用寄存器

CPU 的内部数据（包括系统相关的数据和用户的数据）均采用寄存器保存。CPU 中设置通用寄存器是为了保存临时数据，一般的 CPU 会设置多个通用寄存器，为了便于管理，一般把这些通用寄存器放在一起，统称为 GR（general registers）。

GR 是将若干个寄存器放在一起管理，管理方法和存储器相同，即采用地址编码的方法。假如 GR 中寄存器的个数为 8，则需要寄存器的编号（地址）位数是 3。于是，000，001，…，111 分别表示寄存器 r0，r1，…，r7。同时，为了提高操作的效率，一般采用双输出总线的结构（主要是为了配合 ALU 的双输入端）。因此，GR 可以一次实现 2 个寄存器的同时输出，但一次只能实现 1 个寄存器的输入。为了实现上述功能，需要 2 个寄存器地址输入，一个为源寄存器（也作为目的寄存器）地址，用符号 rs/rd 表示；另一个为源寄存器，用符号 rs1 表示。GR 有 2 个数据输出总线，用 GR-OUT1 和 GR-OUT2 表示；1 个数据输入总线，用 GR-IN 表示。而寄存器的输入数据会通过 GR-IN 传递到每个寄存器的数据输入端。但是，在 rd→GR 经过译码器后，产生对寄存器打入脉冲 CP-GR（简写为 CP）时，只有一个寄存器的输入控制信号有效，使得输入数据进入 rd 指定的寄存器中，工作原理如图 6—4 所示。

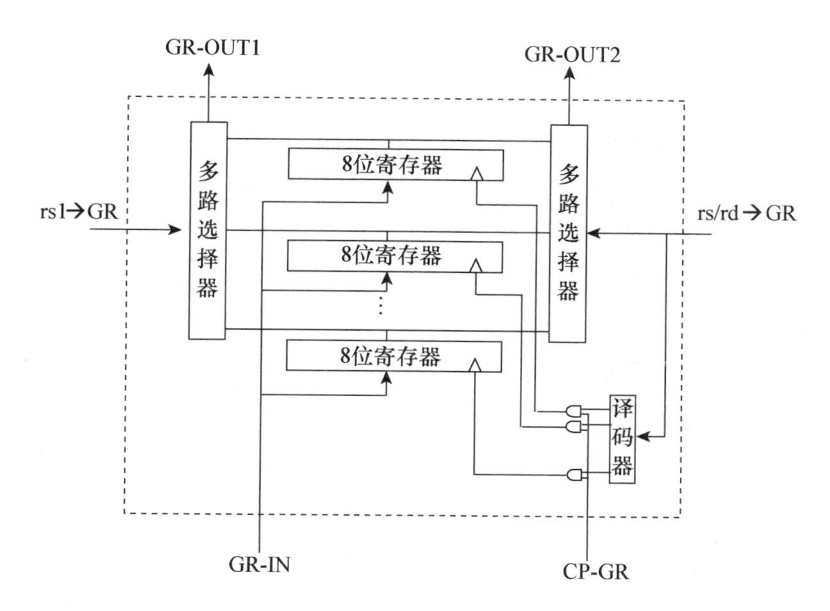

图 6—4　通用寄存器组 GR 内部示意图

6.3.2　CPU 内部数据通路

CPU 内部数据通路是指令操作的内部数据流路线。被 CPU 处理的数据按照 CPU 发出的控制信号进行流动，通常是从 1 个或 2 个源流出，经过 ALU 加工之后流入目的地。由于 CPU 对一条指令的执行过程是围绕着数据通路来完成的，因此，正确理解 CPU 数据通路对于理解 CPU 核心操作具有非常重要的意义。

下面介绍以 ALU 为中心的数据通路图。该数据通路采用了以 ALU 为中心的双输入总线单输出总线结构。通用寄存器 GR 可以同时将 2 个寄存器的数据分别输出到总线 IN1 和 IN2，其他各寄存器将数据输出到一根总线 IN1 或 IN2，数据通路的原理图如图 6—5 所示。“○”表示控制门，“←”表示控制信号。

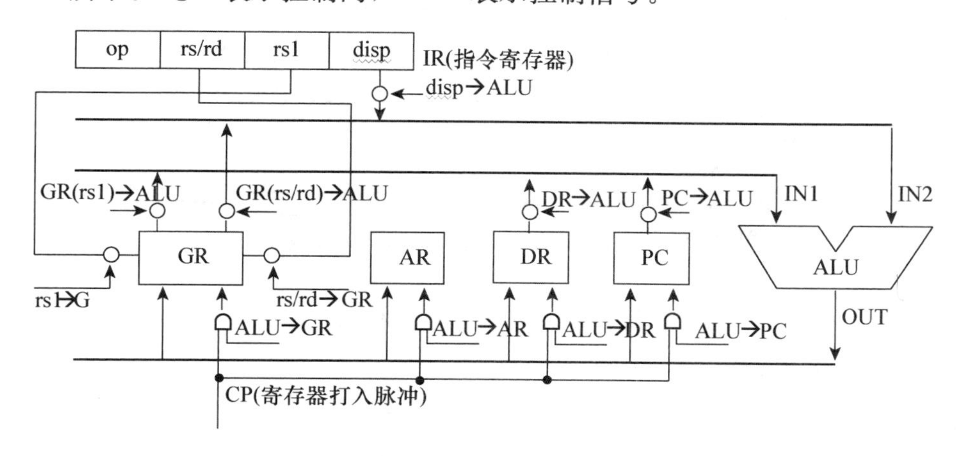

图 6—5　CPU 内部数据通路

6.3.3 输出电平和输入脉冲

完成一次 ALU 运算主要依靠两个重要的控制信号：输入电平 Tout 和打入脉冲 CP。输入电平是一个电平信号，电平相对于脉冲信号来说，主要是控制一段相对长时间的信号输出。提供的电平控制信号要保证 ALU 的输入信号保持足够长的时间，从而保证 ALU 的输出信号保持足够长的有效时间。而打入脉冲的作用是保证 ALU 的输出信号的有效期间，使得输出结果可靠地保存到某个寄存器中。

1. ALU 寄存器算术运算

ALU 完成算术运算：(rs/rd)+(rs1)→rs/rd，表示将寄存器 rs/rd 和 rs1 的内容相加的结果送到寄存器 rs/rd 中。这需要 3 个阶段的工作：

（1）提供 ALU 的输入信号，从图 6—5 得知，ALU 的输入信号来自 2 路输入总线，提供不同的寄存器输出控制信号，就可以实现将数据提供到 ALU 的输入端。如图 6—5所示，为了将输入数据送到 ALU 的输入端，需要发出以下几个输出电平：

rs/rd→GR，（rs/rd)→ALU， rs1→GR，（rs1)→ALU， “+”→ALU

（2）当 ALU 的输入端数据有效时，经过 ALU 延迟后，ALU 的输出端就会出现运算结果。运算结果将出现在 ALU 的输出总线 ALU-OUT 上。

（3）将结果送入目标寄存器 rs/rd。

rs/rd→GR， CP·(ALU→GR)

由于 rs/rd 共用一个信号控制端，所以只要提供一次即可。而 ALU 的输出 ALU-OUT 连接到所有寄存器的数据输入端。CP·(ALU→GR) 表示控制信号 ALU→GR 和打入脉冲 CP 进行逻辑与操作。ALU 寄存器运算的工作时序如图 6—6 所示。

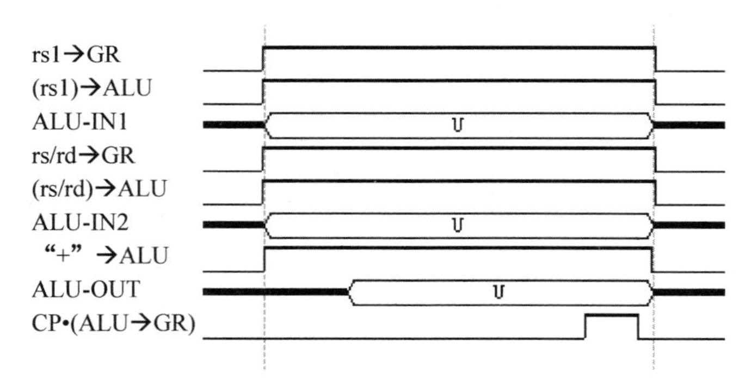

图 6—6 ALU 寄存器算术运算

2. ALU 计算地址

ALU 完成运算 (rs1)+disp→AR 表示将 rs1 寄存器内容和指令中的 disp 域的内容相加，运算结果送入地址寄存器 AR。这需要 3 个阶段的工作：

（1）提供 ALU 的输入信号，见图 6—5，为了实现将输入数据送到 ALU 的输入端，需要发出以下几个输出电平：

rs1→GR，（rs1)→ALU，disp→ALU，“＋”→ALU

（2）当 ALU 的输入端数据有效时，经过 ALU 延迟后，ALU 的输出端就会出现运算结果。运算结果将出现在 ALU 的输出总线 ALU-OUT 上。

（3）将结果送入目标寄存器。

CP・(ALU→AR)

CP・(ALU→AR）表示控制信号 ALU→AR 和打入脉冲 CP 进行逻辑与操作，ALU 的工作时序如图 6—7 所示。

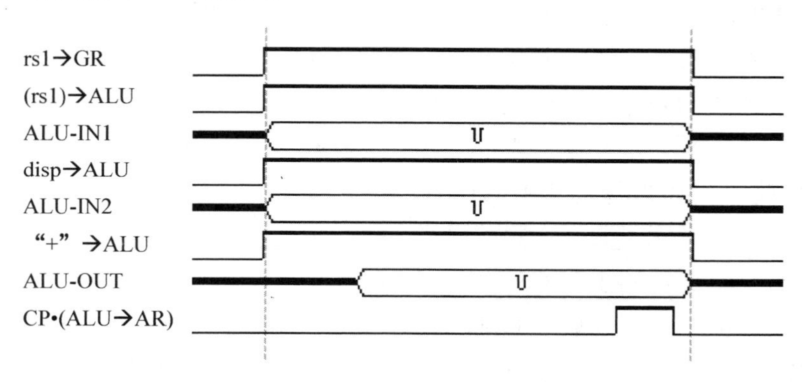

图 6—7　ALU 计算地址

3. ALU 数据送入寄存器

完成 DR→rs/rd，表示将数据寄存器 DR 的内容送入寄存器 rd 中。从图 6—5 中观察，没有寄存器 DR 到 GR 的直接通路，要完成此操作需借用 ALU 通路，通过完成一次 ALU 运算来实现。这需要 3 个阶段的工作：

（1）提供 ALU 的输入信号，见图 6—5，为了实现将输入数据送到 ALU 的输入端，需要发出以下几个输出电平：

DR→ALU，“＋”→ALU(另一路 ALU 输入端没有提供输入信号，等价于输入数据 0)

（2）当 ALU 的输入端数据有效时，经过 ALU 延迟后，ALU 的输出端就会出现运算结果。运算结果将出现在 ALU 的输出总线 ALU-OUT 上。

（3）结果送入目标寄存器。

rs/rd→GR，CP・(ALU→GR)

ALU 的工作时序如图 6—8 所示。

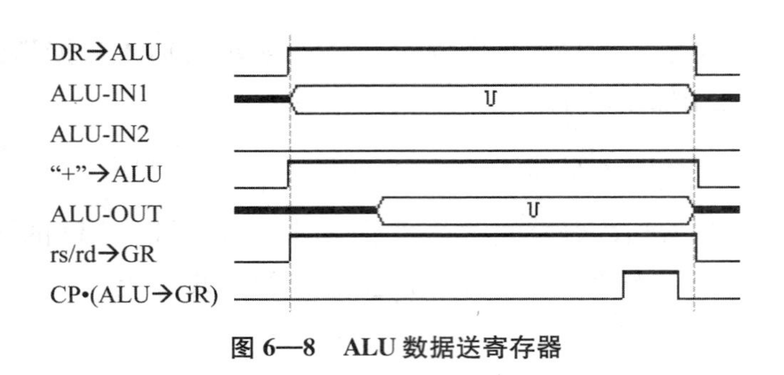

图 6—8　ALU 数据送寄存器

6.3.4　通用寄存器和 ALU 配合实现基本运算的原理

CPU 对通用寄存器的操作，主要实现从指定的寄存器中取数据送入 GR 的 OUT1 和 OUT2 总线输出，输入数据从 GR 的 IN 总线进入。数据通路在连接的时候考虑到输出数据在 ALU 的左右分配，因此将 GR 的 OUT1 连接到 ALU 的 IN1 输入端，GR 的 OUT2 连接到 ALU 的 IN2 输入端，ALU 的输出总线 OUT 连接到 GR 的输入总线 IN。

对 GR 访问可以通过指定其中的任意 2 个寄存器，分别由指令寄存器的描述字段 rs/rd、rs1 指定。只要指定 rs1，就会有选定寄存器的数据输出到 OUT1 输出端，只要指定 rs/rd，就会有数据输出到 OUT2 输出端。

因此，从寄存器中取数到 ALU 的左右输入端需要 CPU 发出控制信号 XX→ALU，即可实现两个操作数送入 ALU 进行运算。如果是单操作数运算，只要发出其中一个控制信号，而另一个不发出，就默认为该操作数为全 0。实际上，前面的 ALU 数据送入寄存器利用 ALU 运算将 ALU 作为传递数据的通路，就是这种用法。

参照图 6—5，当 ALU 运算结果输出时，会传送到 ALU 输出总线 ALU-OUT 上，而输出总线上连接了许多部件，这些部件并不会接收总线上的数据，只有当某个寄存器的输入脉冲有效时，总线上的数据才能进入该寄存器。因此，按照 GR 的数据连接方式，CPU 只要发出以下两个控制信号：

rd→GR，　ALU→GR

就表示连接到 ALU 的输出送到 GR 的输入总线 IN，并且指定输入寄存器的地址为 rd。这时，配合寄存器的打入脉冲（CP），即可将运算结果送入指定的寄存器 rd 中。

6.3.5　CPU 外部数据通路

前面主要介绍了 CPU 内部数据处理的通路及控制方法。接下来介绍 CPU 实现与外部数据交换的通路。CPU 的外部部件主要是指存储器和 IO 接口寄存器。CPU 取指令和读取存储器操作数据时需要访问存储器。CPU 执行 IO 指令时需要访问 IO 接口。CPU 外部数据通路如图 6—9 所示。

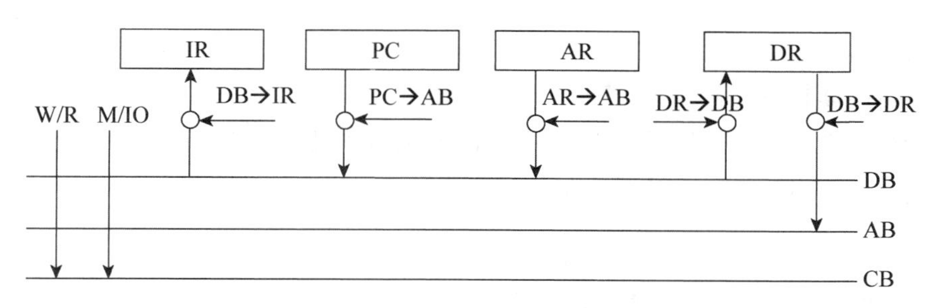

图 6—9　CPU 外部数据通路

CPU 访问外部部件时，必须提供以下信号：

（1）通过地址总线 AB 输出外部部件的地址信息，指出要访问的外部部件。

（2）读写控制命令 $W/\overline{R}$。$W/\overline{R}=0$，表示读操作；$W/\overline{R}=1$ 表示写操作。

（3）存储器和外设接口区分信号 $M/\overline{IO}$。$M/\overline{IO}=1$，表示访问存储器；$M/\overline{IO}=0$，表示访问外设。

CPU 访问外部部件的数据是经过数据总线 DB 传递的，DB 总线上数据的传送方向是双向的。当 CPU 执行读操作时，DB 上的数据是从外部传送到 CPU 内部；而 CPU 执行写操作时，DB 上的数据是从 CPU 内部传送到外部。而且 CPU 读写时针对 DB 上的数据的操作方法是不同的。CPU 读操作时，CPU 会将 DB 上的数据写入到 CPU 的某个内部寄存器中；CPU 写操作时，CPU 会在执行写操作的机器周期之内将某个寄存器的数据输出到数据总线 DB 上。

CPU 访问存储器分为两种情况：

（1）CPU 取指令操作。此时只有存储器读操作，没有写操作。取指令阶段，CPU 将程序计数器 PC 的内容送入地址总线 AB。执行存储器读操作，$W/\overline{R}=0$，$M/\overline{IO}=1$，此时存储器会将读取的结果送到数据总线 DB。CPU 会将数据总线上的数据（此时是指令）送入指令寄存器 IR。

（2）CPU 读写数据操作，此时既有读操作，也有写操作。访问数据阶段，CPU 将数据地址寄存器 AR 的内容送入地址总线 AB，并根据读写不同执行以下操作：

1）执行存储器读操作，CPU 发出 $W/\overline{R}=0$，$M/\overline{IO}=1$ 命令，等待存储器将数据取出放在数据总线 DB 上，CPU 会将数据总线 DB 上的数据写入 CPU 的数据寄存器 DR 中。

2）执行存储器写操作，CPU 将数据寄存器 DR 的内容输出到数据总线 DB 上，发出 $W/\overline{R}=1$，$M/\overline{IO}=1$ 命令，数据将写入存储器。

CPU 对 IO 接口的读写操作和对存储器的读写操作除了控制信号 $M/\overline{IO}=0$ 不同之外，其余的操作完全一样。

前面已经指出，一个机器周期的长度设计是按照 CPU 交互的各个部件中操作时间最长的部件，主要是存储器的工作周期设定的。所以，一个机器周期的时间可以完成一次存储器读或写操作。

1. 存储器读操作

CPU读存储器操作，需要与外部的存储器部件的工作时间配合。一个取指周期占4个工作时钟，CPU将发出以下控制信号：

AR→AB，将存储器地址输出到地址总线AB上

W/$\overline{R}$=0，表示CPU执行读操作

M/$\overline{IO}$=1，表示CPU选择存储器操作

经过一段存储器读操作时间之后，数据将稳定在数据总线DB上。

CP·(DB→DR)，实现DB总线上的数据进入数据寄存器DR中

CPU工作于存储器读周期中的工作时序如图6—10所示。

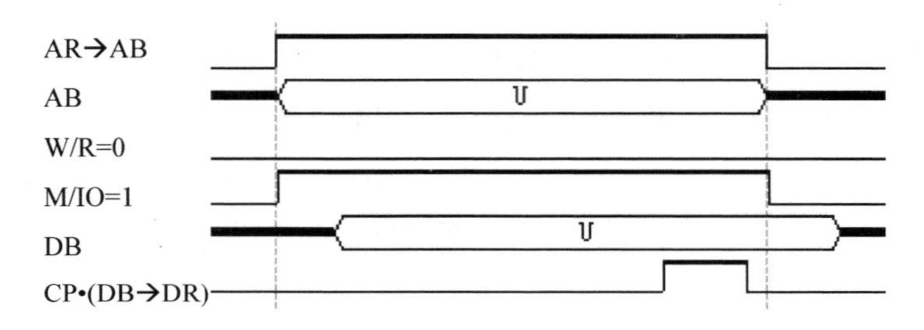

图6—10　CPU工作于存储器读周期的工作时序图

2. 存储器写操作

CPU写存储器操作，CPU将发出如下控制信号：

AR→AB，将存储器地址输出到地址总线AB上

W/$\overline{R}$=1，表示CPU执行写操作

M/$\overline{IO}$=1，表示CPU选择存储器操作

DR→DB，表示将DR的数据送到数据总线DB上

经过一段存储器写操作时间之后，数据将写入存储器中。CPU工作于存储器写周期的工作时序如图6—11所示。

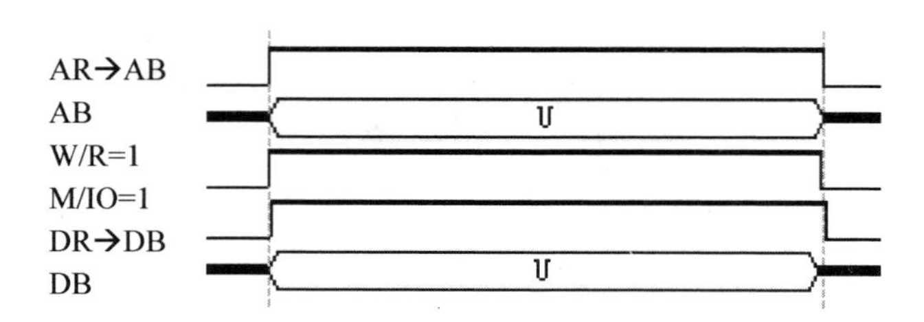

图6—11　CPU工作于存储器写周期的工作时序图

6.4　典型指令的执行过程分析

本节通过对一些指令的执行过程进行分析和设计，介绍 CPU 执行指令的细节和工作原理。由于各种 CPU 的结构以及工作原理的差异，在介绍本节内容之前，首先需要对所设计的 CPU 进行一些假设，便于以后的描述。

（1）采用定长指令，所有的指令长度相等，取指令的时间相同；

（2）假设取指令只占用一个机器周期。

6.4.1　CPU 完整的数据通路图

CPU 的数据通路图主要描述 CPU 内各个部件之间的关系和数据流的方向，如图 6—12 所示。

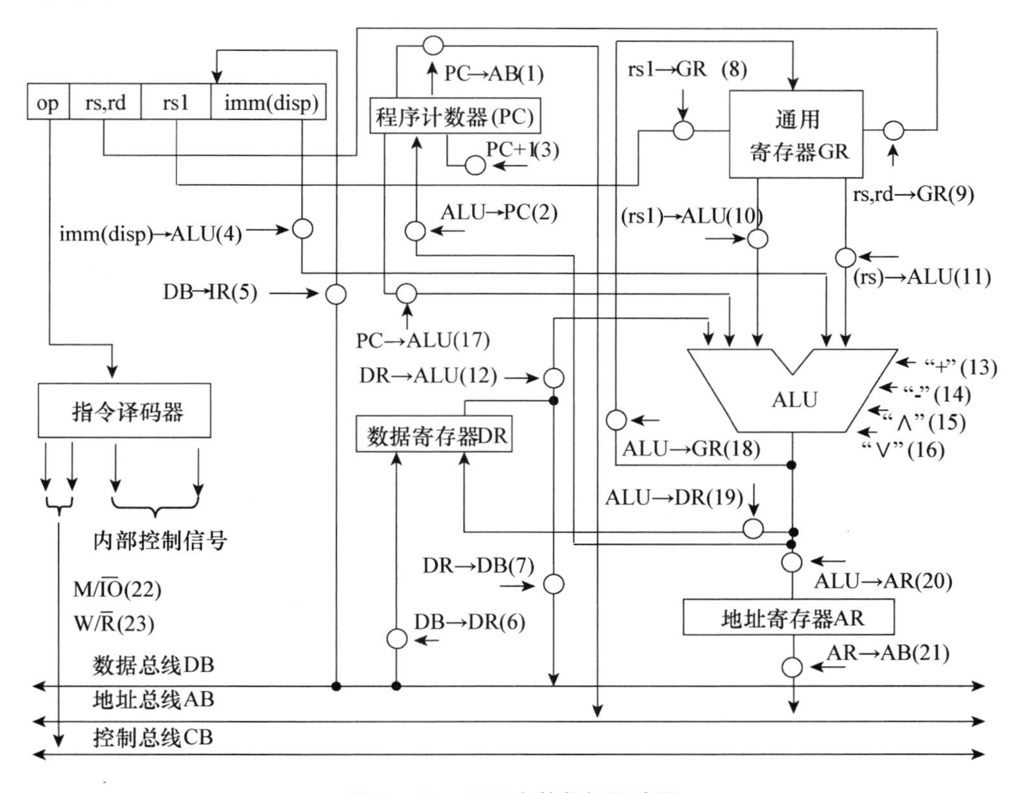

图 6—12　CPU 完整数据通路图

图 6—12 是一个 CPU 数据通路的完整描述，含 CPU 内部数据通路和外部数据通路。图中的长实线表示 CPU 内各个部件之间的数据流通路。圆圈“○”代表控制该数据通路的控制信号。例如，在 DB 到 IR 数据通路上的圆圈上有一个控制信号“DB→

IR”，表示可以控制 DB 总线到指令寄存器的数据流。后面的部分将根据图 6—12 的数据通路和相应的控制信号对典型指令的执行过程进行分解，并完成指令的设计过程。

如果 CPU 要访问外部数据（存储器/IO 接口），需要以下数据及控制信号：

（1）ADDR：地址信号通过地址总线 AB 发送到外部部件，是单向总线。

（2）DB：数据信号通过数据总线实现数据传送，是双向总线。

（3）$W/\overline{R}$：读写信号，单向，CPU→存储器/IO 接口。$W/\overline{R}=0$，进行读操作；$W/\overline{R}=1$，进行写操作。

（4）$M/\overline{IO}$：存储器和/IO 区分信号。$M/\overline{IO}=1$，访问存储器；$M/\overline{IO}=0$，访问 IO 接口。

一条指令的执行所占用的时间是一个指令周期，而每个指令周期又由若干个机器周期组成。因此，针对一条指令的设计就是将指令执行的操作进行分解，将复杂的操作分解为一系列最简单的、不可分割的最小操作（也称为微操作）的基本操作单位，即控制信号。然后根据不同的指令执行过程将每个控制信号分配给各机器周期。

一条指令到底分解为几个机器周期，需要根据不同的指令执行时间决定。一般遵循的分配规则是，一个机器周期至少完成一个基本操作，如读写一次存储器或 IO 接口，或完成一次 ALU 操作。因此，访问一次存储器或外设接口占用一个机器周期，使用一次 ALU 也占用一个机器周期。

按照上述规则，可以针对每条指令的执行内容进行操作分解，第一步先确定一条指令总共需要多少个机器周期，确定每个机器周期完成的基本操作，然后确定每个机器周期内的控制信号。

6.4.2 公共机器周期

所有指令的第一个机器周期必须是取指周期，因此，也称该机器周期为公共机器周期，因为这是所有的指令执行都必须执行的机器周期。任何指令的执行都需要取指令，而且必须是第一个机器周期。因此，不论什么指令，第一个机器周期就是存储器读周期，其工作的时序图也就是存储器读周期的工作时序图。

由于第一个机器周期是访问存储器中的指令部分，其指令的地址是由 PC 中的内容给定的。第一个机器周期完成的操作就是以 PC 的内容为地址来读取存储器而得到要执行的指令，将读取的指令存放在指令寄存器 IR 中。同时，为了继续执行下一条指令，还需要完成对 PC 的增量计算，这里以采用 PC+1 操作为例。取指周期 CPU 发出的控制信号如下：

PC→AB，将 PC 计数器的内容送入地址总线 AB

$W/\overline{R}=0$，发读控制信号给存储器

M/$\overline{IO}$=1,表示访问存储器

CP·(DB→IR),将存储器读出的数据送入 IR,表示控制信号 DB→IR 和打入脉冲 CP 进行逻辑与运算

CP·(PC+1),为了读取下一条指令地址增量计算,打入脉冲控制 PC 的增量操作

公共机器周期的工作时序如图 6—13 所示。

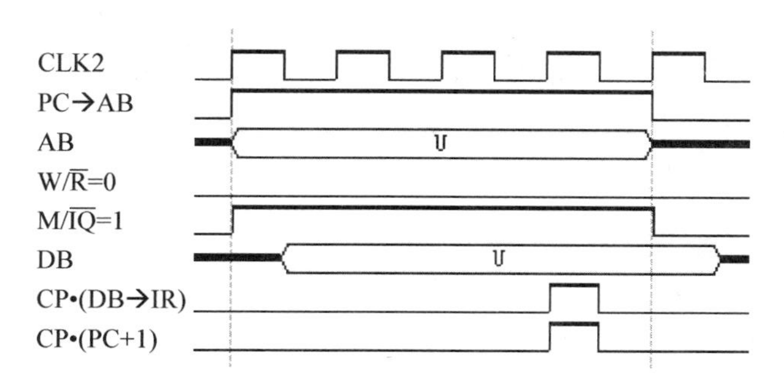

图 6—13　公共机器周期的工作时序

图 6—13 给出了 CPU 在公共周期的时序关系。在取出指令之后，译码电路立即实现对该指令的译码，CPU 控制器根据译码的结果，由电路实现对译码结果的判断来决定指令实际执行的机器周期的总数。例如，在译码结束之后、下一个机器周期开始之前，根据译码结果就要决定下一个是什么机器周期。如果是单机器周期指令，则下一个机器周期将进入新的指令（下一条指令的）取指机器周期；如果是 2 或 4 周期指令，则根据指令的内容进入指令的执行周期。下面通过几个典型指令的分析，详细介绍指令执行时各个周期以及控制信号的设计过程。

6.4.3　load 指令的分析

load 完成从存储器中读取操作数到 CPU 的寄存器中这一操作，指令格式如下：

load rd，((rs1)＋disp)

表示将存储单元（(rs1)＋disp）的内容（操作数）送到寄存器 rd 中。指令执行过程包含取指令、计算存储器的地址、读出存储器的数据、数据送入寄存器 rd。根据该指令的执行过程的描述，取指令需要访问一次存储器，计算地址需要使用一次 ALU，读出存储器数据访问一次存储器，数据送入寄存器 rd 需要通过 ALU 运算利用 ALU 通路。这就是利用 ALU 通路将结果送入目标寄存器 rd，由于数据通路中没有将 DB 内容直接送到寄存器的通路，DB 中的数据只能先送到 DR，而 DR 也没有直接到寄存器的通路，DR 必须经过 ALU 才能到达寄存器，其过程就是完成一次 ALU 运算，其中一个操作数的输入是 DR，另一个操作数为空，结果相当于 DR→寄存

器 rd。

综上所述，load 指令一共需要 4 个机器周期，分别是：

1. 取指机器周期

操作内容同公共机器周期。

2. 计算地址机器周期

该机器周期实现存储器的地址计算。地址的计算主要是完成加法操作，一个操作数是 rs1 的内容，另一个操作数是 disp。将这两个操作数分别送入 ALU 的左右两个输入端，向 ALU 发出“＋”操作信号，在 ALU 的输出端很快就输出结果。最后，发出寄存器打入脉冲，CP・(ALU→AR) 实现将运算结果送入 AR，完成地址的计算。CPU 发出的控制信号如下：

rs1→GR，寄存器地址 rs1 送入 GR
(rs1)→ALU，寄存器 rs1 的数据送入 ALU
disp→ALU，地址偏移量送入 ALU
“＋”→ALU，ALU 选择加法操作
CP・(ALU→AR)，ALU 计算结果送入寄存器 AR

3. 读取操作数机器周期

读取操作数机器周期实现从存储器中读取操作数送入 DR 中，上一个周期结束时，地址的计算结果保存在 AR 中。因此，地址是由 AR 提供的，本周期任务是读取操作数送到数据寄存器 DR。CPU 发出的控制信号如下：

AR→AB，将寄存器 AR 中的地址送入地址总线 AB
$W/\overline{R}$＝0，发读控制信号给存储器
$M/\overline{IO}$＝1，选择存储器操作
CP・(DB→DR)，将数据总线上的数据(存储器的读出数据)打入寄存器 DR 中

4. 结果回送机器周期

由于读出的存储器数据在寄存器 DR 中，因而需要占用一个机器周期将其回送到寄存器 rd 中。由于 DR 没有直接通往 GR 的路径，必须利用 ALU 的传输途径，即 ALU 做一次加法，而其中一个输入为 DR 寄存器，另一个输入控制信号不发出，缺省的输入值默认为 0。因此，加法操作等价于经过 ALU 的传送。最后，将 ALU 的运算结果送入寄存器组 GR 的 rd 中。CPU 发出的控制信号如下：

DR→ALU，DR 寄存器的数据送入 ALU
“＋”→ALU，ALU 选择加法操作
rd→GR，目的寄存器地址 rd 送入 GR
CP・(ALU→GR)，ALU 运算结果送入 GR 的 rd 中

load 指令的完整工作时序图如图 6—14 所示。

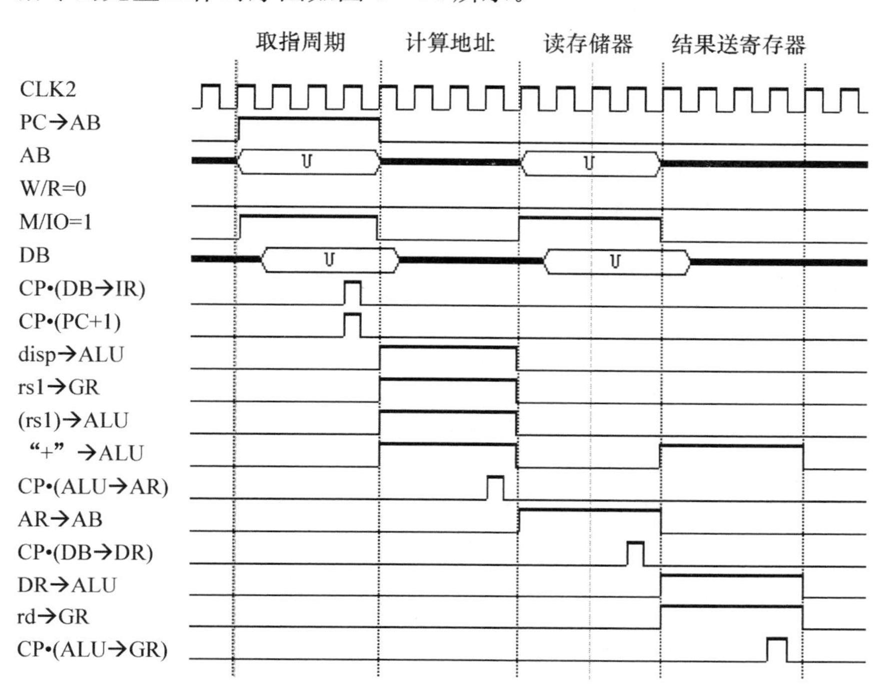

图 6—14 load 指令的完整工作时序图

6.4.4 add 指令的分析

add 完成两个寄存器内数据的加法操作，其格式如下：

add rs/rd，rs1

表示将寄存器 rs/rd 的内容和寄存器 rs1 的内容相加，结果送到寄存器 rs/rd 中。由于寄存器 rs/rd 既表示源寄存器又表示目的寄存器，所以用符号 rs/rd 表示。

取指令必须占用一个机器周期，而使用 ALU 计算另外占用一个机器周期，所以本指令一共占用 2 个机器周期。分别是：

1. 取指机器周期

操作内容同公共机器周期。

2. 加法计算机器周期

该机器周期实现经过 ALU 的加法运算，2 个源操作数都在 GR 内，1 个目的地址也在 GR 内。所以，完成加法操作需要向 GR 发出 2 个寄存器地址信息，其中寄存器 rs1 输出一路数据到 ALU 左输入端，而寄存器 rs 输出一路数据到 ALU 右输入端；向 ALU 发出操作选择信号“+”；此时，经过一段延迟，计算结果将出现在 ALU 的输出端 OUT 之上。发出控制信号让 ALU 的输出数据进入 GR。CPU 发出的控制信号如下：

rs/rd→GR，寄存器源/目的地址送入 GR

(rs/rd)→ALU，寄存器数据送入 ALU 右端

rs1→GR，寄存器源地址送入 GR

(rs1)→ALU，寄存器数据送入 ALU 左端

"＋"→ALU，ALU 选择加法操作

CP·(ALU→GR)，ALU 计算结果送入 GR 的 rs/rd 中

add 指令的工作时序见图 6—15。

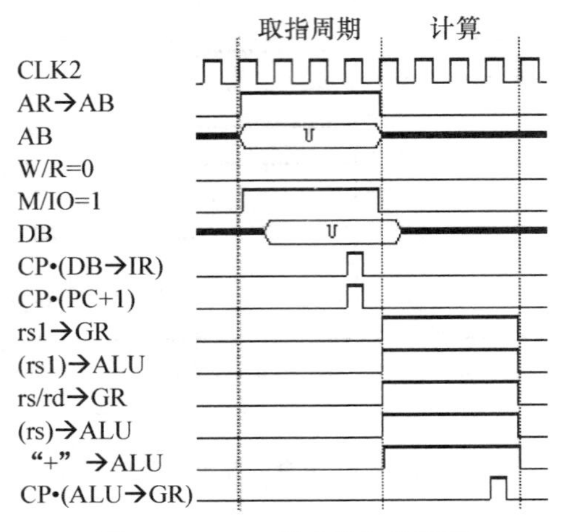

图 6—15　add 指令的工作时序

6.4.5　branch 指令的分析

branch 指令是条件转移指令，其格式如下：

branch cond disp

表示当条件 cond 满足时，程序转而执行 PC＋disp 所指向的地址的指令，否则顺序执行，即执行指令的下一条指令。

指令的第一个机器周期是取指周期，内容同公共机器周期。在取指周期的最后，完成译码任务，译码之后计算转移条件，采用硬件实现条件判断。如果条件不满足，本机器周期结束之后指令执行结束，下一步进入新的取指周期，顺序执行下一条指令。如果条件满足，下一个机器周期进入执行周期，计算 PC 与偏移量之和，完成 PC＋disp→PC。

1. 取指机器周期

操作内容同公共机器周期。

2. 计算相对转移地址机器周期

经过 ALU 的加法运算，实现对 PC 内容的修改。PC 和 disp 分别送入 ALU 的两

个输入端。CPU 发送的控制信号如下：

PC→ALU，寄存器 PC 的数据送入 ALU 的左输入端
disp→ALU，地址偏移量送入 ALU 的右输入端
“＋”→ALU，ALU 选择加法操作
CP·(ALU→PC)，ALU 运算结果送入寄存器 PC

branch 指令的工作时序如图 6—16 所示。

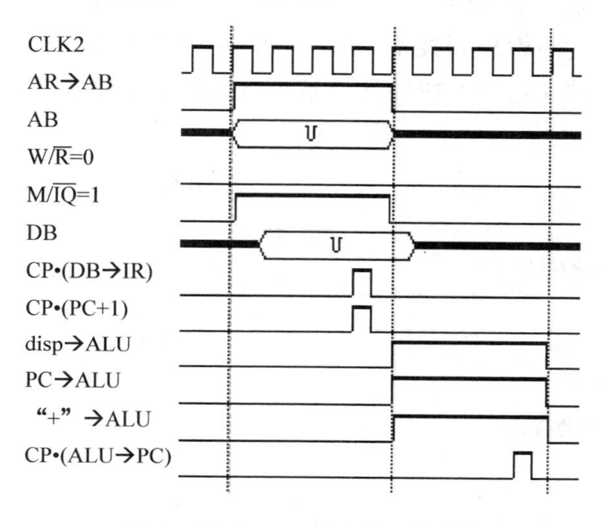

图 6—16 branch 指令的工作时序

6.5 控制信号产生部件的实现技术

在计算机等数字系统中，控制器的典型功能是按时间节拍发出一定数量的控制信号，使系统完成若干基本操作，经过若干节拍后即完成一种相对完整的功能，如一条机器指令的功能。在一般的控制器中这些控制都是由硬接线逻辑来实现的，在微程序控制器中这些基本操作是由存放于控制存储器中的微程序段控制完成的，每个基本操作称为微操作。微程序段由若干条微指令组成。

时序控制信号产生部件，主要是以时钟源、工作周期信号、指令译码器作为输出，以及指令执行过程的一些状态信号作为输入，产生控制指令执行的所有控制信号的部件。

控制器通常由程序计数器（PC）、指令寄存器（IR）、指令译码器（ID）、时序发生器和操作控制信号产生部件组成。其主要功能包括：

（1）从主存中取出一条指令，并指出下一条指令在主存中的位置；

（2）对指令进行译码，并产生相应的操作控制信号，以便启动规定的操作；

（3）指挥并控制 CPU、主存和输入/输出设备之间数据流动的方向。

而实现控制信号产生部件的方法有两个：硬布线控制方法和微程序控制方法。下面分别介绍两种方法的实现技术。

6.5.1 控制信号的硬布线逻辑实现技术

硬布线逻辑实现技术是指时序控制信号形成部件是通过组合逻辑电路的硬连接线而产生的，也称为组合逻辑控制技术。图 6—17 是硬布线实现技术的示意图，图中右侧框内表示的是时序控制信号形成部件，是用组合逻辑电路实现的。下面介绍硬布线逻辑实现技术。

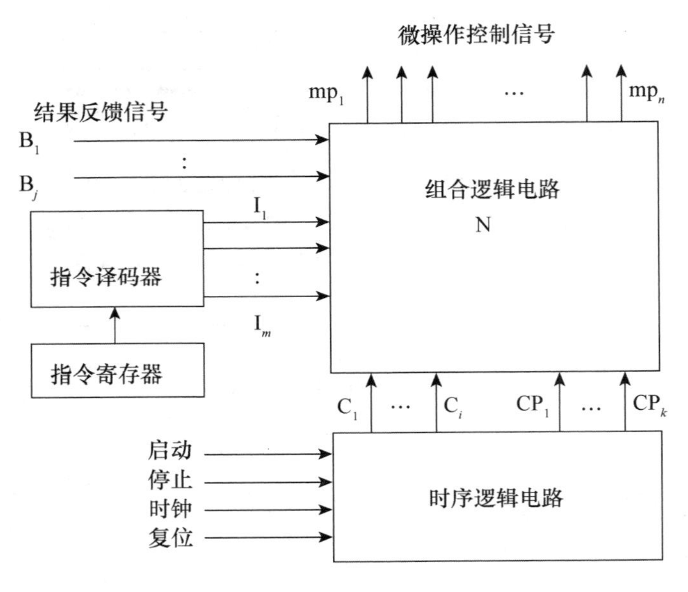

图 6—17 硬布线实现技术

1. 输入信号

硬布线逻辑通过对一系列输入信号的逻辑运算得到一系列输出控制信号，涉及的输入信号如下：

（1）来自操作码译码器的输出 $I_1 \sim I_m$，译码器每根输出线表示一条指令，译码器的输出反映当前正在执行的指令。

（2）来自执行部件的反馈信息 $B_1 \sim B_j$。

（3）来自时序产生器的时序信号，包括节拍电位信号 $C_1 \sim C_i$ 和节拍脉冲信号 $CP_1 \sim CP_k$。其中节拍电位信号就是机器周期（CPU 周期）信号，节拍脉冲信号是时钟周期信号。

组合逻辑网络 N 的输出信号就是微操作控制信号 $mp_1 \sim mp_n$，用来对执行部件进行控制。另有一些信号则根据条件变量来改变时序发生器的计数顺序，以便跳过某些状态，从而缩短指令周期。

硬布线控制器的基本原理归纳起来可叙述为：某一微操作控制信号 mp 是操作码译码器输出 I_m、时序信号（节拍电位 C_i，节拍脉冲 CP_k）和状态条件信号 B_j 的逻辑函数，其数学描述为：

$$mp=f(I_m,C_i,CP_k,B_j)$$

控制信号 mp 是通过门电路、触发器等许多器件采用布尔代数方法设计实现的。当机器加电工作时，某一操作控制信号 mp 在某条特定指令和状态条件下，在某一操作的特定节拍电位和节拍脉冲时间间隔中起作用，从而激活这条控制信号线，对执行部件实施控制。显然，从指令流程图出发，就可以一个不漏地确定在指令周期中各个时刻必须激活的所有操作控制信号。例如，对引起一次主存读操作的控制信号 mp_3 来说，当节拍电位 C1＝1，取指令时被激活；而当节拍电位 $C_4=1$，三条指令（load，add，and）取操作数时也被激活，此时指令译码器的 load，add，and 输出均为 1，因此 mp_3 的逻辑表达式可由下式确定：

$$mp_3=C_1+C_4(load+add+and)$$

一般来说，还要考虑节拍脉冲和状态条件的约束，所以每一控制信号 mp 都可以由以下形式的布尔代数表达式来确定：

$$mp_n=\sum(C_i\times CP_k\times B_j\times\sum I_m)$$

与微程序控制相比，硬布线控制的速度较快。其原因是微程序控制中每条微指令都要从控制存储器中读取一次，影响了速度，而硬布线控制主要取决于电路延迟。因此，在某些超高速新型计算机结构中选用了硬布线控制器或将其与微程序控制器混合使用。

2. 硬布线逻辑设计过程

硬布线逻辑设计过程如下：

（1）采用适宜的指令格式，合理分配指令操作码。

（2）确定机器周期、节拍与主频。

（3）确定机器周期数及每个机器周期内的操作。

（4）进行指令综合；综合所有指令的每一个操作命令，写出逻辑表达式并进行化简。

（5）明确组合逻辑电路。将简化后的逻辑表达式用组合逻辑电路来实现。操作命令的控制信号先用逻辑表达式列出，然后进行化简，考虑各种条件的约束，合理选用逻辑门电路、触发器等器件，采用组合逻辑电路的设计方法来产生控制信号。

总之，控制信号的设计与实现，技巧性较强，一些专门的开发系统或工具可供逻辑设计使用，但是，对全局的考虑主要依靠设计人员的智慧和经验。

3. 硬布线逻辑设计举例

本小节主要描述 CPU 中控制信号发生逻辑的实现方法。其中机器周期通过控制信号 C1、C2、C3、C4 表示，例如当处于指令的第二个机器周期时，C2＝1，C1＝C3＝C4＝0。为了便于描述，假设只有 load 和 store 指令访问存储器。公共机器周期是每条指令必须执行的，因此，公共机器周期 C1 中，控制信号的产生逻辑如下：

$$PC \rightarrow AB = C1$$
$$W/\overline{R} = \overline{C1}$$
$$M/\overline{IO} = C1$$
$$DB \rightarrow IR = C1$$
$$PC + 1 = C1 \cdot CP$$

假如 CPU 具有 load、store、add、sub、branch 等众多的指令，现选择几个典型指令：

（1）load 和 store 指令占 4 个机器周期（C1、C2、C3、C4 ）。

（2）add 和 sub 指令占 2 个机器周期（C1、C2）。

（3）branch 指令的情况较为复杂一些，取出指令之后，还不能确定一共需要多少个机器周期，需要硬件逻辑线路对指令给出的条件进行判定。如果条件不成立，则该指令只需要一个机器周期，下一个机器周期为新指令的取指周期；如果条件成立，则指令需要两个机器周期，下一个机器周期为计算地址周期。

因此，branch 指令可能占一个机器周期 C1，也可能占 C1、C2 两个机器周期。

整个 CPU 的指令有很多条，设计过程中需要针对每条指令进行详细的分析和设计。因此，在下面的设计和分析过程中，仅考虑以前分析过的指令，对于其他指令的设计过程也是一样的。

下面介绍每个控制信号的产生逻辑。C1 周期的控制信号在前面已经介绍过了，因而主要介绍所有指令在 C2、C3、C4 周期可能产生的控制信号。

对于各个控制信号，都需要确定其逻辑表达式。将所有的指令的每个机器周期的微操作都设计出来后，就可以得到每个控制信号的逻辑表达式。由于控制信号较多，这里仅选择 2 个控制信号加以说明。

（1）读写信号 $W/\overline{R}$。

在 C1 周期，$W/\overline{R}=0$，所以 $W/\overline{R}=\overline{C1}$。

在 C2 周期，一般没有存储器读写操作，所以与 $W/\overline{R}$ 的取值无关。

在 C3 周期，只有 load 指令访问存储器。当执行 load 指令时，$W/\overline{R}=0$，所以 $W/\overline{R}=\overline{C3}$。

在 C4 周期，只有 store 指令访问存储器，当执行 store 指令时，$W/\overline{R}=1$，所以，$W/\overline{R}=C3$。

因此，$W/\overline{R}$ 的逻辑函数如下：

$$W/\overline{R}=\overline{C1}\cdot load\cdot\overline{C3}+store\cdot C4$$

（2）加信号“＋”→ALU。

在 C2 周期，需要计算下一条指令的地址，使用 ALU，发出控制信号“＋”→ALU。

在 C2 周期，使用 ALU 进行加法运算的指令有：load 和 store 指令（计算存储器地址（rs1）＋disp）、add 指令、branch 转移指令等许多情况。

在 C3 周期，使用 ALU 利用加法传递操作数的指令是 store。

在 C4 周期，使用 ALU 利用加法传递操作数的指令是 load。

ALU 做加法的控制信号的产生逻辑函数如下：

$$\text{“+”}\rightarrow ALU=C2\cdot(load+store+add+branch\cdot(\text{条件成立})+\cdots)+C3\cdot store+C4\cdot load$$

其他控制信号依此类推，最后完成所有控制信号的逻辑函数的设计。

6.5.2 控制信号的微程序实现技术

微程序控制器同组合逻辑控制器相比较，具有规整性、灵活性、可维护性等一系列优点，因而在计算机设计中逐渐取代了早期采用的组合逻辑控制器，并已被广泛地应用。在计算机系统中，微程序设计技术是利用软件方法来设计硬件的一门技术。

微程序控制的基本思想就是，仿照通常的程序解题的方法，把操作控制信号编成所谓的“微指令”，存放到一个只读存储器里。当机器运行时，一条又一条地读出这些微指令，从而产生全机所需要的各种操作控制信号，使相应部件执行所规定的操作。

采用微程序控制方式的控制器称为微程序控制器。微程序控制方式下的控制信号（即微命令）不是由组合逻辑电路产生的，而是由微指令译码产生的。一条机器指令往往分成几步执行，将每一步操作所需的若干微命令以代码形式编写在一条微指令中，若干条微指令组成一段微程序，对应一条机器指令。在设计 CPU 时，根据指令系统的需要，事先编制好各段微程序，且将它们存入一个专用存储器（称为控制存储器）中。微程序控制器由指令寄存器 IR、程序计数器 PC、程序状态字寄存器 PSW、时序系统、控制存储器 CM、微指令寄存器以及微地址形成电路、微地址寄存器等部件组成。执行指令时，从控制存储器中找到相应的微程序段，逐次取出微指令，送入微指令寄存器，译码后产生所需微命令以控制各步操作的完成。

1. 一些基本概念

为了能很好地理解微程序技术，首先需要了解一些基本概念。

（1）微命令和微操作。

微命令是控制部件通过控制线向执行部件发出的各种控制命令。微操作是执行部件接受微命令后所进行的操作。

（2）微指令和微程序。

微指令是在一个机器周期内一组实现一定操作功能的微命令的组合。微程序是实现一条机器指令功能的许多条微指令组成的序列。

2. 微程序控制器原理

微程序段由若干条微指令组成。从存储器中取一条机器指令送入指令寄存器，寄存器的输出接微程序控制器，由后者控制微程序的执行。通常，机器指令的操作码通过微程序控制器给出执行这条机器指令微程序段的首址，从控制存储器中取出此微程序段的第一条微指令存入微指令寄存器。一条微指令包含若干个微码域。各个微码域通过一定的译码控制各相应功能执行部件，在微指令周期内完成相应的各个微操作。

微程序控制器主要由控制存储器、微指令寄存器和地址转移逻辑三大部分组成。如图 6—18 所示。

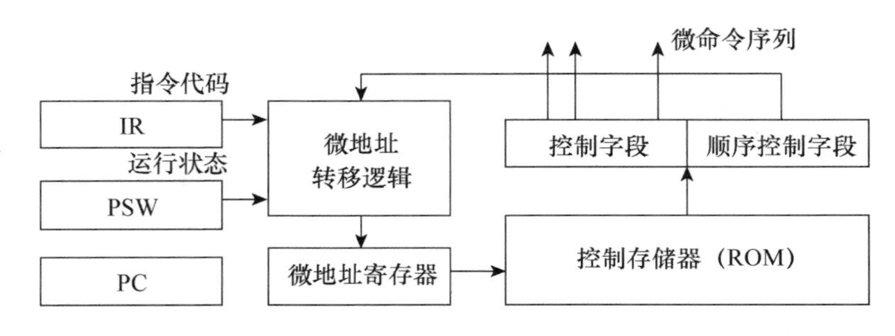

图 6—18　微程序控制器

（1）控制存储器。

控制存储器用来存放实现全部指令系统功能的微程序，它是一种只读存储器。一旦微程序固化，机器运行时则只读不写。其工作过程是：每读出一条微指令，则执行这条微指令；接着读出下一条微指令，执行这一条微指令，周而复始。读出一条微指令并执行微指令的时间总和称为一个微指令周期。通常，在串行方式的微程序控制器中，微指令周期就是只读存储器的工作周期。控制存储器的字长就是微指令字的长度，其存储容量根据机器指令系统而定，即取决于微程序的数量。对控制存储器的要求是速度快，读出周期要短。

（2）微指令寄存器。

微指令寄存器用来存放由控制存储器读出的一条微指令信息。其中微地址寄存器决定将要访问的下一条微指令的地址，而微命令寄存器则保存一条微指令的操作控制字段和判别测试字段的信息。

（3）地址转移逻辑。

在一般情况下，微指令由控制存储器读出后直接给出下一条微指令的地址，通常简称微地址，这个微地址信息就存放在微地址寄存器中。如果微程序不出现分支，那么下一条微指令的地址就直接由微地址寄存器给出。当微程序出现分支时，意味着微程序出现条件转移。在这种情况下，通过判别测试字段 P 和执行部件的“状态条件”反馈信息来修改微地址寄存器的内容并按修改好的内容读下一条微指令。地址转移逻辑就承担自动完成修改微地址的任务。

3. 微程序设计举例

下面以执行一条 load 指令为例，数据通路参考图 6—12。然后为每个微操作编号，整个数据通路图中一共有 23 个微操作，其编号对照表如表 6—1 所示：

表 6—1　　微操作编号对照表

序号	控制信号	功能描述	序号	控制信号	功能描述
1	PC→AB	指令地址送入地址总线	13	+	ALU 加法运算
2	ALU→PC	计算结果送入 PC	14	−	ALU 减法运算
3	PC+1	PC 内容+1	15	∧	ALU 逻辑乘
4	Imm(disp)→ALU	立即数或偏移量送入 ALU	16	∨	ALU 逻辑加
5	DB→IR	数据总线（指令）送入 IR	17	ALU→PC	ALU 结果送入 PC
6	DB→DR	数据总线（数据）送入 DR	18	ALU→GR	ALU 结果送入 GR
7	DR→DB	DR 送入数据总线	19	ALU→DR	ALU 结果送入 DR
8	rs1→GR	寄存器地址送入 GR	20	ALU→AR	ALU 结果送入 AR
9	rs，rd→GR	寄存器地址送入 GR	21	AR→AB	AR 送入地址总线
10	（rs1）→ALU	寄存器内容送入 ALU	22	$M/\overline{IO}$	存储器/IO 端口
11	（rs）→ALU	寄存器内容送入 ALU	23	$W/\overline{R}$	写/读
12	DR→ALU	DR 送入 ALU			

load 指令的格式如下：

load　rd,((rs1)+disp)

load 指令的功能：((rs1)+disp)→rd

将存储器中的操作数（其地址为((rs1)+disp)）读出，送到寄存器 rd 中存放。它由四条微指令解释执行，每一条微指令中的所有控制信号是同时发出的。每条微指令所需的控制信号如下。

（1）取指微指令。

指令地址送入地址总线：PC→AB(1)。

发访存控制命令：$M/\overline{IO}$=1(22)，$W/\overline{R}$=0(23)，从存储器取指令送入数据总线。

指令送入指令寄存器：DB→IR(5)。

程序计数器+1：PC+1(3)。

(2) 计算地址微指令。

取两个源操作数（计算地址用）：rs1→GR(8)，(rsl)→ALU(10)，disp→ALU(4)。

加法运算："+"→ALU(13)。

有效地址送入地址寄存器：ALU→AR(20)。

(3) 取操作数微指令。

数据地址送入地址总线：AR→AB(21)。

发访存控制命令：$M/\overline{IO}$=1(22)，$W/\overline{R}$=0(23)。由存储器将数据送入数据总线 DB。

数据送入数据寄存器：DB→DR(6)。

(4) 送结果微指令。

操作数送 ALU：DR→ALU(12)。

加法运算："+"→ALU(13)。

送结果：rd→GR(9)，ALU→GR(18)。

4. 微指令的组织

微指令最简单的组成形式是将每个控制信号用一个控制位来表示，当该位为"1"时定义为有控制信号，当该位为"0"时定义为没有控制信号。$M/\overline{IO}$和 $W/\overline{R}$ 则根据是访问存储器还是外部设备，以及是写还是读而设置成"1"或"0"。

由于共有 23 个控制信号，所以总共有 23 个控制位，假设控制存储器容量为 256 个字，则每条微指令还需要 8 位来表示下址。微指令格式如图 6—19 所示。

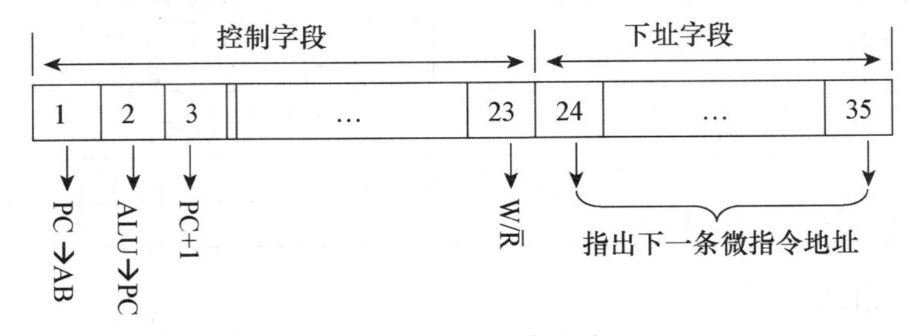

图 6—19 微指令格式

5. load 指令的微指令编码

load 指令由 4 条微指令组成，4 条微指令在微程序控制存储器中的组织形式如图 6—20 所示。其中每一小格表示一位（二进制），空格表示 0，第 24～35 位为下址。

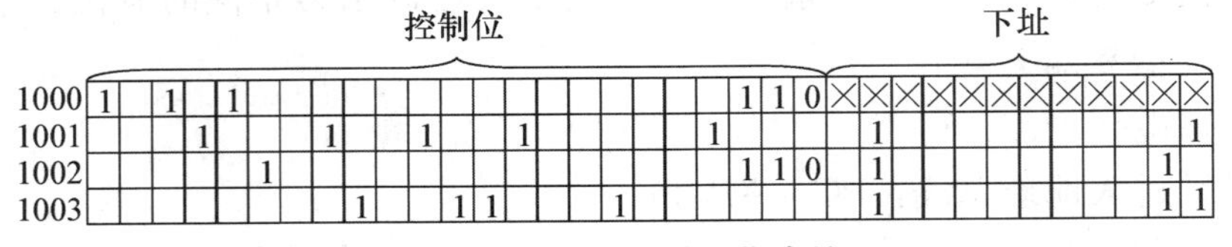

图 6—20 load 指令的微指令编码

由于所有的指令的第一条微指令都是取指微指令，因此，没有必要为每一条指令都设置一条取指微指令，结果是所有的指令的第一条微指令都指向同一条取指微指令。因此，不能为取指微指令指定下址，在图 6—20 中取指微指令的下址均为"×"。下址为"×"表示取指微指令执行之后，下址的获取必须与取得的指令相关。实现方法可以是当指令取到 IR 之后，根据操作码进行译码而得到指令的微程序的第一条微指令的地址。指令操作码译码可以用 ROM 实现，类似于查表方式，每条指令的操作码对应 ROM 表的入口，表项的内容就是指令对应的第一条微指令的地址。

将所有的指令均进行微指令的分析和微指令编码设计，每条指令对应的一系列微指令就构成了微程序。微程序流程图如图 6—21 所示。图中取指微指令为所有的指令所共有，因此，所有指令对应的微程序的第一条微指令都是取指微指令，其地址为 1000。取指微指令执行之后，下址的确定取决于指令的操作码。例如，1000 地址的取指微指令执行之后指令放在 IR 中，当对指令操作码译码之后，就得到该指令的微程序的第一条微指令的地址。如果是 load 指令，第一条微指令的地址就是 1001；如果是 add 指令，第一条微指令的地址就是 1004；如果是 branch 指令，第一条微指令的地址就是 1100。每条指令的微程序的最后一条微指令的下址都是 1000，即指向取指微指令，表示一条指令执行完毕，可以开始下一条指令的执行了。

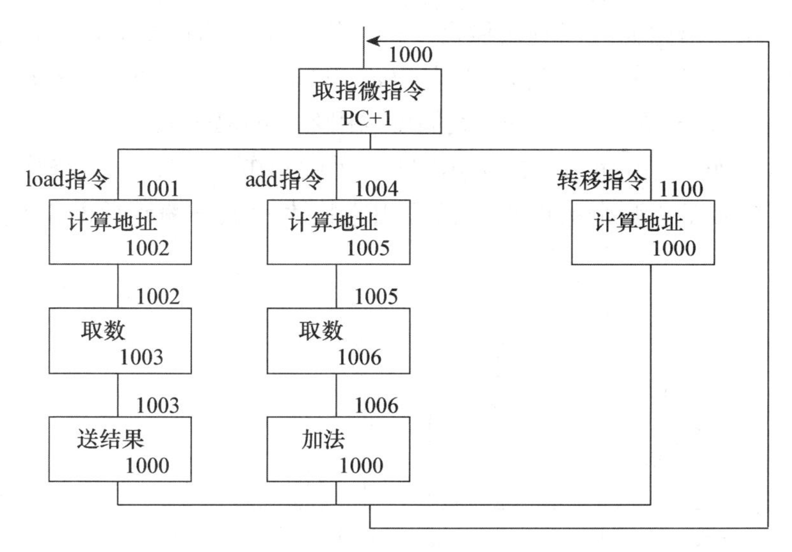

图 6—21　微程序流程图

6. 微指令编码技术

微指令编码技术就是对微指令中的操作控制字段采用的表示方法，一般有三种方法：直接表示法、编码表示法、混合表示法。

（1）直接表示法。

其特点是操作控制字段中的每一位代表一个微命令。这种方法的优点是简单直观，其输出直接用于控制。

缺点是微指令字较长，因而使控制存储器容量较大。前面介绍的微指令采用的就是这种方法。

（2）编码表示法。

编码表示法是把一组相斥性的微命令信号组成一个小组（即一个字段），然后通过小组（字段）译码器对每一个微命令信号进行译码，译码输出作为操作控制信号。

（3）混合表示法。

这种方法是把直接表示法与编码表示法混合起来使用，以便能综合考虑指令字长、灵活性、执行微程序速度等方面的要求。

水平型微指令的控制字段全部采用直接表示法，而垂直型微指令的控制字段全部采用编码表示，垂直型微指令一般用于不强调并行控制的环境。而一般的微指令采用的是混合表示法，介于水平型和垂直型之间。下面介绍微指令编码技术的应用。

首先介绍一下微操作互斥的概念。微操作互斥是指在同一条微指令中，由于硬件逻辑或操作逻辑，两个微操作不能同时出现。例如，在前面的 CPU 数据通路图中，微操作 PC→AB 和 AR→AB 不能同时出现，ALU 左输入端的（rs1）→ALU、PC→ALU、DR→ALU 不能同时出现等。我们把这些微操作称为互斥微操作。由于微操作存在互斥性，因而可以利用微操作的互斥，用编码技术缩短微指令长度。

例如，某微指令有 9 个微操作，命名为 a、b、c、…、i。如果其中 a、b 、c 互斥，d、e、f 互斥。针对微操作 a、b、c，我们可以用 2 位编码来表示。用 00 表示没有微操作，01 表示微操作 a，10 表示微操作 b，11 表示微操作 c。同理，微操作 d、e、f 也可以用 2 位编码来表示。剩余的微操作仍采用直接表示法。编码后的微指令结构如图 6—22 所示。

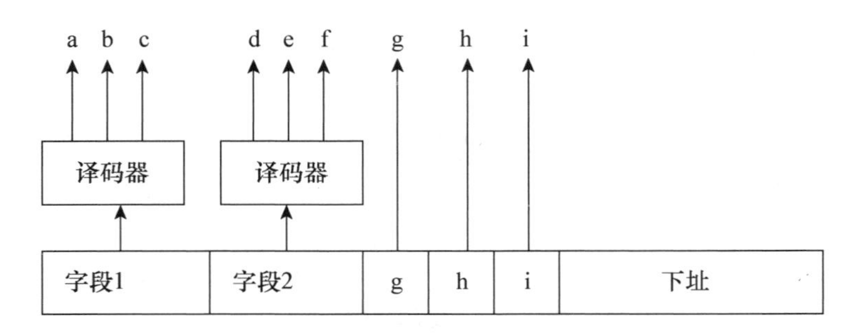

图 6—22　微指令的编码技术

7. 微指令下址产生技术

当前微指令执行完毕之后，下一条要执行的微指令就是后继微指令，后继微指令的地址称为后继微地址。因此，微程序流的控制就是怎样产生后继微指令的地址即后继微地址的方法。前面的方法中已经提到了两种方法：

（1）由指令操作码译码器产生后继微地址，一般可采用查找 ROM 微地址表格的方式实现；

（2）采用微指令下址字段指出后继微地址的方法。

但是，在实际应用中，微程序的设计所面临的情况更加复杂，例如，还需考虑除了顺序执行之外，在有分支和转移、微子程序调用和微中断服务程序调用等情况下，都将影响到后继微地址的形成过程。

下面介绍几种常见的后继微地址的形成方法。

（1）以增量方式产生后继微地址。

在顺序执行微指令时，后继微地址由当前微地址加一个增量（通常为 1）形成。而遇到非顺序执行时则需要产生一个转移微地址。

这种工作方式类似于一般指令执行的控制方式，即采用程序计数器的方法，只不过这里采用微程序计数器，用 μPC 表示。顺序执行时，μPC＋1；遇到转移类微指令时，μPC 和形成微地址的逻辑电路组合在一起产生后继地址。这种方式使得微指令的下址字段很短，其缺点是微程序的转移不够灵活，使得微程序在控存中的地址空间分配相当困难。

（2）增量与下址结合产生后继微地址。

将微指令的下址字段分为两个部分：转移控制字段 BCF（branch control field）和转移地址字段 BAF（branch address field）。当微程序顺序执行时，执行 μPC＋1；需要转移时，将 BAF 直接送入 μPC。

通过对控制字段的设计，我们可以实现各种条件下的转移。假设 BCF 是 3 位，可以表示 0～7 共 8 个状态。通过对每个状态的定义，针对后继微地址的产生采用不同的策略，例如：

BCF＝0，顺序执行微指令，μPC＋1 作为后继微地址；

BCF＝1，条件转移微指令，根据 cond1 的真假来产生后继微地址；

BCF＝2，条件转移微指令，根据 cond2 的真假来产生后继微地址；

⋮

BCF＝7，由操作码译码器产生后继微地址，这是取指令后要执行的第一条微指令。

6.6　硬布线逻辑控制器和微程序控制器的比较

硬布线控制器与微程序控制器相比较，除了在操作控制信号的形成方式上有较大的区别外，其他方面没有本质的区别。对于实现相同的一条指令，不管是采用硬布线控制技术还是采用微程序控制技术，都可以采用多种逻辑设计方案，这导致了各种不同的控制器在具体实现方法和手段上的区别及性能的差异。硬布线控制与微程序控制的主要区别归纳为如下两个方面。

1. 实现方式

由于硬布线逻辑控制部件一旦构成后，除非重新设计和物理上对它重新布线，否则要想增加新的控制功能是不可能的。硬布线控制器是计算机中最复杂的逻辑部件之一。当执行不同的机器指令时，通过激活一系列彼此很不相同的控制信号来实现对指令的解释，其结果使得控制器往往很少有明确的结构而变得杂乱无章。结构上的这种缺陷使得硬布线控制器的设计和调试非常复杂且代价很大。正因为如此，硬布线控制器逐渐被微程序控制器所取代。

微程序控制器的控制功能是在存放微程序存储器和存放当前正在执行的微指令的寄存器的直接控制下实现的，而硬布线控制的功能则由逻辑门组合实现。微程序控制器的电路比较规整，各条指令控制信号的差别集中在控制存储器内容上，因此，无论增加还是修改指令，只要增加或修改控制存储器内容即可，如控制存储器是 ROM，则要更换芯片，在设计阶段可以先用 RAM 或 EPROM 来实现，验证正确后或成批生产时再用 ROM 代替。硬布线控制器的控制信号先用逻辑式列出，经化简后用电路来实现，因此，显得零乱复杂，当需要修改指令或增加指令时就必须重新设计电路，非常麻烦而且有时甚至无法改变。因此，微程序控制取代了硬布线控制并得到了广泛应用，尤其是指令复杂的计算机，一般都采用微程序来实现控制功能。

2. 性能

在同样的半导体工艺条件下，微程序控制的速度比硬布线控制的速度低，因为执行每条微程序指令都要从控制存储器中读取，影响了速度；而硬布线控制逻辑主要取决于电路延时，因而在超高速机器中，对影响速度的关键部分（如核心部件 CPU）往往采用硬布线逻辑实现。随着新一代机器及 VLSI 技术的发展与不断进步，硬布线的随机逻辑设计思想又得到了重视，现代新型计算机体系结构（如 RISC）中多采用硬布线控制逻辑。

6.7 CPU 的流水线技术

流水线（pipeline）技术是指在程序执行时多条指令重叠进行操作的一种准并行处理实现技术。流水线技术是一种将指令分解为多步并让不同指令的各步操作重叠，从而实现几条指令并行处理，以加速程序运行过程的技术。指令的每一步由各自独立的电路来处理，每完成一步，就进到下一步，而前一步则处理后续指令。

流水线技术是由 Intel 首次在 486 芯片中开始使用。流水线的工作方式就像工业生产中的装配流水线。在 CPU 中由 5～6 个不同功能的电路单元组成一条指令处理流水线，然后将一条 X86 指令分成 5～6 步后再由这些电路单元分别执行，这样就能实现在一个 CPU 时钟周期完成一条指令，因此提高了 CPU 的运算速度。经典奔腾 CPU 每条整数流水线都分为四级流水，即指令预取、译码、执行、写回结果，浮点流水线分为八级流水。

6.7.1　工作原理

借鉴了工业流水线制造的思想，现代 CPU 也采用了流水线设计。在工业制造中采用流水线可以提高单位时间的生产量；同样在 CPU 中采用流水线设计也有助于提高 CPU 的运算速度。先以汽车装配为例来解释流水线的工作方式。假设装配一辆汽车需要 4 个步骤：（1）冲压：制作车身外壳和底盘等部件；（2）焊接：将冲压成形后的各部件焊接成车身；（3）涂装：将车身等主要部件清洗、化学处理、打磨、喷漆和烘干；（4）总装：将各部件（包括发动机和从外采购的零部件）组装成车。同时相应地需要冲压、焊接、涂装和总装四个工人。采用流水线的制造方式，同一时刻四辆汽车在装配。如果不采用流水线，那么第一辆汽车依次经过上述四个步骤装配完成之后，下一辆汽车才开始进行装配，最早期的工业制造就是采用这种原始的方式。未采用流水线的原始制造方式，同一时刻只有一辆汽车在装配。

不久之后人们就发现，某个时段中一辆汽车在进行装配时，其他三个工人处于闲置状态，显然这是对资源的极大浪费。于是开始思考能有效利用资源的方法：在第一辆汽车经过冲压进入焊接工序的时候，立刻进行第二辆汽车的冲压，而不是等到第一辆汽车经过全部四个工序后才开始。之后的每一辆汽车都是在前一辆冲压完毕后立刻进入冲压工序，这样在后续生产中就能够保证四个工人一直处于工作状态，不会造成人员的闲置。这种生产方式就好似流水川流不息，因此被称为流水线。

CPU 的工作可以大致分为指令的获取、译码、运算和结果的写入四个步骤，采用流水线设计之后，指令（类似待装配的汽车）就可以连续不断地进行处理。在同一个时间段内，显然拥有流水线设计的 CPU 能够处理更多的指令。

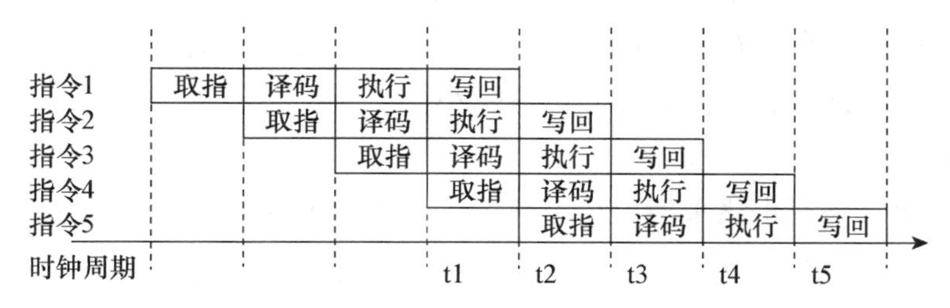

图 6—23　CPU 流水线

6.7.2　流水线时空图

描述流水线的工作过程时通常采用时（间）空（间）图的方法。在时空图中，横坐标表示时间，是输入到流水线中的各个任务在流水线中所经过的时间。纵坐标表示空间，即流水线的各个子过程。假设流水线中的各个功能部件的执行时间都相等，横坐标被分割成相等长度的时间段。根据前面 CPU 执行指令的 4 个阶段：取指、译码、执行、回送，一共执行 10 条指令的流水线时空图如图 6—24 所示。

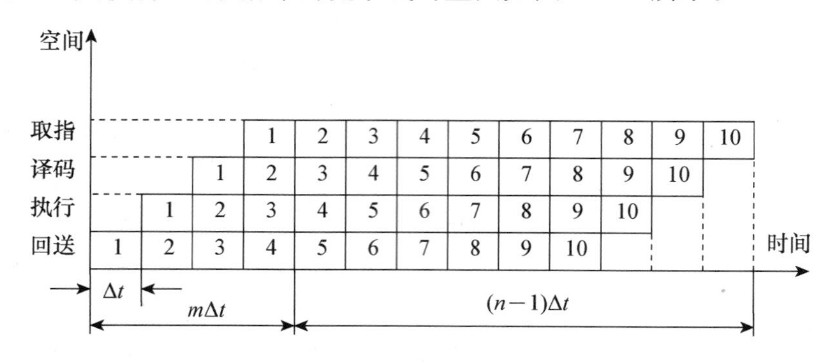

图 6—24　CPU 流水线时空图

该图中，一共有 m 个功能部件，有 n 个任务（指令）流过流水线。每个部件处理的时间为 Δt，整个流水线的处理时间为 $m\Delta t+(n-1)\Delta t$。

6.7.3　流水线性能指标

衡量一种流水线处理方式的性能高低的数据主要由吞吐率、加速比和效率这三个参数来决定。

图 6—24 中，最大吞吐率为 $T_{\mathrm{pmax}}=1/\Delta t$，而实际吞吐率表示流水线处理任务数和实际所花时间之比，为 $T_{\mathrm{p}}=n/(n\Delta t+(m-1)\Delta t)$。

1. 吞吐率

吞吐率指的是计算机中的流水线在特定的时间内可以处理的任务或输出数据的结果的数量。流水线的吞吐率可以进一步分为最大吞吐率和实际吞吐率。它们主要和流水段的处理时间、缓存寄存器的延迟时间有关，流水段的处理时间越长，缓存寄存器的延迟时间越大，这条流水线的吞吐量就越小。

2. 加速比

加速比是指某一流水线采用串行模式的工作速度和采用流水线模式的工作速度的比值。数值越大，说明这条流水线的工作安排方式越好。加速比为

$$S_{\mathrm{p}}=\frac{nm\Delta t}{m\Delta t+(n-1)\Delta t}=\frac{nm}{m+n-1}=\frac{m}{1+(m-1)/n}$$

3. 效率

效率指流水线中各个部件的利用率。流水线在开始工作时存在建立时间；在结束时存在排空时间，各个部件不可能一直在工作，总有某个部件在某一个时间处于闲置状态。一般用处于工作状态的部件和总部件的比值来说明这条流水线的工作效率。效率为

$$E=\frac{mn\Delta t}{m(m+n-1)\Delta t}=\frac{n}{m+n-1}=\frac{S_p}{m}=T_p\cdot\Delta t$$

6.7.4 影响因素

流水线处理方式是一种时间重叠并行处理的处理技术，具体地说，就是流水线可以在同一个时间启动两个或两个以上的操作，借此来提高性能。为了实现这一点，流水线必须时时保存畅通，让任务充分流水，但实际中会出现两种情况使流水线停顿下来或不能启动：

（1）多个任务在同一时间周期内争用同一个流水段。例如，在指令流水线中，如果数据和指令放在同一个储存器中，并且访问接口也只有一个，那么两条指令就会争用存储器；在一些算术流水线中，有些运算会同时访问一个运算部件。

（2）数据依赖。比如，A 运算必须得到 B 运算的结果，但是 B 运算还没有开始，A 运算就必须等待，直到 B 运算完成，两次运算不能同时执行。

解决方案：

第一种情况，增加运算部件的数量来使它们不必争用同一个部件；

第二种情况，用指令调度的方法重新安排指令或运算的顺序。

6.7.5 超级流水线

超级流水线（superpipeline）又叫做深度流水线，它是为了提高 CPU 的速度通常采取的一种技术。CPU 处理指令是通过 Clock 来驱动的，每个 Clock 完成一级流水线操作。每个周期所做的操作越少，需要的时间就越短，时间越短，频率就可以提得越高。超级流水线就是将 CPU 处理指令时的操作进一步细分，通过增加流水线级数来提高频率。频率高了，当流水线运行时平均每个周期完成一条指令（单发射情况下），这样 CPU 处理的速度就提高了。当然，这是理想情况，一般是流水线级数越多，重叠执行的执行就越多，那么发生竞争冲突的可能性就越大，对流水线性能有一定影响。现在很多 CPU 都是将超标量和超级流水线技术一起使用，例如 Pentium Ⅳ，流水线达到 20 级，频率最快已经超过 3GHz。而第四章介绍的经典指令系统 MIPS 只有 5 级流水。

1. 超标量

将一条指令分成若干个周期处理以达到多条指令重叠处理，从而提高 CPU 部件利

用率的技术叫做标量流水技术。超标量是指 CPU 内一般能有多条流水线，这些流水线能够并行处理，如图 6—25 所示。在单流水线结构中，指令虽然能够重叠执行，但仍然是顺序的，每个周期只能发射（issue）或退休（retire）一条指令。超标量结构的 CPU 支持指令级并行，每个周期可以发射多条指令（2～4 条居多）。可以使得 CPU 的 IPC（InstructionPerClock）>1，从而提高 CPU 的处理速度。超标量机能同时对若干条指令进行译码，将可以并行执行的指令送往不同的执行部件，在程序运行期间，由硬件（通常是状态记录部件和调度部件）来完成指令调度。超标量机主要是借助硬件资源重复（例如有两套译码器和 ALU 等）来实现空间的并行操作。著名的 Pentium 系列、SUN SPARC 系列的较高级型号，以及 MIPS 若干型号等都采用了超标量技术。

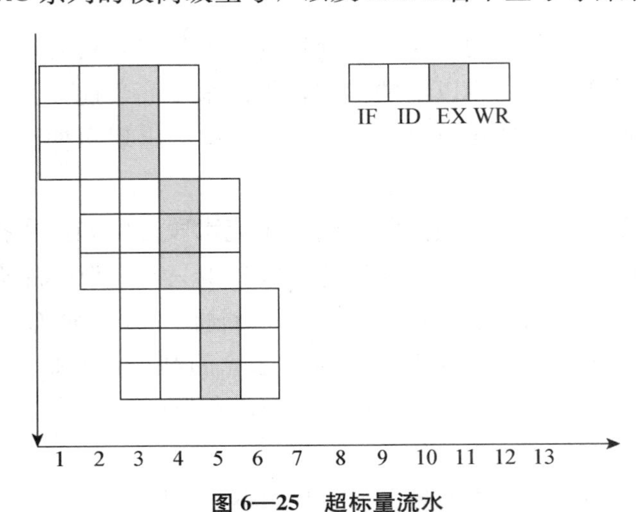

图 6—25 超标量流水

2. 超长指令字

超常指令字（very long instruction word，VLIW）是由美国耶鲁大学教授 Fisher 提出的，如图 6—26 所示。它有点类似于超标量，是一条指令来实现多个操作的并行执行，之所以放到一条指令是为了减少内存访问次数。通常一条指令多达上百位，有若干操作数，每条指令可以做不同的几种运算。哪些指令可以并行执行是由编译器来选择的。通常 VLIW 机只有一个控制器，每个周期启动一条长指令，长指令被分为几个字段，每个字段控制相应的部件。由于编译器需要考虑数据相关性，避免冲突，并且尽可能利用并行，完成指令调度，所以编译器的复杂性提高了，硬件复杂性降低了。

VLIW 机器较少，可能不太容易实现，业界比较有名的 VLIW 公司之一是 Transmeta，在加州硅谷圣克拉拉（硅谷圣地之一，此外还有圣何塞和帕罗奥图）。它做的机器采用 X86 指令集，VLIW 实现，具体资料可以访问公司的网站查询。

3. 向量机

一般场合使用的计算机都是标量机。向量机一般是大型或巨型计算机，用于军事工业、气象预报以及其他大型科学计算领域，这也说明向量机都很贵，国产的银河计

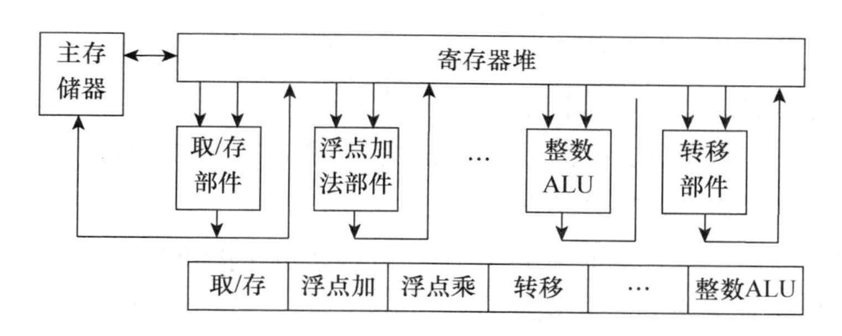

图 6—26　超长指令字

算机就是向量机。普通的计算机所做的计算，例如加减乘除，只能对一组数据进行操作，称为标量运算。向量运算一般是若干同类型标量运算的循环。向量运算通常是对多组数据成批进行同样的运算，所得结果也是一组数据。很多做科学计算的大（巨）型机都是向量机。图 6—27 所示的是寄存器型运算流水线。

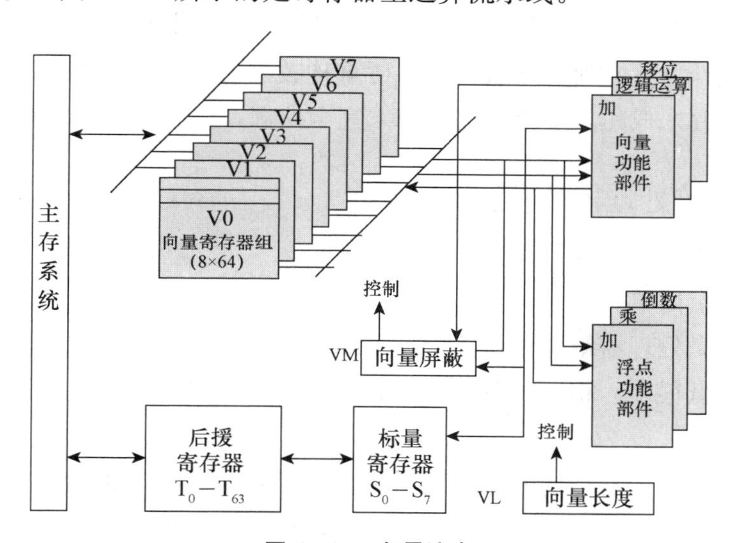

图 6—27　向量流水

6.8　CPU 的多核技术

CPU 多核技术是指在一枚处理器中集成两个或多个完整的计算引擎（内核），多核处理器是单枚芯片（也称为“硅核”），能够直接插入单一的处理器插槽中，但操作系统会利用所有相关的资源，将它的每个执行内核作为分立的逻辑处理器。通过在两个执行内核之间划分任务，多核处理器可在特定的时钟周期内执行更多任务。

6.8.1　CPU 多核技术的发展

从技术上来说，单核处理器已经不能满足日益增长的对性能的要求了。多核技术的开发源于工程师们认识到，仅提高单核芯片的速度会产生过多热量且无法带来相应的性能改善，先前的处理器产品就是如此。以先前产品中的那种速率，处理器产生的热量使得CPU无法正常工作，即使不考虑热量问题，其性价比也令人难以接受，因为速度稍快的处理器价格要高很多。

多核处理器以其高性能、低功耗优势正逐步取代传统的单处理器成为市场的主流。多核处理器也称为片上多处理器（chip multi-processor，CMP），或单芯片多处理器。自1996年美国斯坦福大学首次提出片上多处理器（CMP）思想和首个多核结构原型，到2001年IBM推出第一个商用多核处理器POWER4，再到2005年Intel和AMD多核处理器的大规模应用，最后到现在多核成为市场主流，多核处理器经历了十几年的发展。

在这个过程中，多核处理器的应用范围已覆盖了多媒体计算、嵌入式设备、个人计算机、商用服务器和高性能计算机等众多领域，多核技术及其相关研究也迅速发展，比如多核结构设计方法、片上互联技术、可重构技术、下一代众核技术等。然而，多核处理器的技术并未成熟，多核的潜力尚未完全挖掘，仍然存在许多待研究的问题。

6.8.2 多核处理器的优点

多核处理器主要具有以下几个显著的优点：

（1）控制逻辑简单。

相对超标量微处理器结构和超长指令字结构而言，单芯片多处理器结构的控制逻辑复杂性要明显低很多，相应的单芯片多处理器的硬件实现必然要简单得多。

（2）主频率高。

由于单芯片多处理器结构的控制逻辑相对简单，包含极少的全局信号，因此线延迟对其影响比较小，所以，在同等工艺条件下，单芯片多处理器的硬件实现要获得比超标量微处理器和超长指令字微处理器更高的工作频率。

（3）通信延迟小。

由于多个处理器集成在一块芯片上，且采用共享Cache或者内存的方式，多线程的通信延迟会明显降低，这样也对存储系统提出了更高的要求。

（4）低功耗。

通过动态调节电压/频率、负载优化分布等，可有效降低CMP功耗。

（5）设计和验证周期短。

微处理器厂商一般采用现有的成熟单核处理器作为处理器核心，从而可缩短设计和验证周期，节省研发成本。

多核心处理器技术的引入是提高处理器性能的有效方法。因为处理器实际性能是处理器在每个时钟周期内所能处理的指令数的总量，因此增加一个内核，处理器每个时钟周期内可执行的单元数将增加一倍。

6.8.3　多核处理器体系结构

1. 多线程技术

传统的 CPU 在某一时间只能处理一个指令序列，通常我们把它称为一个线程。在线程处理的过程中，CPU 的处理单元需要不断调入指令与数据进行处理。随着 CPU 技术的发展，CPU 的主频与性能不断提高，需要调入指令和数据的速度不断提高。但遗憾的是，内存技术的发展并没有跟上 CPU 发展的速度，内存通常无法提供足够的指令和数据给 CPU 进行处理。

为了解决这个问题，通常采用多级缓存的方式。CPU 处理单元中的寄存器是最快的，可以在一个时钟周期内提供指令和数据。其次是一级缓存，大小通常为几十 KB，需要几个时钟周期的访问时间。再下面是二级缓存，大小通常为几 MB，需要十几个时钟周期的访问时间。然后是内存，从内存中取得数据需要几十个时钟周期。而最慢的是硬盘，通常需要几千甚至几万个时钟周期的访问时间。

当 CPU 需要处理下一条指令时，通常按照寄存器、一级缓存、二级缓存、内存、硬盘这一顺序去查找。但如果在内存中仍然找不到需要的指令或数据，系统会进行上下文切换（context switch），终止此线程在 CPU 上的运行，使其处于等待状态，而让其他线程运行。而线程间的上下文切换需要几十个时钟周期。

为了提高 CPU 处理单元的利用率，人们采用了线程级的并行技术，即在 CPU 的核心中执行一个以上的指令序列。对于操作系统来说，一个物理的处理器相当于两个逻辑的处理器，目前有三种实现多线程技术的方式。

（1）传统多线程。

也称粗粒度多线程，在任一时刻只有一个线程执行，当线程遇到一个长延迟事件时，如二级缓存不命中，则系统调度另一个线程执行，而不是让系统资源空转等待此线程。这一机制可以提高整个系统的利用率。这两个线程共享许多系统资源，如 CPU 的寄存器和缓存等，因此这两个线程的切换比上下文切换要快得多，只需要几个时钟周期。IBM 在使用 PowerPC RS64 Ⅳ处理器的 pSeries 680 和 pSeries 660－6M1 上使用过这种粗粒度的多线程技术。

传统多线程实际上是将多个指令流交替执行，并不能真正实现同时执行。在任何时间点上，CPU 只能执行一个指令流。传统多线程的调度是操作系统按照线程的优先级进行的，传统多线程技术是基于单核平台的，这和多线程平台上的多线程技术有本质的区别。

（2）细粒度多线程。

另一种与粗粒度多线程技术相对的是细粒度多线程技术，采用这种多线程的系统循环地执行两个线程的指令，这就需要在处理器的设计上增加许多冗余的部件。当一个线程遇到一个长延迟事件时，对应这一线程执行的时钟周期仍然没有被利用。

（3）同步多线程（SMT）。

同步多线程技术也称超线程技术，通过复制体系结构状态信息的方法创建多个逻辑处理器，支持操作系统和应用程序将多个线程调度到多个逻辑处理器上并行执行相关操作。

同步多线程技术与其他的多线程技术一样，能够从多个线程中取出指令来运行，能够同时执行不同线程的指令。通过同步多线程技术，系统能够动态调整系统环境，如有可能同时执行不同线程的指令。当一个线程遇到长延迟事件时，允许另一个线程使用所用的处理单元。

2. 多线程技术和多核技术的不同

多线程就是在一个单个的处理核心内同时运行多个工作线程的技术，与 CMP（chip multiprocessor，芯片多处理器）不同，后者是通过集成多个处理内核的方式来让系统的处理能力提升——也就是现在常见的多核技术。主流的处理器都使用了 CMP 技术。

然而 CMP 技术大规模增加了相应的电路，从而增加了成本，多线程技术却不是这样，它只需要增加规模很小的部分线路（通常约 2%）就可以提升处理器的总体处理能力，从而可以很简单地提升相关应用的性能。

表 6—2　　不同多线程架构的异同

多线程技术	线程间共享资源	线程切换机制	资源利用率
粗粒度多线程	除取指令缓冲、寄存器、控制逻辑外	流水线停顿时	提升单个执行单元利用率
细粒度多线程	除寄存器、控制逻辑外	每时钟周期	提升单个执行单元利用率
同步多线程	除取指令缓冲、返回地址堆栈、寄存器、控制逻辑、重排序缓冲、Store 队列外	所有线程同时活动，无切换	提升多个执行单元利用率

单核多线程则是在单个计算引擎上，以主频的形式分时复用地执行多个程序，虽然看上去是多个程序并行执行，但实际上仍然是一个处理器在工作，只是主频较高，不会被用户所察觉。

多核技术是在一枚处理器中集成两个或多个完整的计算引擎。它可以在多个计算引擎上同时运行程序，或者说，一个程序可以在多个处理器上进行。在没有执行顺序冲突的情况下，真正缩短了运行时间，提高了计算效率。

3. 多核技术

芯片多处理器（CMP）就是将多个计算内核集成在一个处理器芯片中，从而提高计算能力。

按计算内核对等与否，CMP 可分为同构多核和异构多核。计算内核相同且地位对等的称为同构多核，现在 Intel 和 AMD 主要的双核处理器就是同构的双核处理器。计算内核不同且地位不对等的称为异构多核，异构多核多采用“主处理核＋协处理核”的设计，IBM、索尼和东芝等联手设计推出的 Cell 处理器正是这种异构架构。

处理核本身的结构关系到整个芯片的面积、功耗和性能。怎样继承和发展传统处理器的成果，直接影响多核的性能和实现周期。同时，根据阿姆达尔定理，程序的加速比受制于串行部分的比例和性能，所以，从理论上来看似乎异构微处理器的结构具有更好的性能。

CMP 处理器的各 CPU 核心执行的程序之间需要进行数据的共享与同步，因此其硬件结构必须支持核间通信。高效的通信机制是 CMP 处理器高性能的重要保障，目前比较主流的片上高效通信机制有两种：一种是基于总线共享的 Cache 结构，一种是基于片上的互联结构。

总线共享 Cache 结构是指每个 CPU 内核拥有共享的二级或三级 Cache，用于保存比较常用的数据，并通过连接核心的总线进行通信。这种系统的优点是结构简单，通信速度高，缺点是基于总线的结构可扩展性较差。总线共享 Cache 结构的多核结构如图 6—28 所示。

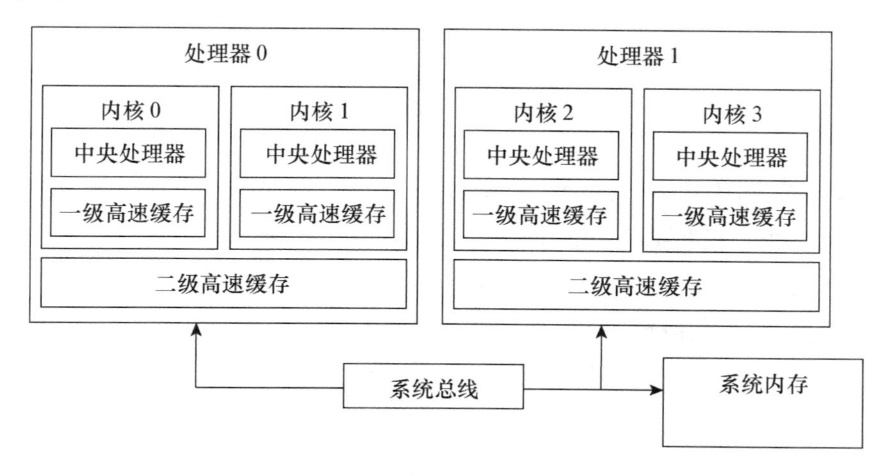

图 6—28　总线共享 Cache 多核体系结构

基于片上互连的结构是指每个 CPU 核心具有独立的处理单元和 Cache，各个 CPU 核心通过交叉开关或片上网络等方式连接在一起。各个 CPU 核心间通过消息通信。这种结构的优点是可扩展性好，数据带宽有保证；缺点是硬件结构复杂，且软件改动较大。基于片上互连 Cache 结构的多核结构如图 6—29 所示。

4. 多核技术带来编程的挑战

如何有效地利用多核技术，对于多核平台上的应用程序员来说是个首要问题。客

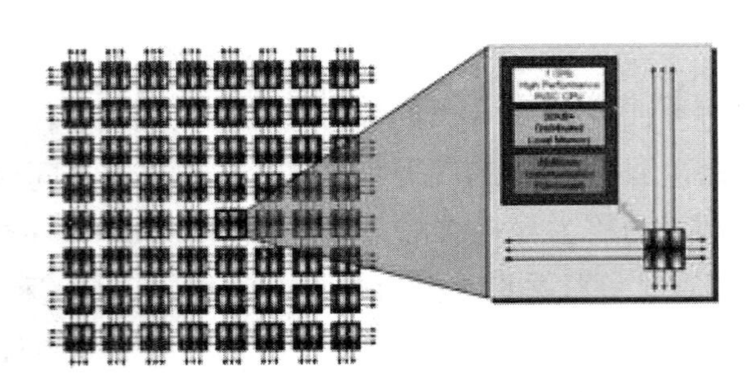

图 6—29　片上互连的多核体系结构

户端应用程序开发者多年来一直停留在单线程世界，生产所谓的“顺序软件”，但是多核时代到来的结果是软件开发者必须找出新的开发软件的方法，选择程序执行模型。

程序执行模型的适用性决定多核处理器能否以最低的代价提供最高的性能。程序执行模型是编译器设计人员与系统实现人员之间的接口。编译器设计人员决定如何将一种高级语言程序按一种程序执行模型转换成一种目标机器语言程序；系统实现人员则决定该程序执行模型在具体目标机器上的有效实现。当目标机器是多核体系结构时，产生的问题是：多核体系结构如何支持重要的程序执行模型？是否有其他的程序执行模型更适于多核的体系结构？这些程序执行模型能多大程度上满足应用的需要并为用户所接受？

第六章习题

1. 假设 CPU 结构如下图，包含一个累加器 AC、一个状态寄存器和其他四个寄存器，各部分的连线表示数据通路，箭头表示信息传送方向。

（1）请写出图中 a、b、c、d 四个寄存器的名称。

（2）简述指令从主存储器取指/数到控制器的数据通路。

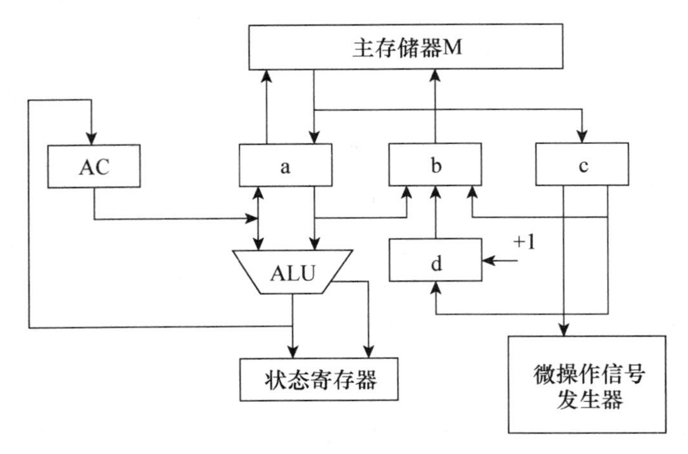

2. 参照正文中图 6—12 的数据通路，根据以下 3 条指令的执行过程，写出每条指令执行时的微指令和每个微指令中包含的微操作信号。

（1）JMP Disp（PC 相对寻址）。

（2）Load rs，@rs1（寄存器间接寻址）。

（3）ADD rs，rs1（寄存器寻址）。

3. 某 CPU 的指令系统有如下 4 条指令：

mov rs，rs1

add rs，rs1

load rs，(rs1＋disp)

store rs，(rs1＋disp)

假设 mov 和 add 占用 2 个机器周期（C1，C2），load 和 store 占用 4 个机器周期（C1，C2，C3，C4），按照正文中图 6—12 的数据通路，试写出：

（1）每个指令的微操作。

（2）微操作控制信号“＋”（13）和“W/R”（23）的硬布线实现逻辑表达式。

4. 假设某计算机采用 5 级流水线（取指、译码、执行、访存、写回），共有 12 条指令连续输入此流水线。

（1）请画出流水线的时空图，假设时钟周期为 100ns；

（2）试求流水线的实际吞吐率，即单位时间内完成的指令数；

（3）试求流水线的加速比（顺序执行和流水执行的时间加速比）。

第七章

第五章介绍了计算机中的主存储器，即内存。CPU 会通过直接和快速的内存打交道来读写数据。但是面对现在越来越大的数据量，内存面临两个严峻的挑战：一是内存的容量较小，不能将全部的数据和程序都装在内存中；二是内存属于易失性存储，一旦断电，内存中的所有数据会马上全部丢失，这是现代计算机系统完全无法承受的严重后果。

以磁盘和闪存为代表的外部存储器就是用来解决内存无法解决的这两个问题的。磁盘和闪存的访问速度比内存慢，在计算机系统中属于 I/O 设备，由于距离 CPU 比较远，因此一般被称为外部存储器。外部存储器和内存在特性上是互补的，外部存储器虽然更慢，但它的容量更大，价格更便宜，而且属于非易失存储，即断电也不会导致数据丢失，非常可靠。因此，外部存储器在整个计算机系统中是非常重要的一个组成部分。

本章将重点介绍磁盘和闪存这两种典型的外部存储器。

7.1　磁盘存储器

7.1.1　磁盘的发展历史和存储原理

1. 磁盘的发展历史

主存储器一般是易失性的，断电之后内容就会丢失。而计算机中的程序和数据需要长期保存，必须有非易失的存储器才能做到。早期的电子计算机以穿孔纸带（如图7—1所示）作为非易失存储器。但穿孔纸带在存储密度、操作便捷度等方面都没有优势，后来逐渐被磁存储介质所取代。磁性物质被磁化后，即使电源中断，磁性物质产生的磁极也能继续长期地保存数据。

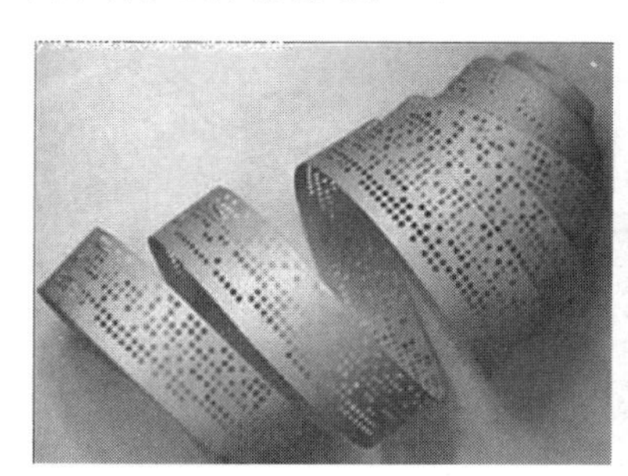
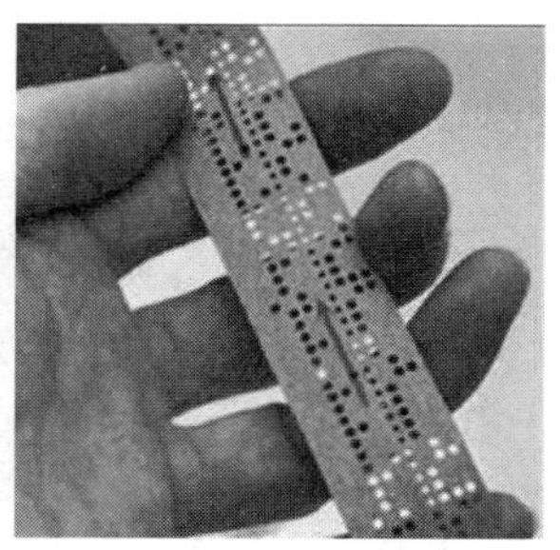

图7—1　早期电子计算机以穿孔纸带作为非易失存储器

图7—2展示了20世纪50年代的磁存储设备。图中右边的圆柱体是表面涂上磁性物质的磁鼓。磁鼓由坚硬的外壳保护，而外壳则连接许多电缆线，图7—2为外壳打开的状态。这些电缆线连接至读写头，而每个磁道都有其专用读写头，但读写臂无法移动，这一点不同于现在的硬盘。因此有多少磁道，就须连接多少读写头。虽然读写头之间的空隙不能用于记录数据，有一定的浪费，但由于不须控制读写头的移动和定位，设备的设计和制造更为简单。

当时，若要以此技术来增加储存容量，就须加长磁鼓和增加读写头，或增加磁鼓半径以扩大周长。图7—3展示了不同尺寸、不同容量的早期磁存储设备。

世界上第一块硬盘诞生于1956年：IBM公司的305RAMAC（见图7—4）。它具有两个冰箱的体积，不过其存储容量只有5MB。虽然磁录机制的原理并无差异，但其磁鼓被更换为24寸磁盘。此硬盘共包含50片磁盘，且通过单一马达来驱动旋转。这种工作方式为今日多盘片硬盘机的原始形式。

20世纪60年代后半段，具有可拆式磁盘媒体的硬盘问市。图7—5中的磁盘组包含4～6片直径14寸的磁盘，固定在马达转轴上。可拆式磁盘便于用户扩充其储存容量。此时的硬盘容量约200MB～400MB。存储容量随着每一代磁盘组的发展而递增。

图 7—2　20 世纪 50 年代的磁记录装置，具有磁鼓和许多读写头，容量为 16KB

图 7—3　磁鼓型磁录装置，磁鼓大小显示所含容量，当时有各式容量的磁鼓

1973 年，IBM3340 硬盘问世，如图 7—6 所示。它拥有“温彻斯特”的绰号，简称温盘，因为它的两个 30MB 的存储单元恰好是当时出名的“温彻斯特来复枪”的口径和填弹量。至此，硬盘的基本架构被确立。IBM3340 最突出的特点是它的磁头和盘片不发生接触，这在当时是一个巨大的技术创新。技术人员想到让磁头在盘片上方“飞行”，与盘片保持一个非常近的距离。这样，盘片就能旋转得很快而不会出现因摩擦造成的硬盘损伤。磁头被固定在一个能沿盘片径向运动的臂上。由于磁头相对盘片高速运动，并且二者距离很近，哪怕是一丁点灰尘也会造成磁盘的损坏。

1980 年，两位 IBM 的前员工在自己创立的公司中开发出了 5.25 英寸规格的 5MB 硬盘，这是首款面向个人计算机的产品，而该公司正是希捷公司，是当前磁盘市场的两大巨头之一（另一家为西部数据）。

图 7—4　1956 年 IBM 的 305RAMAC，重达 1 吨以上，需要飞机托运

图 7—5　具有可拆式磁盘媒体的磁录装置，于 20 世纪 60 年代下半段推出

20 世纪 80 年代末，IBM 公司推出了 MR（magneto resistive，磁致电阻效应）技术，使磁头的灵敏度大大提升，使盘片的存储密度提升了数十倍，该技术为磁盘容量的巨大提升奠定了基础。1991 年，IBM 应用该技术推出了首款 3.5 英寸的 1GB 硬盘。此后的时间里，硬盘的存储容量迅速提升，1991 年之后存储容量每年可提升 60%～80%，后来甚至以 100%～200%的速度提升。2007 年，日立公司（后被西部数据收购）发售全球首款 1TB 容量的硬盘；2009 年，西部数据公司推出 2TB 容量的硬盘；2010 年，日立推出 5TB 容量的硬盘，相当于半个人脑的存储量。

图 7—6 IBM3340 于 1973 年问世，确立了现代硬盘的基本架构，右图为无尘室中的 IBM3340

2. 磁盘存储原理

磁性存储设备的原理实际是磁滞现象。磁滞现象是指铁磁性物理材料在磁化和去磁过程中，铁磁质的磁化强度不仅依赖于外磁场强度，还依赖于原先磁化强度的现象。当外加磁场施加于铁磁质时，其内部原子的磁化方向按照外加场自行排列。即使外加场被撤离，部分排列也仍然保持。此时，该材料被磁化。一旦被磁化，其磁性会继续保留。

现代磁盘通过磁头来磁化盘片介质上的铁磁材料，无论读操作还是写操作，都是介质在磁头下匀速移动时进行的，所以磁盘的读出或写入速度是与盘片的转动速度紧密相关的。如图 7—7 所示，磁头是一种软磁材料，当写入线圈施加不同方向的电流时，磁头被磁化，形成一定方向和强度的磁场。由于磁头上存在工作间隙，在间隙处形成漏磁场。在漏磁场的作用下，工作间隙下面的磁盘盘片上的介质上的微小区域内的磁性粒子向某一方向磁化，形成一个磁化单元。不同的磁化方向可以代表二进制信息的 0 或者 1，即每个磁化单元可以存储 1 位（bit）。

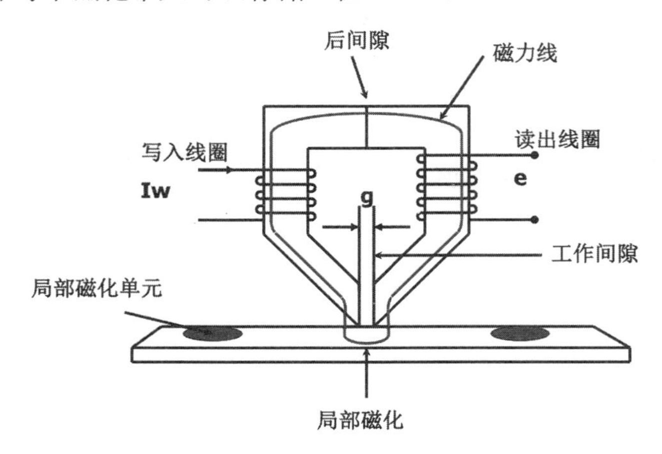

图 7—7 磁头的读写原理

磁盘盘片上的介质是硬磁材料，磁滞现象很明显，磁头形成的外磁场消失之后，介质上粒子的磁化方向可以长时间不变，能够长久地保存信息。而磁头上的软磁材料具有很弱的磁滞现象，外磁场消失后，磁头就恢复原状。

读出操作时，无论介质上的磁化单元是哪一种剩磁状态，磁头和介质的相对移动都会切割磁力线，因而在读出线圈的两端产生感应电压，进而产生电流。通过电流的变化可以读出磁化单元的存储内容。

从前面的磁盘的发展历史可见，磁盘的发展过程主要是提升存储密度和存储容量的过程。在这个过程中，从水平记录发展到垂直记录是一个提升存储密度的重要技术进步。水平记录是指每个磁化单元的磁化方向是水平排列的，而垂直记录则为垂直方向（见图 7—8）。垂直记录下每个磁化单元可以更小，进而能够达到更大的存储密度。但是要求磁头具有更高的灵敏度和更大的磁场强度。2005 年，东芝率先推出了采用垂直记录方式的磁盘产品。

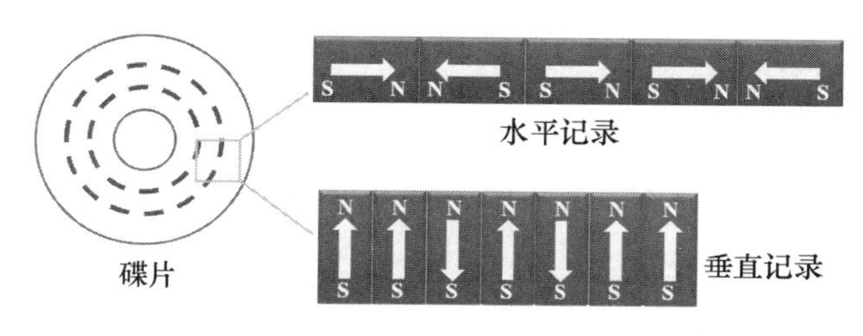

图 7—8　水平记录和垂直记录

3. 磁记录方式

磁盘盘片上介质的磁化方向有两种（左右或上下），正好对应二进制中的 0 和 1。但实际的磁盘中不一定是简单地用一种磁化方向对应 0，另一种磁化方向对应 1，而是有更多的选择。比如，用磁化方向的翻转表示 1，用磁化方向不变表示 0；甚至用不同的翻转方向表示不同的信息等。实际上，这些表示方法就是磁记录方式。磁记录方式是一种编码方法，指的是按照某种规律将一连串二进制数字信息变换成存储介质磁层的相应磁化翻转形式并经过读写控制电路实现这种转换规律的方法。

常用的磁记录方式有多种，本书列举其中有代表性的 6 种，如图 7—9 所示。图中的波形既代表了磁头线圈中的写入电流波形，也代表了介质磁层上相应位置所记录的理想的磁化强度状态。

（1）归零制（RZ）。

归零制给写入线圈通正向电流以写入 1，通反向电流以写入 0，使介质表面形成两个相反极性的磁饱和状态。在两种状态之间写入电流归 0，故叫做归零制磁记录方式。

归零制是最为直观和简单的一种磁记录方式，但突出的缺点是，表示每个 0 或 1 的区间既有正向或反向的磁化方向，也有中间的空白状态，因此当再次写入信息时，很难正好覆盖原来的磁化区域，容易产生错误。所以，为了准确重新写入信息，必须在写入前先抹去原来的信息，操作比较复杂，且影响速度。

另一个缺点是任意两个脉冲之间都有一段间隔没有电流，相应位置的介质没有被

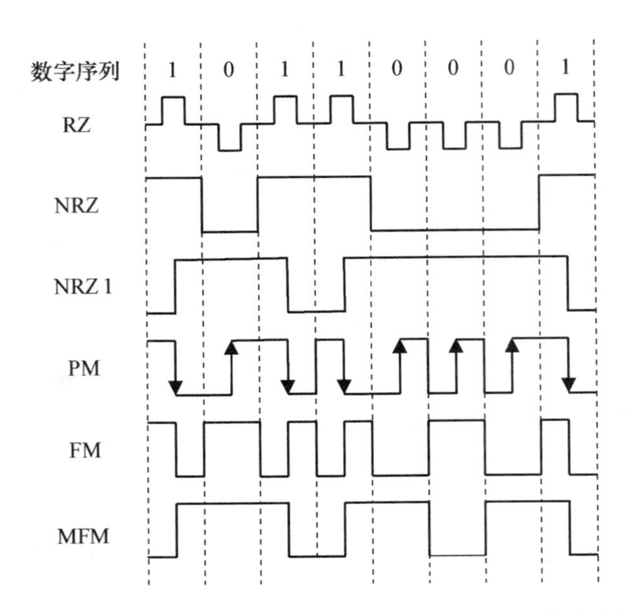

图 7—9　6 种磁记录方式的波形图（写入电流和磁化强度）

磁化，即该段为空白区域，所以磁记录的密度不高。因为这两个缺点，归零制磁记录方式当前很少被使用。

（2）不归零制（NRZ）。

不归零制与归零制最大的区别是写入线圈中始终有驱动电流，不是正向的，就是反向的，不存在无电流的状态。这样介质表明不是被正向磁化，就是被反向磁化。同样也是用正向磁化表示 1，用反向磁化表示 0。

当连续写入 1 或 0 时，不归零制的写入电流是不变的，因此这种记录方式相比归零制减少了磁化翻转的次数。另外，由于表示每个 0 或 1 的区域都是正向或反向的磁化方向，没有空白的中间状态，因此，不归零制以及后面将介绍的各种磁记录方式在重新写入信息之前不需要先抹掉原来的信息。

（3）见 1 就翻转的不归零制（NRZ1）。

见 1 就翻转的不归零制在记录信息时，磁头的写入线圈中也始终有电流。当写入 1 时，线圈中的电流改变方向，使介质磁层的磁化方向发生翻转；相反，当写入 0 时，线圈中的电流不改变方向，因此被称为见 1 就翻转的不归零制。

（4）调相制（PM）。

调相制也是利用磁化方向翻转表示信息。与 NRZ1 不同，调相制中都是用磁化翻转来表示 1 和 0。从正向磁化翻转到反向磁化用来表示 1，从反向磁化翻转到正向磁化用来表示 0。因此，当连续记录相同的信息时，在每两个相同信息的交界处电流的方向都要改变一次，否则无法按照正确的方向翻转磁化方向；若相邻信息不同，则两个信息位的交界处的电流方向保持不变。调相制在磁带存储中应用较多。

(5) 调频制(FM)。

不同于 PM 用两种不同的“相位”(磁化翻转方向)来表示 1 和 0,调频制是以驱动电流变化的频率不同来记录 1 或 0。具体来说,当记录 0 时,电流保持不变;当记录 1 时,在记录时间的中间使电流的方向改变一次,即磁化方向翻转一次。而无论记录的是 0 还是 1,在相邻信息位的交界处,电流和磁化方向都翻转一次。显然,记录 1 的磁化翻转频率是记录 0 的两倍,以此来区分记录的信息。

(6) 改进调频制(MFM)。

改进调频制在调频制的基础上进行了一点改进,只有当连续记录两个或两个以上的 0 时,才在相邻信息位的交界处改变电流方向一次,其他情况不用在相邻信息位的交界处改变电流方向。实际上,MFM 是以 NRZ1 为基础,在连续出现的 0 的边界处加入了翻转。由于这一改进,MFM 相比 FM 减少了磁化翻转次数,因此相同长度的磁介质上可以记录的信息量增加,从而提高了磁记录密度。

4. 评价磁记录方式的指标

评价一种磁记录方式的优劣可以使用编码效率和自同步能力两个指标。

(1) 编码效率。

编码效率指位密度与最大磁化翻转密度之比,即记录一位信息的最大磁化翻转次数。例如,FM 和 PM 记录方式中,记录一位二进制数字最大磁化翻转次数为 2,因此其编码效率为 50%;而 NRZ、NRZ1、MFM 三种方式记录一位信息的最大磁化翻转次数为 1,因此编码效率为 100%。编码效率越大越好,可以减少翻转次数,提高存储密度。

(2) 自同步能力。

自同步能力指从单个磁道读出的脉冲序列中提取同步时钟脉冲的难易程度。为了准确地从磁表面读出二进制信息,必须有时间基准信号,即同步信号。同步的方式有两种:第一种是专门提供一个同步脉冲信号,这种方式称为外同步;第二种是从磁盘读出的电信号中直接提取出同步信号,这种方式称为自同步。显然自同步更为简便,可以省去外同步信号。

一般自同步能力可以用最小磁化翻转间隔和最大磁化翻转间隔的比值 R 来衡量。比值 R 越大,自同步能力越强。在以上介绍的几种典型磁记录方式中,NRZ 和 NRZ1 是没有自同步能力的,因为当连续记录 1 时,NRZ 的磁化方向始终不变;而连续记录 0 时,NRZ 和 NRZ1 的磁化方向都保持不变,因此其 R 值非常小,甚至趋近于 0。所以 NRZ 和 NRZ1 必须依赖外同步信号来提取信息。而 PM、FM 的最大磁化翻转间隔是一个信息位的周期 T,最小磁化翻转间隔是 $T/2$,MFM 的最大间隔是 $2T$,最小间隔是 T,所以 R 值均为 0.5,具有自同步能力。

图 7—10 给出了 NRZ1 读出数据时的驱动电流、磁化方向变化、感应电势、同步脉冲、读出波形等的理想对应关系(忽略了延迟)。读出时,将读线圈获得的感应信号

放大（负要反相），这样每个记录的 1 都会得到一个正脉冲，每个 0 没有脉冲，将它们与同步脉冲进行与操作，就能得到读出数据的波形。

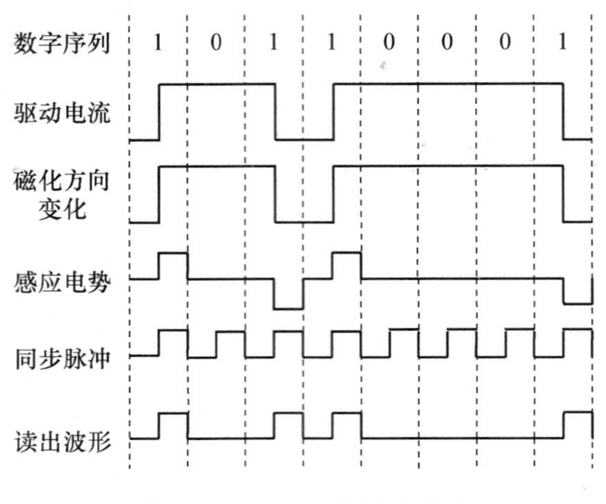

图 7—10　NRZ1 的读出波形

7.1.2　磁盘的基本信息和技术指标

磁盘是当今计算机系统中最主要的外部设备，绝大多数计算都依赖硬盘来提供主要的非易失存储空间，无论是个人电脑还是企业的服务器。本节将详细介绍磁盘的内部结构、基本概念和技术指标。

1. 磁盘的内部结构

磁盘是一种精密的机械电子设备，电子电路部分主要包括控制电路、高速缓存、接口等；而机械部分如图 7—11 所示，主要由盘片、主轴和马达、磁头和磁头臂等部分构成。

磁盘的电路中控制电路负责控制各个电子和机械部件的工作；高速缓存的速度远高于盘片信息的访问速度，可以缓存盘片中读取的信息或用户写入的信息；接口负责磁盘与外部其他设备的通信。

盘片由较轻质的金属（如铝）或玻璃制成，表面再涂上一层磁性材料。盘片的光洁度极高，远远超过我们生活中使用的镜子。硬盘都是密封的，内部非常干净，哪怕是一丝肉眼看不见的灰尘也会给盘面带来致命的损伤。每个盘片的正反两面都有磁性材料，可以存储信息；而每个磁盘一般由多个盘片来提高存储容量。磁盘在工作过程中，盘片一直处于高速旋转中，通过盘片和磁头的相对移动来读取盘片上不同位置存储的信息。

盘片是磁盘中最占体积的部件，其尺寸有几个标准，早期有 5.25 英寸直径的标准，而目前主流的盘片直径分为 3.5 英寸、2.5 英寸、1.8 英寸等几种。3.5 英寸多用于 PC 台式机；2.5 英寸多用于服务器和笔记本电脑。另外，目前新出的固态硬盘（详

见 7.2 节）多为 2.5 英寸；1.8 英寸硬盘多用于超便携设备。

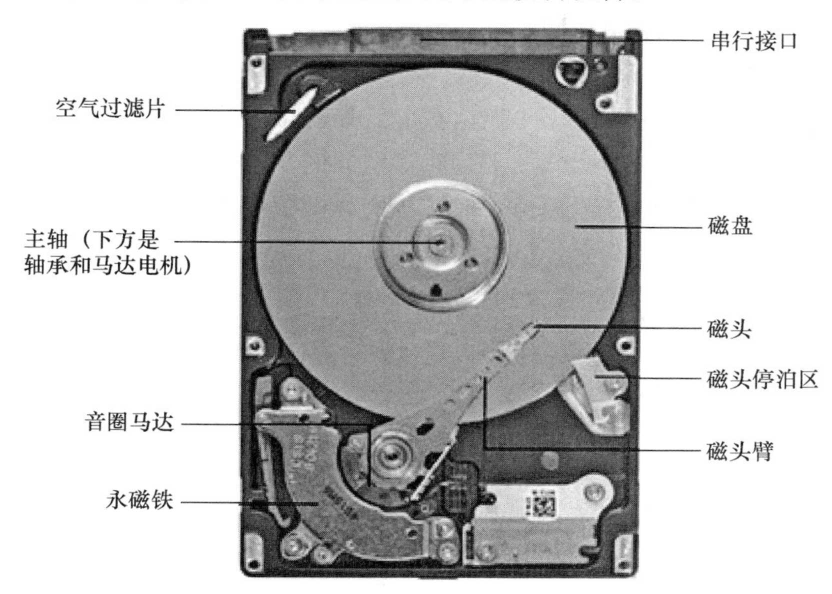

图 7—11　磁盘的主要部件

盘片上存储的信息是由磁头写入和读出的，磁头是硬盘中最昂贵、最精密的部分。在每一张盘片的正反两面都会有一个磁头进行读写，磁头装在磁头臂上，它们像梳子的齿一般伸进各自负责的盘片间隔中（见图 7—12）。磁头支架在特殊的电机驱动下可以使磁头在盘片上不同的地方来回移动，定位到不同的存储位置（即磁道）。注意，多个磁头不能单独移动到不同位置，而是同步移动，所以一般只有一个磁头在工作。另外，盘片在高速旋转时会带动盘表面的空气，空气作用在磁头上产生一个浮力使磁头与盘面保持一个极微小的距离。这样既可有效进行读写，也不会磨损盘面。

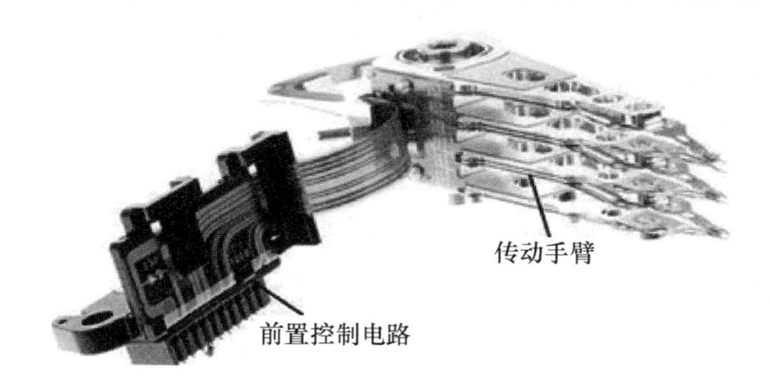

图 7—12　磁头和磁头臂

2. 磁盘的基本概念

磁盘的信息主要存储在盘片上，盘片上的数据组织如图 7—13 所示，关于磁盘的数据分布主要有磁道、柱面、扇区等几个重要概念。

磁道：磁盘中一个盘片（platter）一般有上下两个盘面（surface），每个盘面上的磁介质分布是同心圆形式，每个同心圆称为一个磁道（track）。

柱面：磁盘中所有盘面上相同直径的同心圆合成一个柱面（cylinder）。

扇区：每个磁道被划分为若干个弧，每个弧都有相同的存储容量，一般为 512 字节，这样的弧称为扇区（sector）。扇区是磁盘访问的基本单位，即每次读或写都会访问整个扇区。另外，不同直径的磁道一般按照同样的角度划分扇区，即外部磁道的扇区较长，而内部磁道的扇区较短，但二者的存储容量是一样的。

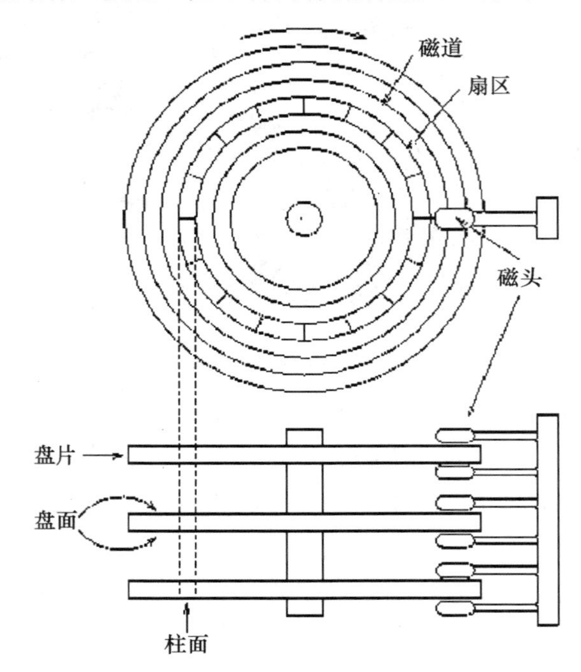

图 7—13　磁盘的数据分布和组织

3. 磁盘的技术指标

磁盘的关键技术指标包括以下几个。

（1）存储密度。

存储密度是指单位长度或单位面积的磁表面介质所存储的二进制信息量。对于磁盘，用道密度和位密度来表示，也可以用二者的乘积——面密度来表示。对于磁带存储器，一般用位密度表示。

道密度指沿磁盘半径方向单位长度的磁道数。道密度的单位是道/英寸（track per inch，TPI）或道/毫米（TPM）。

磁道具有一定的宽度，叫道宽。它取决于磁头的工作间隙长度及磁头定位精度等因素。为避免干扰，磁道之间需保持一定距离，相邻两条磁道中心线之间的距离叫道距。

单位长度磁道所能记录二进制信息的位数叫位密度或线密度。单位是位/英寸（bpi，bit per inch）或位/毫米（bpm）。对于磁带，其磁道是沿着磁带长度方向的直线，存储密度主要用位密度来衡量。例如，访用磁带的记录密度有 8bpi，1 600bpi 和 6 250bpi 等多种。

道宽、道距、道密度和位密度之间的关系如图 7—14 所示。

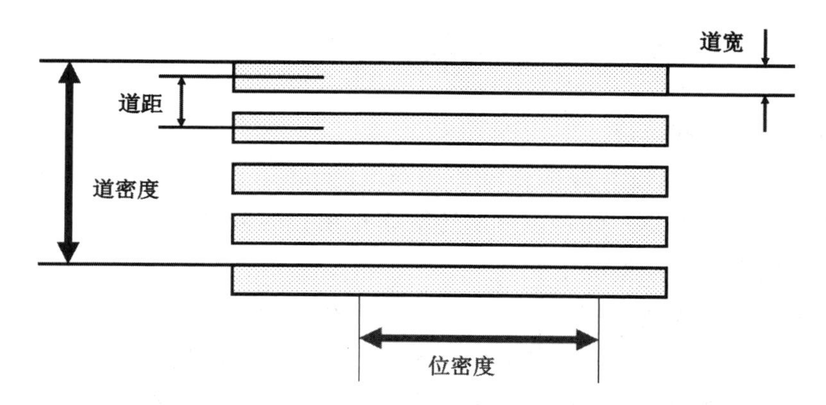

图 7—14　磁盘的道密度、位密度、道宽、道距示意图

（2）存储容量。

存储容量指磁表面存储器所能存储的二进制信息总量。一般以字节为单位。磁盘存储器有格式化容量和非格式化容量两个指标。非格式化容量是磁记录表面可以利用的磁化单元总数。而格式化容量指按照某种特定的记录格式所能存储信息的总量，也就是用户真正可以使用的容量。将磁盘存储器用于计算机系统中，必须首先进行格式化操作，然后才能供用户记录信息。

磁盘的非格式化容量可以按以下公式计算，一般每个扇区的容量是固定的，比如 512B。

$$\text{磁盘容量}=\text{扇区容量}\times\text{每磁道扇区数}\times\text{每盘面的磁道数}\times\text{磁盘的盘面数}$$

（3）转速。

在磁盘工作过程中，盘片始终保持高速的匀速转动，用来快速地读出或写入数据。一般磁盘的转速用每分钟所转圈数来衡量，即 RPM。磁盘典型的转速包括 5 400RPM，7 200RPM，10 000RPM，15 000RPM 等。

（4）寻址时间。

磁盘采用直接存取方式，其寻址时间为定位到数据存储区域并准备好传输的时间，一般包括两个部分：一是移动磁头臂，令磁头移动到目标扇区所在磁道的时间 T_{seek}，可称为寻道时间；二是定位到磁道后，等待目标扇区随着盘片旋转到磁头正下

方的时间 T_{rot}，可称为旋转延迟。

寻道时间 T_{seek} 随着磁头臂移动距离的增加而增加，通常情况下，磁盘厂家会提供平均寻道时间的参数，一般为若干毫秒，可以用这个值来做估计。而平均旋转延迟相当于盘片转半圈的时间，可以通过磁盘的转速参数（RPM）来计算。所以磁盘的寻址时间可用以下公式来计算：

$$寻址时间\ T_{addr}=\overline{T_{seek}}+\frac{1}{2}\times\frac{60\ 000\text{ms}}{\text{RPM}}$$

（5）数据传输率和接口。

磁盘的数据传输率分为外部传输率（outer transfer rate，OTR）和内部传输率（inner transfer rate，ITR）两种。外部传输率指单位时间内磁盘的接口电路可以传输的数据量，一般由接口类型决定。

常见的硬盘接口包括 IDE、SATA、SCSI、光纤通道（FC）和 SAS 等几种。IDE 接口硬盘多用于家用产品中，也部分应用于服务器，目前已很少使用。SCSI 接口的硬盘则主要应用于服务器市场，而光纤通道只用于高端服务器，价格昂贵。SATA 是一种新生的硬盘接口类型，是目前市场的主流，在个人计算机和服务器市场都有广泛的应用。而 SAS 是目前服务器领域广泛使用的硬盘接口。SATA1.0 标准的带宽是 1.5Gbps，2.0 标准是 3.0Gbps，而目前主流的 3.0 标准是 6.0Gbps。

而内部传输率指从盘片上连续读取数据的速度，一般硬盘的产品参数上会有 ITR 值，也可以按照磁盘的位密度和转速来估计。一般情况下，内部传输率远小于外部传输率，但内部传输率对于磁盘访问速度更有实际意义。目前主流硬盘的内部传速率一般在 100MB/s 上下。

（6）访问速度。

假设一次磁盘访问请求的数据块大小为 S，则磁盘从盘片上读出或写入这块数据的时间可按以下公式计算：

$$访问时间\ T=T_{addr}+T_{access}=\overline{T_{seek}}+\frac{1}{2}\times\frac{60\ 000\text{ms}}{\text{RPM}}+\frac{S}{\text{ITR}}$$

在单次访问时间计算的基础上，可以计算磁盘常用的性能指标——吞吐率和 IOPS。

IOPS：指磁盘在单位时间（一般指 1 秒）内可以执行多少次 I/O 操作，可以按以下公式进行计算。

$$\text{IOPS}=\frac{1\ 秒}{单次访问时间\ T}$$

吞吐率：指磁盘在某种访问模式下的实际数据传输率，假设磁盘每次访问的数据

块的大小都是 S，基于以上公式可以计算出吞吐率为

$$吞吐率 = S \times \text{IOPS} = S \times \frac{1\text{秒}}{T}$$

磁盘是支持随机访问的设备，但其随机访问性能远低于其连续访问性能。连续访问模式的吞吐率近似于磁盘的内部传输率，但随机访问性能则下降很多，而且访问的平均块的大小越小，实际吞吐率和 IOPS 越低，因为绝大多数时间都消耗在寻址上了。

例 7—1　某磁盘共有 10 个存储面，每个面存储区域的外直径为 20 英寸，内直径为 10 英寸，已知道密度为 100 道/英寸，位密度为 1000 位/英寸（最内道），π 取 3.14，假设每个磁道的存储容量都相同。试问：

（1）盘片组总容量是多少兆（10^6）位?

（2）若要求连续访问数据的传输率为 3.14×10^5 字节/s，磁盘机转速每分钟应多少转?（忽略切换磁道的寻道时间）

解：

（1）每个存储面的磁道数＝道密度×(外直径－内直径)/2＝100×(20－10)/2＝500。

最内道的存储容量＝位密度×内道周长＝1000×3.14×10＝31 400。

所以，每个存储面的容量为 31 400×500＝1.57×10^7 bit。

由于共有 10 个存储面，因此，

$$磁盘盘片组的总容量 = 1.57 \times 10^8 \text{bit} = 157\text{Mbit}$$

（2）由于磁盘转速×每磁道容量＝磁盘连续访问数据的传输率，因此，

$$磁盘转速 = 3.14 \times 10^5 \times 8\text{bit/s} \,/\, 31\,400\text{bit} = 80\ 转/\text{s} = 4\,800\ \text{RPM}$$

7.1.3　磁盘可靠性和可用性

磁盘是当前计算机系统中主要的持久化存储设备，如果硬盘出现故障，一方面可能导致重要数据的丢失，带来严重的后果；另一方面在磁盘故障没有排除之前的时间里，服务系统可能无法对外提供服务，也会给企业带来严重的损失，尤其是在金融等行业里损失更为巨大。因此，对于磁盘产品来说，可靠性是最为重要的一项指标。

一般来说，可靠性和可用性是两个具体的指标。可靠性是对磁盘连续服务时间的量度，一般用平均故障时间（mean time to failure，MTTF）来衡量，即设备或系统在下一次故障前正常工作的预期时间。磁盘的产品说明上都有 MTTF 这一指标，一般为几十万至一百万小时。

另一个指标是可用性，如果说服务是在可用和不可用这两个状态之间不断切换，那么可用性指可用的部分所占的比例，具体如以下公式所示：

$$可用性=\frac{MTTF}{MTTF+MTTR}$$

其中 MTTR 指平均恢复时间（mean time to repair），是从服务失效到修复好之间所消耗的时间，具体值取决于服务维护者的故障修复能力和管理水平，并不只是由设备本身决定。

如果希望提升系统的可用性，有以下三种方法：

（1）错误避免：通过一定方法防止错误的发生；

（2）错误承受：通过冗余技术运行系统，使其在硬件错误发生时仍然能照常工作；

（3）快速修复错误：缩短 MTTR 也是提高可用性的一个重要方法。

一般数据中心要求可用性达到 4 个 9 或 5 个 9，即可用性达到 99.99% 或 99.999%。

7.1.4 RAID

1988 年美国加州大学伯克利分校的 D. A. Patterson 教授等首次在论文"A Case of Redundant Array of Inexpensive Disks"中提出了 RAID 概念，即廉价冗余磁盘阵列（redundant array of inexpensive disks）。由于当时大容量磁盘比较昂贵，RAID 的基本思想是将多个容量较小、相对廉价的磁盘进行有机组合，从而以较低的成本获得与昂贵大容量磁盘相当的容量、性能、可靠性。后来 RAID 咨询委员会决定用"独立"替代"廉价"，于时 RAID 变成了独立冗余磁盘阵列（redundant array of independent disks）。实际应用领域中的 RAID 方式有多种，常用的 RAID 等级包括 RAID 0、RAID 1、RAID 5 和 RAID 10/RAID 01 等，如图 7—15 所示。

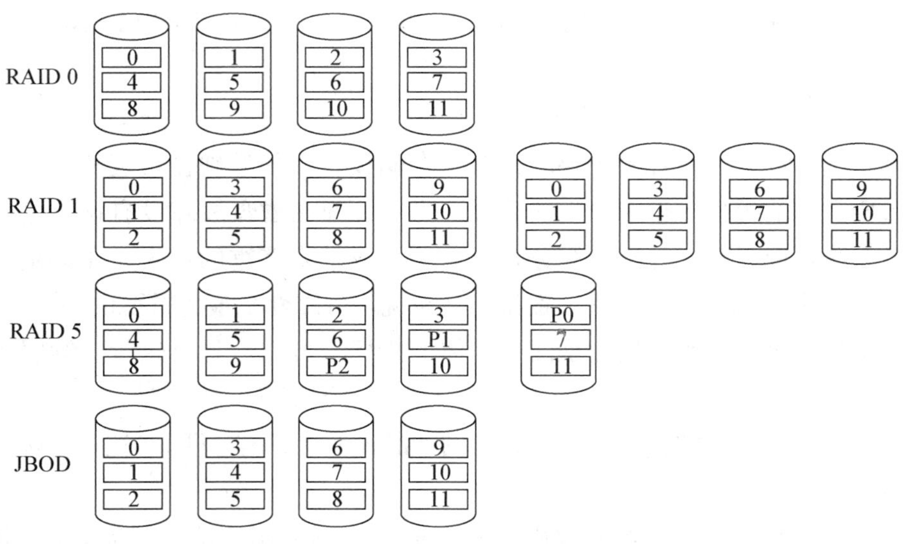

图 7—15　各级 RAID 的数据分布示意图

（1）无冗余（RAID 0）。

RAID 0 的关键技术是“条带化”，即把数据分为等大小的小块，然后依次分布在多个不同的磁盘上。每次读或写请求都会同时访问多个磁盘，这样的并行访问能够大大加快磁盘的访问速度。RAID 0 中没有冗余，不能提升存储系统的可用性，但是条带化分布对提升性能有很大的作用，因此在实际当中也有广泛的应用。

（2）镜像（RAID 1）。

RAID 1 增加和数据盘同样数量的校验盘来保证高可靠性。数据写入数据盘时，也会将同样的数据写入冗余的校验盘，因此任何信息始终存在两个副本。如果一个磁盘出现故障，那么可以立刻从它的镜像磁盘读取。RAID 1 是各级 RAID 中最昂贵的方案，因为它需要最多的硬盘。

（3）块交叉奇偶校验（RAID 5）。

除了 RAID 0 的条带化和 RAID 1 的镜像，RAID 的另一个核心技术是 RAID 5 中实际使用的数据校验。RAID 当中使用奇偶校验，校验块的信息由数据盘上对应位置的原始数据通过奇偶校验计算得来，这样可以在一块磁盘坏掉时，利用其他信息将数据恢复回来。无论数据盘是多少个，RAID 5 永远需要一个额外的校验盘，因此开销比 RAID 1 小很多，使用更为广泛。

但 RAID 5 每次进行写操作时都需要重新计算校验数据，并写入校验盘。写操作的过程如图 7—16 所示。当对一份原始数据 D0 进行修改、重新计算校验数据时，原始的方法是读所有的原始数据，重新计算校验数据，但这样会产生多次额外的磁盘访问。实际上，更为合适的方式是先将新数据 D0′和原始的 D0 做异或操作，再用其结果与原来的校验信息 P 做异或，得到的就是最新的校验信息 P′。这样做只需要读取 D0 和 P，不需要读取其他的数据盘。例如，四份原始数据分别是 0、1、1、0，采用偶校验，校验位 P 是 0（$=0\oplus1\oplus1\oplus0$）。当 D0′从 0 修改为 1 后，新校验位 $P'=D0'\oplus D0\oplus P=1\oplus0\oplus0=1$。

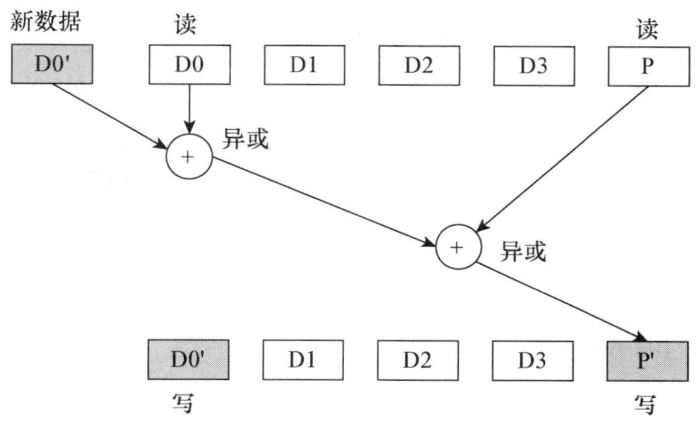

图 7—16 RAID 5 在数据更新时校验信息的重新计算方法

由于每次写操作都要更新校验块，因此校验块所在的磁盘容易成为性能瓶颈。RAID 5 将校验块均匀分布在所有磁盘上，而不是集中放置在一块磁盘上，如图 7—15 所示。这样写操作不存在单一的性能瓶颈。RAID 5 是实际中使用最为广泛的 RAID 方式，一方面，条带化带来的并行访问能提升性能；另一方面，数据校验的存在也能容忍磁盘组中一个磁盘坏掉，坏掉磁盘的数据在更换新磁盘后，可以通过所有其他盘上的原始数据和校验数据得以恢复。例如，四份原始数据分别是 0、1、1、0，采用偶校验，校验位是 $0(=0\oplus1\oplus1\oplus0)$，假如最后一个数据盘坏掉，可以根据剩余的三个原始数据 0、1、1、校验位 0 以及偶校验的规则计算出坏盘上的数据为 0。值得注意的是，RAID 5 只能从单盘故障中恢复数据，但不能容忍双盘故障。

（4）RAID 10/RAID 01。

将 RAID 0 的条带化和 RAID 1 的镜像技术结合起来有两种方式，假设要存储 4 个磁盘的数据，有 8 个磁盘可以使用，一种方案是先把磁盘组分为 4 对，每对按照 RAID 1 方式组织，然后把数据条带化分布；另一种方案是创建两个 4 磁盘组，每组磁盘内按照条带化分布数据，两组磁盘数据完全相同。前者一般称为 RAID 1＋0 或 RAID 10（带状镜像），而后者一般称为 RAID 0＋1 或 RAID 01（镜像带状）。英文名称一般自下而上，中文名称一般自上而下。

（5）JBOD。

JBOD（just a bunch of disks）不是标准的 RAID 等级，它通常用来表示一个没有控制软件提供协调控制的磁盘集合。JBOD 将多个物理磁盘串联起来，提供一个巨大的逻辑磁盘。JBOD 的数据存放机制是由第一块磁盘开始按顺序向后存储，当前磁盘存储空间用完后，再依次向后面的磁盘存储数据。JBOD 的性能完全等同于单块磁盘，而且也不提供数据安全保护。它只是简单提供一种扩展存储空间的机制，JBOD 可用存储容量等于所有成员磁盘的存储空间之和。

值得注意的是，RAID 的条带化虽然加大了并行访问力度，加快了访问速度，但是也有不利的一方面，就是将大块数据拆为小块数据存放于硬盘，这样磁盘的访问模式可能由大块数据的连续访问变为小块数据的随机访问，会使磁盘性能下降。尤其对于满负荷访问的磁盘存储系统来说，RAID 的性能可能还不及 JBOD 方式。

其余常用的 RAID 分级还包括 RAID 2、RAID 3、RAID 4 和 RAID 6 等，其中 RAID 2 是基于海明码设计的，但是由于实施比较复杂，目前在商业环境中已经不再使用。

7.2 闪存存储器

闪存（Flash）存储器是在 20 世纪 80 年代逐渐发展起来的一种新型半导体非易失

存储器，它具有结构简单、高存储密度、低成本、低功耗、高可靠性和电可擦除性等优点，是当今半导体存储器市场中发展最为迅速的一种存储器。闪存早期主要应用于嵌入式系统，近年来，随着 USB 闪存驱动器（简称 U 盘）、基于闪存的固态硬盘（solid state drive，SSD）的迅速发展，闪存存储器成为一种非常重要、应用非常广泛的存储器件。本节将分别从存储原理、内部结构和操作接口以及产品等几个方面对闪存进行详细的介绍。

7.2.1　闪存存储介质

1. 闪存的存储原理

闪存的存储原理与 E^2PROM 类似，也是利用电子捕获来存储信息。如图 7—17 所示，闪存的基本存储单元由 P 型基片、源极、漏极、控制栅和浮置栅等构成，而且浮置栅外包裹着一层很薄的氧化层。在电场的作用下，电子可以穿越氧化层进入浮置栅；而且断电后，电子无法穿越氧化层回去，因此可以利用浮置栅中有或没有电子这两种状态来区分 0 和 1，进行非易失型存储。

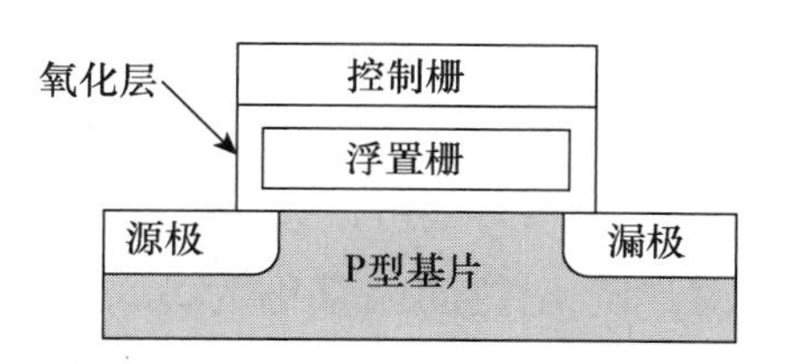

图 7—17　闪存的基本存储单元

与内存和磁盘只具有读和写两种操作方式不同，闪存具有读、写、擦除三种操作接口，无法直接进行写覆盖，在重新写入之前必须先执行擦除操作。

闪存的写操作的原理如图 7—18（a）所示，控制栅加高电压，源极和漏极加低电压，在强电场的作用下，电子会穿过氧化层进入浮置栅，达到记录信息的目的。而擦除操作的原理如图 7—18（b）所示，各极施加与写操作相反的电压，在强电场的作用下，会使浮置栅内捕获的电子穿过氧化层回到基片，恢复到最初的状态，可以进行下一次的写入。而读操作只需要加很低的电压，即可以通过获得电流的强弱得知浮置栅内是否已捕获电子。因此，读、写、擦除三种操作比较，读操作所需时间最短，写操作次之，擦除操作所需的时间最长。

另外，如果存储单元擦除的次数过多，氧化层会受到破坏，氧化层本身也会捕获一定数量的电子，如图 7—18（c）所示。这样会影响信息的正常存储，该存储单元即为失效，无法再使用。

2. 闪存的分类

按照内部结构和访问粒度不同，闪存可以分为 NOR Flash 和 NAND Flash。其中

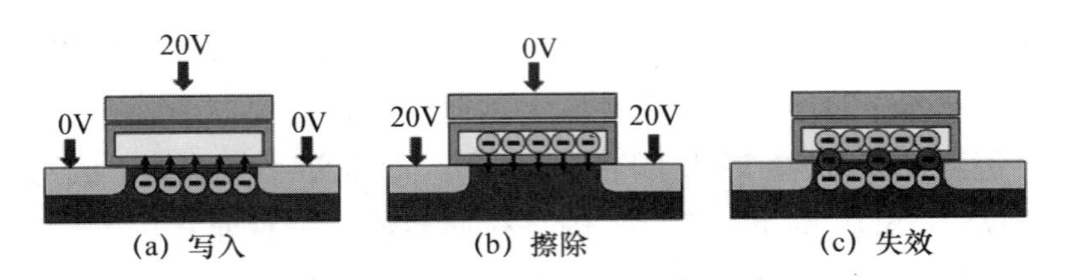

图 7—18 闪存的写、擦除操作，以及存储单元失效的原理

NOR Flash 以二进制位为基本访问单位，读操作很快，写操作较慢，擦除操作很慢，一般用在嵌入式系统中存储程序。NAND Flash 是以页为单位进行读写操作，以块为单位进行擦除操作，一般一个页是若干 KB，而一个块是几百 KB 或几 MB。NAND Flash 的读操作比 NOR Flash 慢，但写和擦除操作比 NOR Flash 快，一般用于存储数据和文件。近年来，由于 NAND Flash 的存储密度迅速提升且成本快速下降，因此 NAND Flash 在 U 盘、存储卡、固态硬盘等领域获得了广泛的应用，是目前最流行的闪存存储介质。

近年来，为了进一步提高存储密度和降低成本，在一个存储单元上存储多个二进制位的技术逐渐被广泛采用。根据每个存储单元中浮置栅捕获电子数量的不同，可以表示出不同的状态。如果一个单元可以表示 4 个不同的状态，则可以表示 2 个二进制位；如果可以表示出 8 个不同的状态，则可以表示 3 个二进制位。

一个存储单元只存储 1 个二进制位的闪存称为 SLC（single-level cell），一个单元存储 2 个二进制位的称为 MLC（multi-level cell），一个单元存储 3 个二进制位的称为 TLC（triple-level cell）。提高存储密度的副作用会降低访问性能，而且会降低闪存的写入耐久性，SLC 的最大可擦除次数一般在 10 万次，MLC 在 5 000～10 000 次，而 TLC 一般在 1 000 次以内。目前 SLC 只应用于少数高端固态硬盘，MLC 是市场的主流，而 TLC 主要用于一些低端产品。

3. 闪存的内部结构

闪存内部存储单元的组织如图 7—19 所示，若干存储单元组成一个页（page），图中的页大小为 2KB，每个页还配备了一些附加位，用来记录一些信息，例如图中每个页的附加信息是 64B。闪存中的页是基本的读写单位，即每次必须完整地读出或写入一个页，不能只对单个字节进行操作。而若干页会组成一个块（block），块是擦除的基本单位，一个块内的数据必须一起擦除。

正因为闪存内部的页和块的组织方式，因此产生了一种特有的写放大现象。如图 7—20 所示，假设闪存的页大小为 4KB，一个擦除块大小为 12 个页。如果当前块上已经写满了数据，若要对一个页进行改写，由于闪存不支持直接写覆盖，那么必须先擦除，再写入。为了写入 4KB 的数据，必须先将整个擦除块中其他 7 个有效的数据页（白色）写入其他位置（例如一个空白块），否则擦除会使有效数据丢失。然后在整个

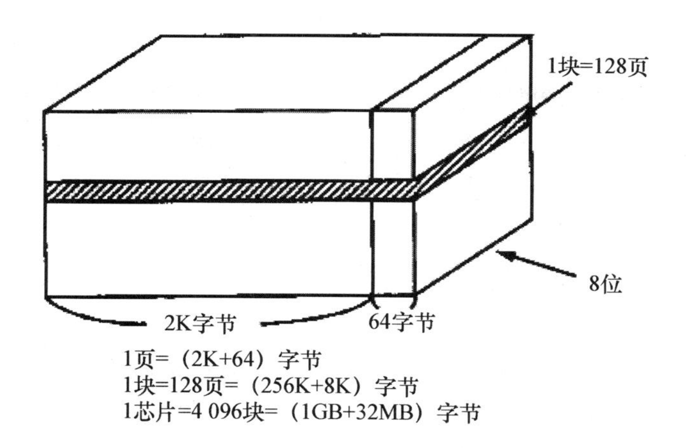

图 7—19 三星 K9G8G08U0A 闪存的内部结构图

块擦除操作完成后，才能将待修改页的 4KB 写入。在这个过程中，用户要求的写入量为 4KB，而闪存内部实际的写入量为 7×4KB，放大了 7 倍，即写放大率为 7 倍。

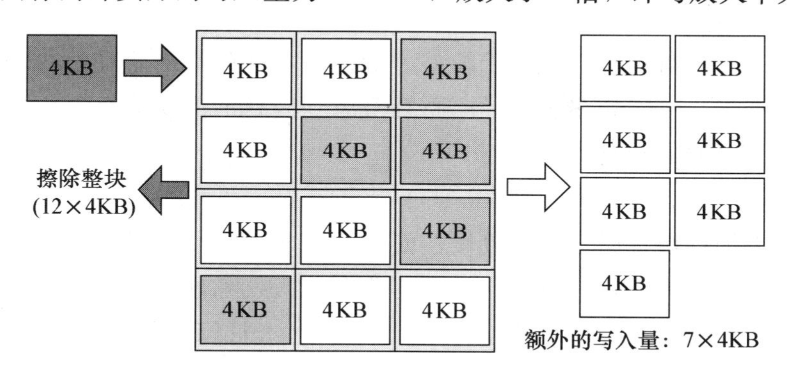

图 7—20 闪存的写放大示意图

4. 闪存的优点和缺点

与目前存储系统中主要的存储介质 DRAM 和磁盘相比，闪存具有以下优点：

（1）高存储密度。

目前闪存产品的普遍工艺已经约 20nm，另外，MLC 和 TLC 等技术的发展使闪存具有远高于 DRAM 的存储容量。目前主流的固态硬盘产品的容量一般为几百 GB，而高端的企业级固态硬盘已经达到若干 TB 的容量，达到甚至超过单硬盘的最大容量。

（2）非易失性。

与磁盘一样，闪存是可靠的非易失存储器，断电后信息不会丢失。

（3）节能。

闪存的功率非常低，比同等容量的磁盘和 DRAM 都要低很多，是很好的绿色存储设备。

（4）高性能。

整体来说，闪存的性能介于内存和磁盘之间，尤其是读操作非常快，而且由于没有磁盘的机械装置，闪存的随机访问和连续访问一样快，相对于磁盘，闪存更适合随机访问模式的应用。

（5）高可靠性。

相对于硬盘，闪存的 MTTF 更长；而且由于没有机械装置，震动等外界影响不会对闪存的正常访问造成影响。

因为闪存具有以上几点明显的优势，正如图灵奖获得者 Jim Gray 所说："闪存是新的硬盘，硬盘是新的磁带"，未来一段时间内，闪存会逐渐取代硬盘现在的位置，成为主要的辅助存储器，而磁盘会作为一种以连续访问为主的慢速存储设备，取代现在的磁带，主要承担日志、备份等存储任务。

但闪存目前还存在一些问题和挑战，包括：

（1）价格较高。

目前闪存固态硬盘的价格还高于硬盘，特别是一些高端的企业级固态硬盘。但相信随着技术的进步，价格会逐步下降；而且考虑到闪存的高访问性能，闪存产品的性价比很快会超过普通的硬盘。

（2）读写不平衡。

闪存的读操作很快，但写操作较慢，而且写入之前还要进行更慢的擦除操作。因此写操作整体慢于读操作，这一点与读写平衡的 RAM 和硬盘都不同。因为在过去几十年内，很多软件在设计时是基于读写平衡的假设，当迁移到闪存存储上时还有很多优化工作需要进行。

（3）写入耐久性有限。

MLC 和 TLC 等提高存储密度的新技术的发展使闪存存储单元能够承受的擦除次数减少很多，另外，闪存内部结构导致的写放大现象也进一步缩减了闪存的写入耐久性。不过闪存的写入耐久性对于嵌入式产品和个人计算机来说一般是足够的，只是在高负载的服务器领域会面临一些挑战。

7.2.2 闪存产品

目前，闪存在存储产品中应用广泛，覆盖面很广，从 PC 到高端服务器、存储设备，从嵌入式系统（包括手机）到便携存储设备。下面重点介绍一下最为普及的 U 盘、存储卡和固态硬盘。

1. U 盘和存储卡

U 盘是一种使用 USB 接口的、基于闪存存储的小型便携式存储设备。U 盘具有体积小、重量轻、可重复写入、稳定可靠、支持广泛等优点，彻底取代了之前的便携存储设备——软盘。而且近年来U盘容量不断增大，在很大程度上替代了光盘的很多功能。

U盘通常使用塑胶或金属外壳，内部含有一张小的印刷电路板和用来存储的闪存芯片，并通过USB接口连接到计算机，USB接口既作为数据接口，也同时提供电力。U盘有多种不同的外观，如图7—21所示。

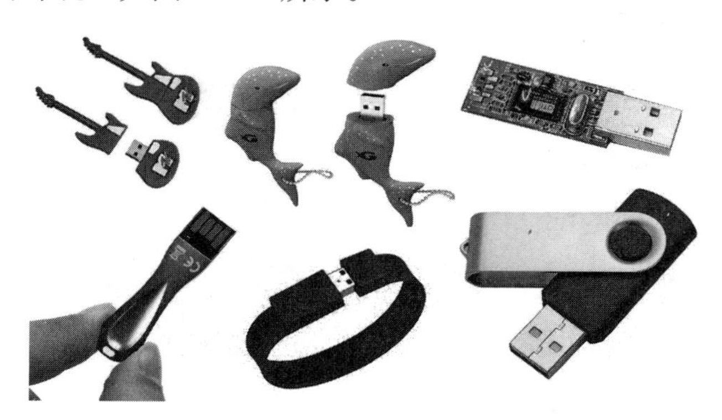

图7—21　U盘的形式繁多

存储卡是另一种基于闪存的数据存储设备，多为卡片或者方块状，主要用于数码相机、手机、笔记本电脑、音乐播放器、掌上游戏机和其他电子设备。它能提供可重复读写的无须外部电源的存储形式。快闪存储卡曾被视为软盘的替代品，但是这一角色被闪存盘所取代。

存储卡的格式有很多种，适用于多种设备。PC卡（PCMCIA）在20世纪90年代就成为首批投入商业生产的存储卡格式，但是目前它主要用于工业设备或承担输入输出功能，作为设备的连接标准。20世纪90年代，其他的一些较小型的卡格式出现了，包括CF卡、SM卡和Mini卡。

20世纪90年代后期到21世纪初期，一些新的格式出现了，例如SD/MMC、记忆棒、XD图像卡和其他一些派生格式。由于移动电话、手机、数码相机等产品的尺寸不断缩小，它们对于更小的存储卡的需求变得更强烈，这也使得原先的“小型”卡显得很大。数码相机上的SM卡和CF卡曾经非常成功。2001年，单SM卡就占有50%的市场份额，CF在专业数码相机领域也所向披靡。但是到了2005年，SD/MMC卡已经取代了SM卡和CF卡的位置。几种典型存储卡的尺寸对比如图7—22所示。

2. 固态硬盘

相对于U盘和存储卡，固态硬盘是闪存存储设备的高端产品，性能更好，容量更大，价格更高，内部结构也更为复杂。一般来说，固态硬盘可以分为消费级和企业级两大类型。

消费级固态硬盘的外观一般如同2.5英寸或1.8英寸的硬盘，接口也多采用SATA接口，如图7—23（a）所示。相对于硬盘，消费级固态硬盘的性能已经得到

图 7—22　几种典型的存储卡尺寸对比

了很大提升，尤其是随机访问能力，但主流产品的容量一般多为几百 GB，小于主流硬盘的 TB 级别。消费级固态硬盘的写入耐久性一般较差，但用于个人电脑一般足够。

企业级固态硬盘一般为卡式外观，采用快速的 PCI-E 接口，容量一般较大，与主流硬盘不相上下，甚至更大，但价格一般也非常昂贵。企业级固态硬盘内部一般采用很多新技术，包括多并行结构、非易失写缓存、高容错技术等，使其性能非常出众，写入耐久性也较强，适用于服务器。

(a) 消费级固态硬盘

(b) 企业级固态硬盘

图 7—23　消费级固态硬盘（SATA 接口）和企业级固态硬盘（PCI-E 接口）

固态硬盘的内部结构较为复杂，包括接口逻辑模块、处理器、内存、缓冲区管理、多路访问通道和很多闪存芯片，如图 7—24 所示。直观地说，固态硬盘本身相当于一台微型计算机。

固态硬盘对外提供和硬盘一样的块设备接口，只有读和写两种操作，访问的粒度是扇区（多为512B），这样可以直接替代原有硬盘接入计算机系统，而不需要做任何改动。但是固态硬盘内部的存储介质是闪存芯片，闪存具有读、写、擦除三种操作方式，而且读写访问粒度是页（多为4KB～16KB），而擦除单位是更大的块。外部接口和内部闪存芯片操作接口的不匹配，要求固态硬盘内部需要进行操作的转换，这个功能一般称为闪存转换层（flash translation layer，FTL），具体包括地址映射、垃圾回收、磨损平衡三方面内容。

地址映射指维护对外提供的逻辑地址和实际闪存芯片上存储的物理地址之间的对应关系；垃圾回收指对闪存芯片上已经失效的数据进行擦除操作，以便能够进行下一次写入；而磨损平衡指通过算法和数据移动，尽可能使闪存芯片内所有擦除块的擦除次数平衡，这样能够防止固态硬盘由于个别擦除块擦除次数过多而提前坏掉。

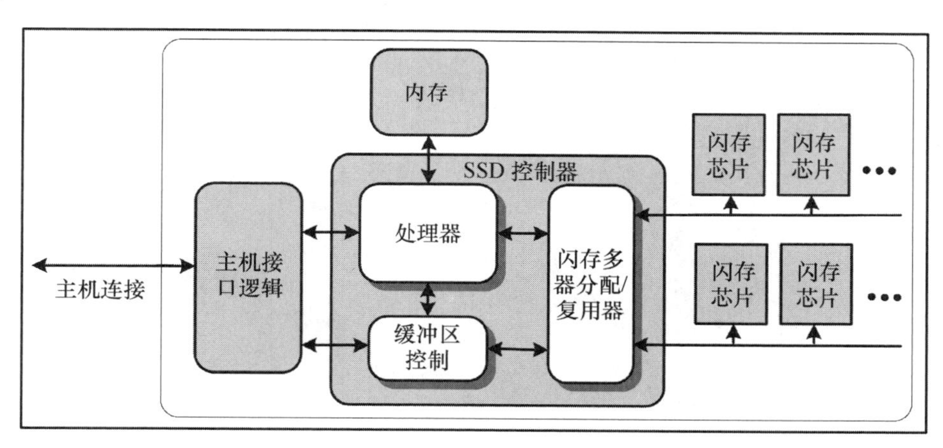

图 7—24　固态硬盘的内部结构

第七章习题

1. 设某磁盘存储器的平均寻道时间为 t，转速为每分钟 r 转，每个磁道的容量为 N 个字，每个信息块为 n 个字，试推导读写一个信息块所需要的总时间 t_B 的计算公式。

2. 设磁盘组有 11 个盘片，每个盘片有 2 个记录面，存储区的内直径为 2.36 英寸，外直径为 5.00 英寸，道密度为 1 250TPI，内层位密度为 54 200bpi，转速为 2 400rpm。请问：

(1) 共有多少个存储面可用？

（2）共有多少个柱面？

（3）每道存储多少字节？盘组的总容量是多少？

（4）数据传输率是多少？

（5）每扇区存储 2KB 数据，在寻址中如何表示磁盘地址？

（6）如果文件长度超过了一个磁道的容量，应将它记录在同一存储面上，还是同一个柱面上？

3. 设高密度软盘，每面有 80 道，每个磁道有 15 个扇区，每个扇区能存储 512B。已知磁盘的转速为 360rpm，如果在磁道上写入 4 096B 数据，平均需要多少时间？最长时间是多少？（假设找道时间为 10ms～40ms。）

第八章

输入输出系统

本章主要介绍计算机的输入输出（I/O）系统及其工作原理，包括输入输出的基本概念、输入输出接口和输入输出设备。本章分为两大部分，第一部分主要介绍输入输出接口的组成、工作原理和工作方式，以及输入输出总线的概念和工作原理；第二部分主要介绍输入输出设备，包括常见的鼠标、键盘、显示器、打印机等的简单工作原理。

输入输出系统是计算机系统中主机与外部设备进行通信的系统，由外围设备和输入输出控制器两部分组成，是计算机系统的重要组成部分。外围设备包括输入设备、输出设备，而输入输出控制器也称I/O控制器，是连接外围设备和主机的桥梁。

8.1　I/O 控制器（接口）

8.1.1　I/O 控制器（接口）的基本概念

计算机从外部接收信息，输入到主机（CPU＋存储器），主机对输入的数据进行加工和处理，之后将处理的结果输出到外部设备。由于外部设备种类的多样性使得外部设备的工作方式、数据格式、电平电压等方面存在不同，所以无法直接连接外部设备到主机。通常需要一个中间部件——接口（interface）起到桥梁作用。

如图 8—1 所示，在接口与主机连接的一侧（接口之上），每个接口采用统一的连接方式，而在接口连接外设的一侧（接口之下），针对不同的外部设备采用不同的连接方式。因此，不同的外设需要不同的接口部件，一般一类外设采用一种接口。比如，硬盘采用 ATA 接口，异步通信设备采用 RS-232 接口等。

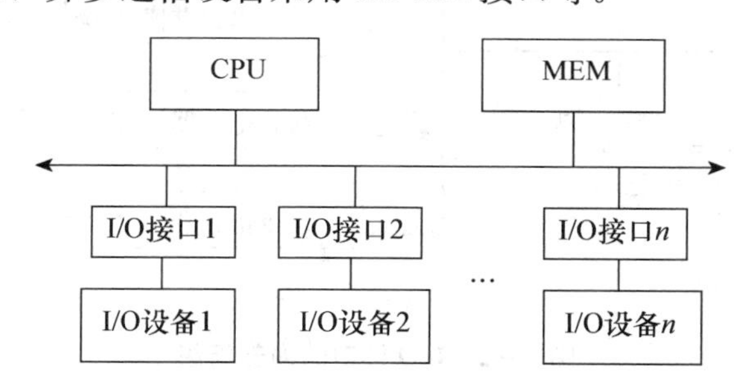

图 8—1　I/O 接口在系统中的位置

接口的作用好像一个翻译或者代理的角色。例如，参加国际学术交流会议的学者来自不同的国家，讲不同的语言，如果不会讲英语，可以请一个翻译，将本国语言翻译成英语后交流。所以，即使计算机外设的工作方式千变万化，但是一旦经过 I/O 接口部件，也都采用统一的标准协议连接到主机上。

8.1.2　I/O 控制器（接口）的组成

为了完成上述功能，一个 I/O 控制器应该包含以下各个部件：

（1）数据输入寄存器，缓冲来自外部设备的输入数据。

（2）数据输出寄存器，缓冲主机输出的数据。

（3）命令寄存器，用于保存 CPU 发送给接口的控制命令，包括接口的工作方式、工作参数等。

（4）状态寄存器，用于保存外设的运行状态，供 CPU 查询使用。

I/O 控制器中的数据输入和输出缓冲寄存器的主要作用在于，当外设和主机速度不匹配时暂时保存数据以防丢失。在此情形下，要实现主机和外设之间的数据可靠传输，就需要让通信的双方了解当前数据的状态。双方通过了解对方状态之后再进行数据传输的方法，即 CPU 和外设之间的协调方法，称为握手（hand shake）。为数据缓冲寄存器的数据设定一个状态位来表示数据的状态。

当实现数据输入操作时，可以为输入缓冲寄存器设置一个“输入缓冲器满”标志，为 0 表示没有输入数据，为 1 表示其中的数据有效。当输入缓冲器满时，表示 CPU 可以读取缓冲器中的数据。实现数据输出操作时，为输出缓冲寄存器设置一个“输出缓冲器空”的标志，为 0 表示输出数据还在缓冲器中，为 1 表示数据已经被外设取走。当输出缓冲器空时，CPU 可以输出下一个数据。

I/O 接口的内部组织形式如图 8—2 所示。

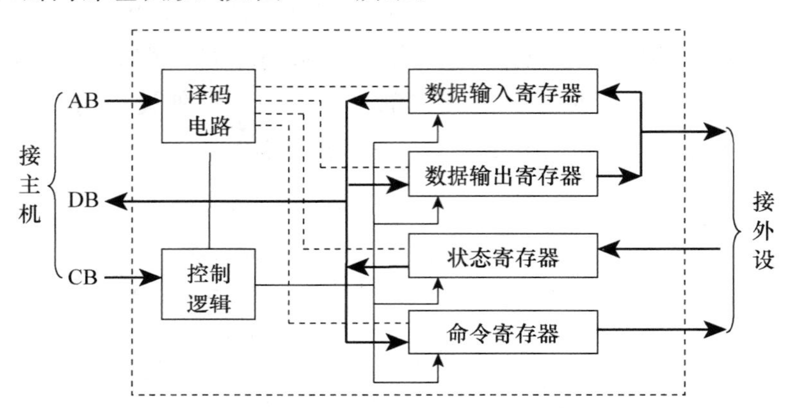

图 8—2　I/O 接口的内部组织

8.1.3　I/O 接口的编址方式

从前面的介绍可以看到，一个 I/O 控制器中主要包含若干个不同功能的寄存器。上面列出了 4 类寄存器，但实际上，一个控制器内的寄存器远不止 4 个。根据不同的外部设备的复杂程度，接口中的寄存器数量也不同。因此，总体上看，为了方便访问这些寄存器，与处理大量存储器单元的方法一样，需要对这些寄存器进行编号，这些编号就是地址。CPU 访问这些寄存器的方法和访问内存单元是一样的，采用地址总线指出这些寄存器的地址，读写该地址中的数据。为了将这些寄存器和存储单元区分开来，这些 I/O 寄存器被称为端口（PORT），有时候也统称为接口。因此，下面讨论的 I/O 端口的编址也可以称为 I/O 接口的编址。

I/O 端口的编址方法有两种：统一的编址方法和独立的编址方法。

（1）统一的编址方法。

该方法将存储器单元和 I/O 端口统一在一个地址空间中，通过不同的地址区域加以区分，如图 8—3 所示。

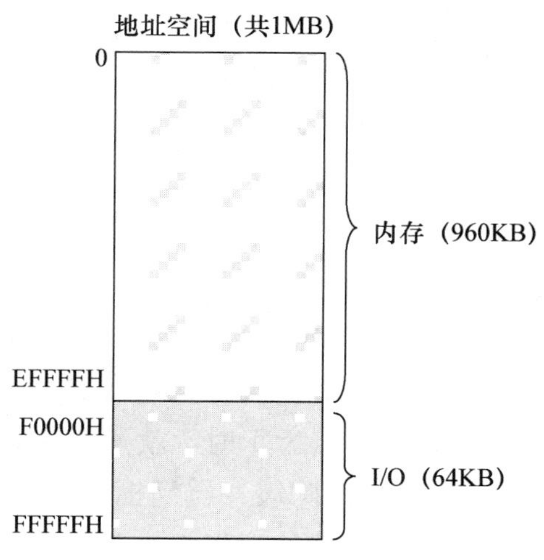

图 8—3　统一的编址方式

统一编址的优点是，不需要设定专门的 I/O 指令，用于存储器访问的指令、寻址方式均可以用于访问 I/O 端口，硬件上无须设置存储器和 I/O 访问的区别信号。缺点是，一部分存储器空间被占用，使得存储器空间变小。

（2）独立的编址方法。

I/O 端口的编址和存储器完全独立，如图 8—4 所示。优点是，存储器的空间不受 I/O 端口的影响。缺点是，必须设置专门的 I/O 指令，而 I/O 指令的功能和灵活性远不如存储器访问指令，硬件上还需要设置控制信号，以示区别。例如，前面介绍的指令就是采用独立的编址方法，CPU 对外部的访问需要控制信号 $M/\overline{IO}$来区别是访问存储器还是 I/O 端口。

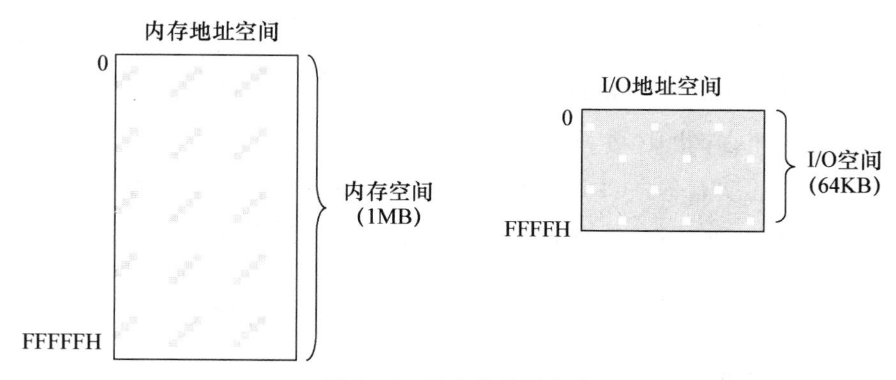

图 8—4　独立的编址方式

8.2　I/O 控制方式

CPU 和外设之间通信，必须通过 I/O 控制器以及双方的协调来完成。随着计算机技术的发展，输入输出的方式也在不断进步。到目前为止，已经出现了许多种 I/O 工作方式。这里主要介绍计算机中的 I/O 控制器的三种常见的工作方式：程序查询 I/O 方式、中断 I/O 方式和 DMA I/O 方式。

8.2.1 程序查询 I/O 方式

外部设备和 CPU 的工作速度相差很大，所以需要 CPU 和外设之间进行协调。协调的方法之一就是 CPU 通过查询外设的工作状态来决定下一步的操作。

例如，在实现输入操作时，外设将数据传送到输入缓冲寄存器之后，将缓冲器满标志置 1。当 CPU 查询到缓冲器满标志为 1 时，就通过读取缓冲寄存器取得数据。CPU 读取数据之后，可以由硬件自动清除缓冲器满标志，或者以软件的方式由 CPU 发出清除命令来实现。程序查询 I/O 方式的流程如图 8—5 所示。

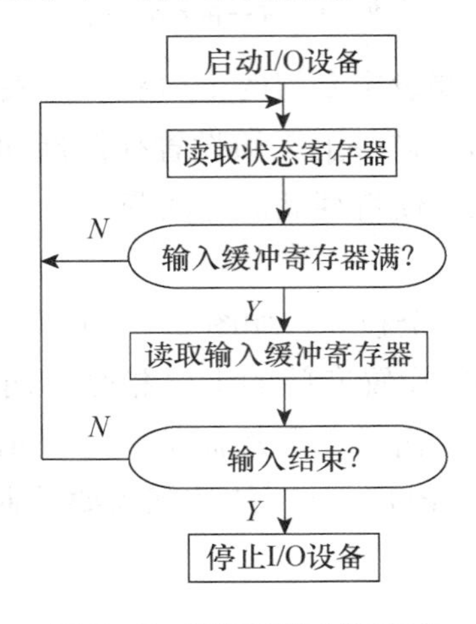

图 8—5　程序查询 I/O 方式

程序查询方式的优点是，硬件电路相对简单，程序结构简单，易于实现。当有多个设备时，可以按照查询顺序安排外设的优先权。

程序查询方式的缺点是，CPU 利用率低，大量的时间浪费在查询上。该方式不能实现外设的实时响应，在多个外设的情况下，当某个外设需要 I/O 处理时，必须等到 CPU 查询到该设备的端口，才能给予响应。

程序 I/O 方式的 CPU 使用效率如图 8—6 所示，CPU 大部分时间处于查询等待状态，CPU 的利用率很低。图 8—6 中 CPU 的阴影部分表示查询时间。

8.2.2 程序中断 I/O 方式

由于程序查询方式的工作效率较低，而且 CPU 和外部设备之间的处理必须是顺序进行的，因此出现了程序中断 I/O 方式。该方式可以大大提高 CPU 的利用率，而且还可以实现 CPU 和多个 I/O 设备的并行处理。下面介绍程序中断 I/O 方

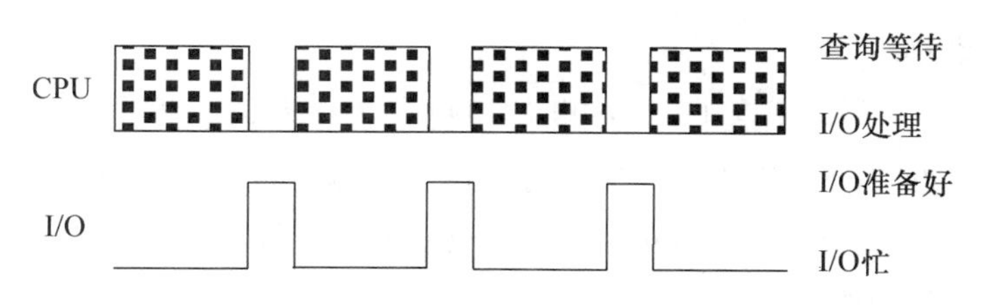

图 8—6　查询 I/O 方式的效率

式的工作原理。

1. 中断的基本概念

要说明程序查询和中断的原理，可以打个比方。比如说烧开水的过程，水开了必须关煤气。有两种方法，一是定时（比如 1 分钟）去查看，这就相当于程序查询；二是给水壶安装一个提醒装置，当水开了就会发出响声，听到响声就知道水开了。

这两种方式哪个好，是一目了然的。采用第一种方法时，我们需要不停地去查看，会浪费大量时间，而且此时也不能专心干别的事情。采用第二种方法，我们可以干自己的事情，听到响声再去关煤气。

由于程序查询 I/O 方式存在上述缺点，因此出现了中断 I/O 方式。中断是指某事件的发生引起 CPU 暂停执行当前程序的运行，转入对所发生事件的处理，处理结束后又回到原来程序被打断处继续执行。

中断是硬件或软件通知 CPU 的一个信号，表示有事件需要立即处理。CPU 需要暂停当前程序的运行，包括保护运行的状态，然后转而执行一个较短的程序（称为中断处理程序（interrupt handler）或者中断服务程序（interrupt service routine，ISR））来处理该事件。中断一般是短暂的，当 CPU 执行中断处理之后，回到原来被打断的程序处继续执行。

中断 I/O 方式与程序查询方式相比，CPU 不是主动询问，而是处于被动等待的状态。从事件的发生到引起 CPU 的注意，以及 CPU 完成该事件的处理过程是由硬件和软件组成的中断机制实现的，而不是完全靠 CPU 查询完成的。中断处理过程中 CPU 的使用效率如图 8—7 所示。从图中可以看出，CPU 的利用率大大提高了。

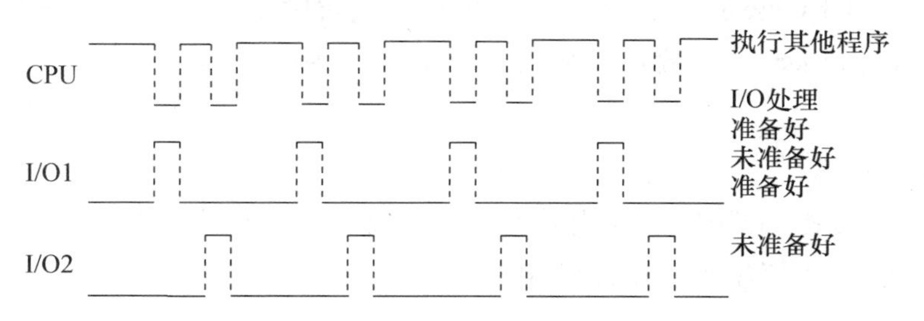

图 8—7　中断 I/O 方式的效率

2. 中断的类型

在中断 I/O 方式下，引起 CPU 中断的事件称为中断源。根据产生中断的原因，将中断的类型分为硬件中断和软件中断，而硬件中断又可分为内部中断及外部中断，外部中断还可分为不可屏蔽（non-maskable interrupt）和可屏蔽（maskable interrupt）两种。中断的分类如图 8—8 所示。

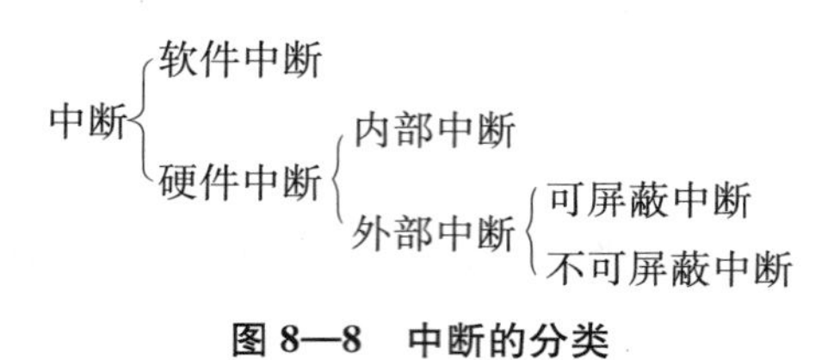

图 8—8 中断的分类

（1）软件中断。

软件中断是由 CPU 执行一个中断指令产生中断请求，例如 80x86 CPU 的 INT ×× 指令。这类中断的发生不是偶然的，是由程序安排而产生的。当执行 INT 中断指令时，CPU 处理程序与硬件中断相同。

软件中断指令类似于子程序调用，用途非常广泛，可以请求低级系统软件（设备驱动）的服务。例如，计算机使用软件中断指令实现磁盘的读写请求调用等。

（2）硬件中断。

由 CPU 外部或内部部件产生的中断请求通知 CPU 事件的发生。例如，敲击键盘或移动鼠标将引起一个硬件中断，通知 CPU 去处理读键盘或鼠标位置的操作。与软件中断不同的是，硬件中断是异步的（asynchronous），可能在一条指令执行的中间发生。

硬件中断可以分为内部中断和外部中断。内部中断是 CPU 自身的异常引起的，例如，CPU 的算术逻辑单元遇到除数为 0 或者计算结果溢出等异常情况发生时。外部中断主要是指 CPU 外部部件（包括外设）相关引脚上产生的中断请求信号通知 CPU 事件的发生。外部中断根据是否可以被屏蔽又分为可屏蔽中断和不可屏蔽中断。

可屏蔽中断请求可以通过中断屏蔽寄存器的位屏蔽禁止，不可屏蔽中断不能用中断屏蔽禁止，CPU 必须给予响应。不可屏蔽中断用于高优先级的中断，比如，看门狗（watchdog timer）。一般可屏蔽和不可屏蔽中断的请求信号来自不同的中断请求线。

3. 中断的用途

中断除了可以提高 CPU 的使用效率外，还具有许多其他优点，使得中断技术被广泛使用在各种计算机系统中。中断的用途主要有：

（1）并行操作。

有了中断功能后，CPU 可以与多个外设并行工作。

CPU 在启动某外设后，不必等待该外设，而可以继续执行主程序，这样，CPU 与外设并行工作。如果 CPU 在主程序中启动了另一个外设，则 CPU 与多个外设并行工作。

当某外设准备好后，主动向 CPU 发出中断请求，CPU 在中断处理程序中对该外设进行处理。中断处理执行完后，CPU 又返回主程序执行。

（2）实时处理。

实时处理即及时处理（在规定的时间内处理）。有了中断功能后，当外设需要 CPU 处理时，向 CPU 发出中断请求，CPU 立即响应中断，使该请求被立即处理，提高了系统的实时性。

在程序查询方式下，不能保证实时性。因为当某外设需要处理时，CPU 可能正在查询其他外设。

（3）故障处理。

系统设计人员把系统中可能出现的故障处理程序设计为中断处理程序，当出现故障时，CPU 自动转入相应的中断处理程序，对该故障进行处理，而不需要报告工作人员。

（4）分时操作。

计算机实现多道程序运行是提高机器效率的有效手段。多道程序的切换运行需借助于中断系统。在一道程序的运行中，由 I/O 中断系统切换到另外一道程序运行。也可以通过分配给每道程序一个固定时间片，利用时钟定时发中断进行程序切换。

4. 中断的处理过程

要了解中断的处理过程，需要先了解几个基本概念。

（1）中断禁止。

CPU 中设置一个中断允许寄存器，当该寄存器为 1 时，允许 CPU 响应来自中断线的请求。当该寄存器为 0 时，CPU 不响应来自中断线的请求。CPU 设置该寄存器为 1，称为开中断；设置该寄存器为 0，称为关中断。

（2）中断屏蔽。

CPU 内部的中断屏蔽寄存器中的中断屏蔽字允许通过软件设置来禁止外部的中断。

（3）中断向量表。

当 CPU 响应中断请求时，由硬件或其他方法产生一个中断类型号，也称中断识别码或中断设备码。假设 CPU 有 n 个中断源，我们用 int i（$0\leqslant i\leqslant n$）表示第 i 个中断请求，其中断类型号是 i。CPU 需要为 int i 产生第 i 个中断服务程序入口地址，这是通过查找存放在内存中的一张表格来完成的。

我们将中断服务程序入口地址称为中断向量，而对应的这张表就是中断向量表。中断向量表是一个具有 n 个表项的表格，每个表项的内容就是中断服务程序入口地址，即中断向量。如果中断向量的长度是 4 字节，那么中断向量表的大小为 $4n$ 字节。

以 8086 为例，硬件产生的中断标识码称为中断类型号。中断类型号和中断向量之间有如下关系：中断类型号×4＝存放中断向量的首地址。有了存放中断向量的首地址，从该地址开始的 4 个存储单元中取出的就是中断服务程序的入口地址。因此，中断向量是指中断服务程序入口地址的偏移量与段基值，一个中断向量占据 4 个字节。中断向量表是 8086 系统内存中最低端 1K 个字节的空间，它的作用就是按照中断类型号从小到大的顺序存储对应的中断向量，总共存储 256 个中断向量。在中断响应过程中，CPU 通过从接口电路获取的中断类型号（中断向量号）计算对应中断向量在表中的位置，并从中断向量表中获取中断向量，将程序流程转向中断服务程序的入口地址。8086 中断向量表如图 8—9 所示。

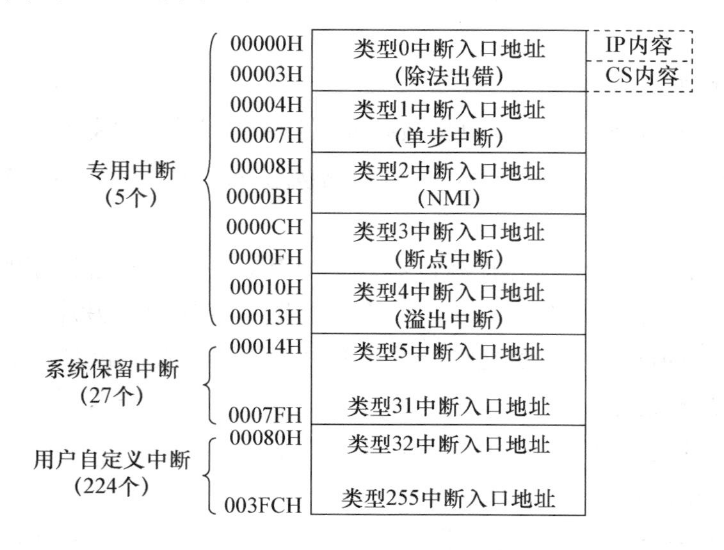

图 8—9　8086 中断向量表

5. 中断优先级

为使系统能及时响应并处理发生的所有中断，系统根据引起中断事件的重要性和紧迫程度，将中断源分为若干个级别，称作中断优先级。

引入多级中断是为了使系统能及时地响应和处理所发生的紧迫中断，同时又不至于发生中断信号丢失。计算机发展早期在设计中断系统硬件时根据各种中断的轻重缓急在线路上作出了安排，从而使中断响应能有一个优先次序。

多级中断的处理原则：当多级中断同时发生时，CPU 按照由高到低的顺序响应。高级中断可以打断低级中断处理程序的运行，转而执行高级中断处理程序。当同级中断同时到达时，则按位响应。

当多级中断同时发生时，CPU 按照由高到低的顺序响应。

优先级高的中断源可以中断优先级低的中断服务程序，这就形成了中断服务程序中套着中断服务程序的情况，即形成了所谓的中断嵌套。

6. 中断判优

由于设置了中断优先权，因此，当CPU响应中断时，需要选择优先权高的中断予以响应。判别中断优先权的方式有软件查询方式和硬件排队方式。

（1）软件查询方式。

软件查询方式要借助简单的硬件电路。把多个设备的中断请求信号（INTR）相"或"作为向CPU发出的请求信号，任意外设有中断请求时，都可以向CPU发出INTR信号。而中断优先权是由软件查询顺序决定的。图8—10表示的优先权顺序从左到右，电源故障最高，打印输出最低。

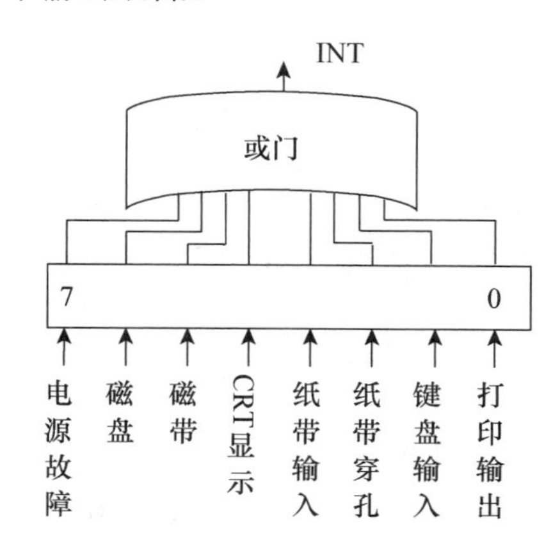

图8—10　软件查询方式

（2）硬件排队方式。

1）链式排队电路——菊花链方式。

在每个外设对应的接口电路上连接一个逻辑电路，这些逻辑电路构成一个链，称为菊花链，如图8—11所示。中断优先权的顺序由菊花链从上到下决定。

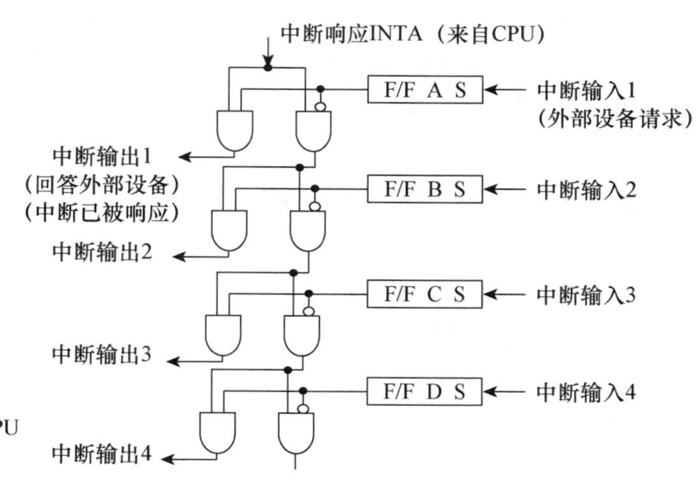

图8—11　菊花链方式

2）优先级编码集成芯片。

在微机中，使用可编程中断控制器 Intel 8259 管理多个外设的中断请求。在中断控制器内部有一个优先权编码排队电路，现实中断优先级的顺序排队，如图 8—12 所示。

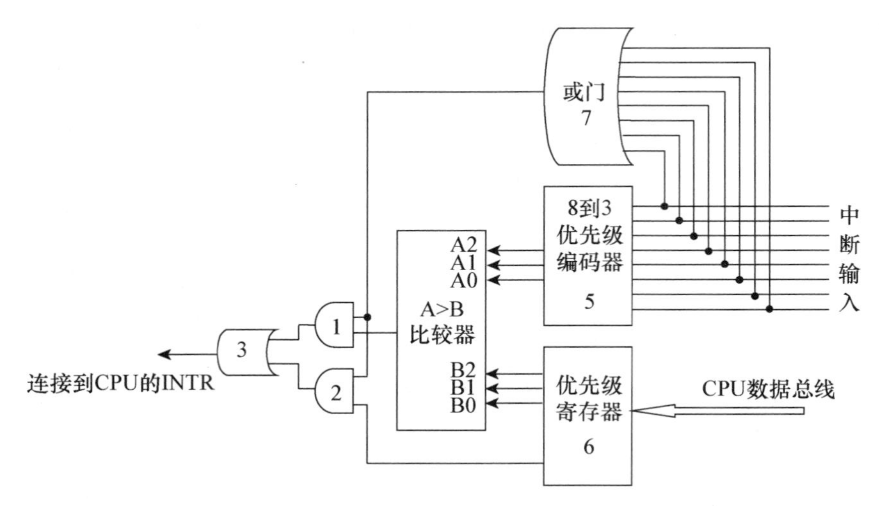

图 8—12　集成芯片方式

8 条中断输入线的任意一条请求信号，经“8 到 3 优先级编码器 5”产生三位二进制编码 A2A1A0，优先级最高的请求编码为 111，优先级最低的请求编码为 000。若有多个请求线同时请求，编码器仅输出优先级最高的编码。

当 CPU 尚未处理任何中断时，若任意请求线有请求，均可以经“或门 7”、“与门 2”、“或门 3”向 CPU 申请中断，且该中断的编码经过 CPU 数据总线送至“优先级寄存器 6”。优先级寄存器中总是存放着当前正在处理的中断的编码（B2B1B0）。

当出现新的请求时，新请求的编码 A2A1A0 送到比较器，只有当新请求的优先级 A2A1A0 大于正在处理的中断的编码 B2B1B0 时，比较器才输出 1，经“与门 1”、“或门 3”向 CPU 申请中断，同时，新中断的编码经过 CPU 数据总线送至“优先级寄存器 6”。

7. 中断响应过程（以 8086 系统为例）

当满足上述条件后，CPU 响应中断，执行以下任务：

（1）发出中断响应信号 INTA（目的是获得中断类型码）。

（2）把标志寄存器的值存入堆栈。

（3）关中断（目的是禁止 CPU 响应新的中断请求）。

（4）保护断点。即把下一条指令的地址存入堆栈（目的是中断处理完后能继续该指令的执行）。

（5）根据中断类型码，从中断向量表中获得中断处理程序的入口地址。

(6) 保护现场（把中断处理程序中要改变值的寄存器的值存入堆栈）。

(7) 开中断。

(8) 执行中断处理。

(9) 恢复现场（从堆栈中恢复中断处理程序中值发生变化的寄存器的值）。

(10) 中断返回（执行 IRET 指令，从堆栈中取出下一条指令的地址送入 PC，从堆栈中取出标志寄存器的值，CPU 继续该指令的执行）。

需注意以下两点：

(1) 第（1）～（5）步是 CPU 的硬件完成动作。第（6）～（10）步属于中断处理程序软件完成的动作。

(2) 中断处理程序中，如果该中断处理程序执行期间允许 CPU 响应其他中断，则在保护现场后就开中断。

8. 中断现场保护

中断的处理过程为：关中断（在此中断处理完成前，不处理其他中断）、保护现场、开中断、执行中断服务程序、恢复现场。

保护现场其实就是保存中断前一时刻 CPU 的状态不被破坏。保护现场通过利用一系列 PUSH 指令保护 CPU 现场，即将相关寄存器的内容入栈保护起来。

9. 多重中断

在 CPU 正为某一个中断源服务的过程中，又出现了其他中断请求，如何处理？一般的做法是，如果新提出的中断请求比当前正在服务的中断级别高，说明它更紧急、更迫切需要服务，CPU 应暂停当前正在执行的中断服务，转而执行更高级的中断服务程序。于是，出现了多重中断，或称中断嵌套；如果新提出的中断请求比当前正在服务的中断级别低，则不予理睬，待当前服务执行完后，再根据当时的情况决定是否响应。

中断过程中要占用堆栈空间来存放断点地址和现场信息。堆栈还用来存放子程序的返回地址。只要堆栈空间足够，中断嵌套的层数一般没有限制。

注意，无论是中断普通程序还是高级别中断打断正在执行的低级别中断，都只能在一条指令执行完毕时实施中断，不能在指令执行中间中断。

8.2.3　DMA I/O 方式

用中断方式控制 I/O 传送时，每交换一个字节或字要实施一次中断，但是在成批（或成组、成块）传送时这种方式效率太低，如图 8—13 所示。

从图 8—13 中可以观察到，CPU 每完成一次中断的开销包括 I/O 处理前操作（中断响应、判优、保护现场等）、I/O 操作、I/O 处理后操作（恢复现场、中断返回等）。真正用于 I/O 处理的时间占很小一部分。因此，当中断处理频率较低的随机事件时，

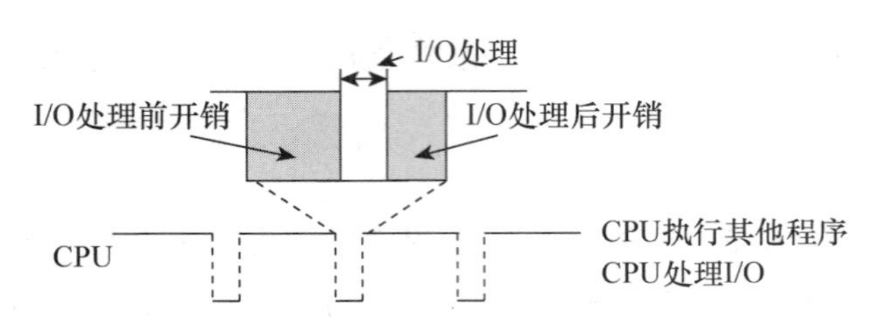

图 8—13 高速 I/O 时中断的效率

额外的开销可以忽略不计，当遇到高频率的事件发生时，额外开销将超过用于正常 I/O 操作的开销。

因此，在使用高速 I/O 设备（例如，磁盘或光盘）传送成批数据时，可以采用直接存储器存取（direct memory access，DMA）方式。这种方式完全由硬件（称为 DMA 控制器）来完成 I/O 传送。数据交换不必以 CPU 的寄存器为中介，可直接在外设和存储器之间进行。

如果没有 DMA，在采用程序中断 I/O 方式下，CPU 完全被读写操作所占据，无法完成其他工作。如果采用 DMA，CPU 只要启动传输操作，在 DMA 传输的过程中。CPU 可以完成其他操作，当 DMA 完成之后发出中断通知 CPU。这一特性使得 CPU 无须保持很高的数据传输速率，CPU 只需完成有用的操作并等待相对较慢的 I/O 数据传输即可。很多硬件系统均使用 DMA，包括磁盘驱动控制器、图形卡、网卡、声卡等。DMA 也在多核处理器系统中用于芯片之间的传输。采用 DMA 的计算机的数据输入输出可以产生很小的 CPU 开销。同样，通过 DMA，多核处理器中的一个处理单元在本地存储器传输数据时无须占用处理器时间，允许计算和数据传输并行处理。DMA 还可以用于存储器数据的“存储器—存储器”的数据拷贝和移动。

1. DMA 的基本概念

中断方式相对于查询方式来说，可以提高 CPU 的利用率并保证对外设响应的实时性，但对于高速外设（如磁盘、高速 A/D 等），中断方式不能满足数据传输速度的要求。因为在中断方式下，每次中断均需保存断点（返回地址）和现场（各寄存器的值，包括标志寄存器），中断返回时要恢复断点和现场。同时，进入中断和从中断返回均使 CPU 指令队列被清除。所有这些原因使得中断方式难以满足高速外设对传输速度的要求。对于高速外设的数据传输，一种有效的方式是使用 DMA 方式，即使用 DMA 控制器（简称 DMAC，典型芯片是 Intel 8237），在外设和内存之间直接进行数据块传输。这种传输由 DMAC 硬件完成，不需 CPU 的干预，因此可以达到较高的速度。

2. DMA 的操作模式

CPU 取指令和访问操作数需要占用总线，DMA 传输数据也需要占用总线。当二者同时工作时，就会产生争用总线的矛盾。因此，为了解决二者的总线竞争问题，DMA 具有如下四种工作模式：

（1）阵发模式（burst mode）。

一个完整的数据块以连续的顺序一次完成。一旦 DMA 控制器从 CPU 得到访问系统总线的访问权，在释放系统总线并交回 CPU 之前，将传输所有数据块的字节，其结果是使 CPU 等待一段较长的时间。该模式也称为“块传输模式”。

（2）周期窃取模式（cycle stealing mode）。

在周期窃取模式下，DMA 控制器以与阵发模式相同的方法获取系统总线的访问权。DMA 控制使用 BR（bus request）和 BG（bus grant）信号控制 CPU 和 DMA 控制器之间的接口。在周期窃取模式下，每当一个字节传输完成，系统总线的控制权通过 BG 再次交还给 CPU。DMA 控制器通过 BR 不断地提出请求，每次请求完成一个字节的传输，直到整个数据块传输完毕。DMA 控制器通过连续的获取和释放系统总线的控制权，实现了执行指令和数据传输的交替进行。CPU 执行一条指令，DMA 控制器传输一个数据，如此重复。一方面，数据块的传输的速度没有阵发模式下的快；另一方面，CPU 不会像阵发模式下等待那么长的时间。周期窃取模式有利于监视实时数据。

（3）透明模式（transparent mode）。

透明模式下，DMA 控制器只在 CPU 操作没有占据系统总线的条件下执行。透明模式的主要优点是 CPU 不需要停止程序的执行，DMA 控制器的数据传输时机是自由的。其缺点是硬件需要确定何时 CPU 不使用系统总线，使得系统复杂化。

（4）CPU 和 DMA 交替模式（ping-pong mode）。

当 CPU 的工作周期比主存访问时间长时，使用这种方式。这种方式不需要总线使用权的申请、建立和归还过程。将 CPU 周期分成 C1 和 C2 两个周期，其中 C1 专门用于 DMA 访问主存，C2 提供给 CPU 访问主存。总线使用权通过 C1 和 C2 分别控制。CPU 和 DMA 有各自的访问地址寄存器、数据寄存器和读写信号。

3. DMA 控制器（DMAC）的构成

整个 DMA 数据传输操作是在 DMA 控制器的控制下完成的。为了完成 DMA 操作，DMA 控制器的组成如下：

（1）基地址寄存器和当前地址寄存器。

用于保存当前 DMA 操作时主存储器的地址。

（2）字节计数器（WC）。

用于记录 DMA 传送过程中传送数据的计数值。

（3）控制寄存器和状态寄存器。

控制寄存器用于指出 DMA 的工作方式，如输入或输出；状态寄存器用于指出 DMA 控制器的工作状态，例如正常或者出错。

（4）数据缓冲器。

用于缓冲 DMA 和外设之间的交换数据。

（5）其他电路。

如 DMA 请求寄存器、屏蔽寄存器、读写电路、中断机构等。

4. DMA 编程

为了使 DMA 过程能正确进行，必须使用程序对 DMA 控制器和接口电路进行初始化。初始化包括下列设置：

（1）设置 DMAC 的字节计数器初值，以确定数据块的长度。

（2）设置 DMAC 的地址寄存器初值，以确定数据传输所用的存储区首地址。

（3）设置 DMAC 的控制寄存器，指出数据传送方向、是否进行块传输，并启动 DMA 操作。

（4）设置接口电路的控制寄存器，指出数据传输方向，并启动 I/O 操作。

5. DMA 的工作过程

DMA 的数据传送过程可以分为三个阶段：

（1）DMA 传送前预处理。

在进行 DMA 数据传送之前要用程序做一些必要的准备工作。先由 CPU 执行几条输入输出指令，测试设备状态，向 DMA 控制器的设备地址寄存器中送入设备地址并启动设备，在主存地址寄存器中送入交换数据的主存起始地址，在数据字数寄存器中送入交换的数据个数。

在这些工作完成之后，CPU 继续执行原来的程序。

（2）DMA 控制 I/O 设备与主存之间的数据交换。

I/O 设备启动后，若为输入数据，则要进行以下操作：

1）从输入介质读入一个字到数据缓冲寄存器 DBR 中。

2）向 CPU 发送 DMA 请求，在取得总线控制权后，将 DBR 中的数据送入主存的数据寄存器。

3）将 DMA 中的 MAR 内容送入主存的地址寄存器，启动写操作，将数据写入主存。

4）将 WC 内容减 1，将 MAR 的内容加 1，给出下一个字的地址。

5）判断 WC 是否为 0，若不是，说明还有数据需要传送，检查无错后准备下一个字的输入。若 WC 为 0，表明一组数据已传送完毕，此时应置结束标志，向 CPU 发中断请求。

I/O 设备启动后，若为输出数据，则应进行以下操作：

1）将 MAR 的内容送入主存的地址寄存器。

2）启动主存读操作，将对应单元的内容读入主存的数据寄存器。

3）将主存数据寄存器的内容送到 DMA 的 DBR 中。

4）将 DBR 的内容送到输出设备，若为字符设备，则需将 DBR 内容拆成字符输出。

5）将 WC 内容减 1，MAR 内容加 1，为下一个字的输出做好准备。

6）判断 WC 的内容是否为 0。若不为 0，说明还需继续传送，输出设备处理完数据后，发送 DMA 请求。若 WC 为 0 或检验有错，则停止传送，向 CPU 发送结束中断请求或出错中断请求。

（3）传送后处理。

若需继续交换数据，则又要对 DMA 控制器进行初始化；若不需交换数据，则停止外设；若为出错，则转到错误诊断及处理程序。

8.3 总　线

任何一个 CPU 都要与一定数量的部件和外围设备连接，但如果将各部件和每一种外围设备都分别用一组线路与 CPU 直接连接，那么连线将会错综复杂，甚至难以实现。为了简化硬件电路设计、简化系统结构，常用一组线路，配置以适当的接口电路与各部件和外围设备连接，这组共用的连接线路称为总线。

采用总线结构便于部件和设备的扩充，尤其制定了统一的总线标准后则容易使不同设备之间实现互连。

总线一般分为内部总线、系统总线和外部总线。内部总线是计算机内部各外围芯片与 CPU 处理器之间的总线，用于芯片一级的互连；而系统总线是计算机中各插件板与系统板之间的总线，用于插件板一级的互连；外部总线则是处理机和外部设备之间的总线，主机作为一种设备，通过该总线和其他设备进行信息与数据交换，它用于设备一级的互连。

另外，从广义上说，计算机通信方式可以分为并行通信和串行通信，相应的通信总线被为并行总线和串行总线。并行通信速度快、实时性好，但由于占用的线路多，不适于小型化产品；而串行通信速率虽低，但在数据通信吞吐量不是很大的微处理电路中则显得更加简易、方便、灵活。而且近年来串行通信的工作频率提升很快，应用越来越广泛。串行通信一般可分为异步模式和同步模式。随着微电子技术和计算机技术的发展，总线技术也在不断地发展和完善，而使计算机总线技术种类繁多，各具特色。

8.3.1 总线的定义

总线（bus）是计算机各种功能部件之间传送信息的公共通信干线，它是由导线组成的传输线束。按照计算机所传输的信息种类，计算机的总线可以分为数据总线、地址总线和控制总线三大类，分别用来传输数据、地址和控制信号。总线是一种内部结构，它是 CPU、内存、输入和输出设备传递信息的公用通道，主机的各个部件通过总线相连接，外部设备通过相应的接口电路再与总线相连接，从而形成了计算机硬件系统。在计算机系统中，计算机是以总线结构来连接各个功能部件的。

如果说主板（mother board）是一座城市，那么总线就像城市里的公共汽车（bus），能按照固定行车路线传输来回不停运作的比特（bit）。这些线路在同一时间内都仅能负责传输一个比特。因此，必须同时采用多条线路才能传送更多数据，而总线可同时传输的数据位数就称为总线宽度（width），以比特为单位，总线宽度越大，传输性能就越佳。总线的带宽（即单位时间内可以传输的总数据数）为：

总线带宽＝频率×宽度(bytes/sec)

8.3.2 总线的工作原理

当总线空闲（其他器件都以高阻态形式连接在总线上）且一个器件要与目的器件通信时，发起通信的器件驱动总线，发出地址和数据。其他以高阻态形式连接在总线上的器件如果收到（或能够收到）与自己相符的地址信息，就可接收总线上的数据。发送器件完成通信后，将总线让出（输出变为高阻态）。

8.3.3 总线的特性

由于总线是连接各个部件的一组信号线。通过信号线上的信号表示信息，通过约定不同信号的先后次序约定操作如何实现。总线的特性包括以下几个方面：

1. 物理特性

物理特性又称为机械特性，指总线上的部件在物理连接时表现出的一些特性，如插头与插座的几何尺寸、形状、引脚个数及排列顺序等。

2. 功能特性

功能特性是指每一根信号线的功能，如地址总线用来表示地址码，数据总线用来表示传输的数据，控制总线表示总线上操作的命令、状态等。

3. 电气特性

电气特性是指每一根信号线上的信号方向及表示信号有效的电平范围，通常由主设备（如 CPU）发出的信号称为输出信号（OUT），送入主设备的信号称为输入信号（IN）。通常数据信号和地址信号定义高电平为逻辑 1，低电平为逻辑 0；控制信号则没有俗成的约定，如 WE 表示低电平有效，Ready 表示高电平有效。不同总线高电平、低电平的电平范围也无统一的规定，通常与 TTL 是相符的。

4. 时间特性

时间特性又称为逻辑特性，指在总线操作过程中每一根信号线上信号什么时候有效，通过这种信号有效的时序关系约定，确保了总线操作的正确进行。

为了提高计算机的可拓展性，以及部件和设备的通用性，除了片内总线外，各个部件或设备都采用标准化的形式连接到总线上并按标准化的方式实现总线上的信息传输。而总线的这些标准化的连接形式及操作方式统称为总线标准，如 ISA、PCI、USB 总线标准等。相应的，采用这些标准的总线为 ISA 总线、PCI 总线、USB 总线等。

8.3.4 总线的分类

按照传输信息的性质，大体上可以分为地址总线、数据总线和控制总线。有的系统中，数据总线和地址总线是复用的，即总线在某些时刻出现的信号表示数据而另一些时刻表示地址；而有的系统是分开的。有些专用计算机的地址总线和数据总线是复用的，而一般 PC 中的总线则是分开的。

按照传输数据的方式，可以分为串行总线和并行总线。串行总线中，二进制数据逐位通过一根数据线发送到目的器件；并行总线的数据线通常超过 2 根。常见的串行总线有 SPI、I2C、USB 及 RS232 等。

按照时钟信号是否独立，可以分为同步总线和异步总线。同步总线的时钟信号独立于数据，而异步总线的时钟信号是从数据中提取出来的。SPI、I2C 采用同步串行总线，RS232 采用异步串行总线。

按总线在系统结构中的层次位置，可以分为内部总线、系统总线和外部总线。

内部总线是 CPU 内部连接各寄存器及运算部件的总线。

系统总线是 CPU 同计算机系统的其他功能部件（如存储器、通道等）连接的总线。系统总线有多种标准接口，从 16 位的 ISA 到 32/64 位的 PCI、AGP 乃至 PCI Express。系统总线中包括局部总线，局部总线是系统总线向多层结构发展的结果。

外部总线又称为 I/O 接口总线，是用来连接外部设备或其他计算机的总线，如用于连接并行打印机的 Centronics 总线、用于串行通信的 RS-232 总线、通用串行总线 USB 和 IEEE-1394、用于硬磁盘接口的 IDE、SCSI 总线等。

8.3.5 三类系统总线在计算机系统中的地位和关系

数据总线（data bus，DB）、地址总线（address bus，AB）和控制总线（control bus，CB），也统称为系统总线，即通常意义上所说的总线。

数据总线（DB）用于传送数据信息。数据总线是双向三态形式的总线，即它既可以把 CPU 的数据传送到存储器或 I/O 接口等其他部件，也可以将其他部件的数据传送到 CPU。数据总线的位数是计算机的一个重要指标，通常与处理器的字长相一致。

例如，Intel 8086 微处理器字长 16 位，其数据总线宽度也是 16 位。需要指出的是，数据的含义是广义的，它可以是真正的数据，也可以是指令代码或状态信息，有时甚至是一个控制信息，因此，在实际工作中，数据总线上传送的并不一定仅仅是真正意义上的数据。

地址总线（AB）是专门用来传送地址的，由于地址只能从 CPU 传向外部存储器或 I/O 端口，所以地址总线总是单向三态的，这与数据总线不同。地址总线的位数决定了 CPU 可直接寻址的内存空间的大小，比如 8 位微机的地址总线为 16 位，则其最大可寻址空间为 $2^{16}=64$KB，16 位微型机（x 位处理器指一个时钟周期内微处理器能处理的位数（1，0）多少，即字长大小）的地址总线为 20 位，其可寻址空间为 $2^{20}=$ 1MB。一般来说，若地址总线为 n 位，则可寻址空间为 2^n 个字节。

控制总线（CB）用来传送控制信号和时序信号。控制信号中，有的是 CPU 送往存储器和 I/O 接口电路的，如读/写信号、片选信号、中断响应信号等；有的是其他部件反馈给 CPU 的，如中断申请信号、复位信号、总线请求信号、设备就绪信号等。因此，控制总线的传送方向由具体控制信号决定，（信息）一般是双向的，控制总线的位数要根据系统的实际控制需要决定。实际上控制总线的具体情况主要取决于 CPU。

1. 主板的总线

在计算机科学技术中，人们常常以 MHz 为单位来描述总线频率。计算机总线的种类很多，前端总线的英文名字是 Front Side Bus，通常用 FSB 表示，是将 CPU 连接到北桥芯片的总线。计算机的前端总线频率是由 CPU 和北桥芯片共同决定的。

2. 硬盘的总线

一般有 SCSI、ATA、SATA 等几种。SATA 是串行 ATA 的缩写，为什么要使用串行 ATA 就要从 PATA——并行 ATA 的缺点说起。ATA 或者说普通 IDE 硬盘的数据线最初是 40 根的排线，这 40 根线里面有数据线、时钟线、控制线、地线，其中 32 根数据线是并行传输的（一个时钟周期可以同时传输 4 个字节的数据），因此对同步性的要求很高。这就是为什么从 PATA-66（就是常说的 DMA66）接口开始必须使用 80 根的硬盘数据线，其实增加的这 40 根全是屏蔽用的地线，而且只在主板一边接地，有了良好的屏蔽，硬盘的传输速度才能达到 66MB/s、100MB/s 和最高的 133MB/s。但是在 PATA-133 之后，并行传输速度已经到了极限，而且 PATA 的三大缺点暴露无遗：信号线长度无法延长、信号同步性难以保持、5V 信号线耗电较大。那么为什么 SCSI-320 接口的数据线能达到 320MB/s 的高速而且线缆可以很长呢？实际上就是一组组的差分信号线两两扭合而成。

与 PATA 相比，SATA 具有比较大的优势。首先，SATA 以连续串行的方式传送数据，可以在较少的位宽下使用较高的工作频率来提高数据传输的带宽。SATA 一次只会传送 1 位数据，这样能减少 SATA 接口的针脚数目，使连接电缆数目变少，效率也会更高。实际上，SATA 仅用四支针脚就能完成所有的工作，分别用于连接电缆、连接地线、发送数据和接收数据，同时这样的架构还能降低系统能耗和减小系统复杂性。其次，SATA 的起点更高、发展潜力更大，SATA 1.0 定义的数据传输率可达 150MB/s，这比目前最快的 PATA（即 ATA/133）所能达到的 133MB/s 的最高数据传输率还高，而已经发布的 SATA 2.0 的数据传输率将达到 300MB/s，最终 SATA 3.0 将实现 600MB/s 的最高数据传输率。另外，SATA 接线较传统的 PATA 接线要简单得多，而且容易布放，对机箱内的气流及散热有明显改善。

计算机中其他的总线还有：通用串行总线 USB（universal serial bus）、IEEE1394、AGP 等等。

8.3.6　总线的连接方式

大多数总线都是以相同方式构成的，其不同之处仅在于总线中数据线和地址线的数目，以及控制线的多少及其功能。然而，总线的排列布置以及总线与其他各类部件的连接方式对计算机系统性能而言则显得尤其重要。根据连接方式的不同，单机系统中采用的总线结构可分成三种基本类型：单总线结构、双总线结构、三总线结构。

1. 单总线结构

在许多单处理器的计算机中，使用一条单一的系统总线来连接 CPU、主存和 I/O 接口，称为单总线结构，如图 8—14 所示。

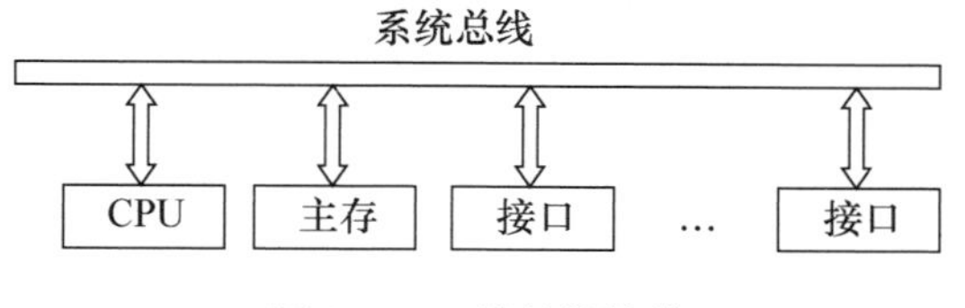

图 8—14　单总线结构

在单总线结构中，要求连接到总线上的逻辑部件都必须高速运行，以便在某些设备需要使用总线时能够迅速获得总线控制权，当不再使用总线时也能迅速放弃总线控制权。否则，由于一条总线由多个功能部件共用，有可能导致很大的时间延迟。

在单总线结构中，当 CPU 取一条指令时，首先把程序计数器 PC 中的地址同控制信息一起送到总线上。该地址不仅送到主存，同时也送到总线上的所有外围设备，然而只有与总线上的地址相对应的设备才执行数据传送操作，在取指令情况下的地址是主存地址。因此，该地址所指定的主存单元中的指令被传送给 CPU，CPU 检查指令中的操作码，确定对数据执行什么操作以及数据是流进 CPU 还是流出 CPU。

在单总线系统中，对输入/输出设备的操作与主存的操作方法完全一样。当

CPU 把指令的地址字段送到总线上时，如果该地址字段对应的地址是主存地址，则主存予以响应，从而在 CPU 和主存之间发生数据传送，数据传送的方向由指令操作码决定；如果该地址字段对应的地址是外围设备地址，则外围设备予以响应，从而在 CPU 和对应的外围设备之间发生数据传送，数据传送的方向也由指令操作码决定。

单总线结构的优点在于容易扩展成多 CPU 系统，只要在系统总线上挂接多个 CPU 即可。但是，在单总线结构中，由于所有逻辑部件都挂在同一个总线上，因此总线只能分时工作，即某一个时间只能允许一对部件之间传送数据，这就使信息传送的吞吐量受到限制。

2. 双总线结构

图 8—15 所示的为双总线系统结构，这种结构保持了单总线系统简单、易于扩充的优点，但又在 CPU 和主存之间专门设置了一组高速的存储总线，使 CPU 可通过专用的存储总线与存储器交换信息，以减轻系统总线的负担，同时主存仍可通过系统总线与外设进行 DMA 操作，而不必经过 CPU。当然，这种双总线结构是以增加硬件为代价的。

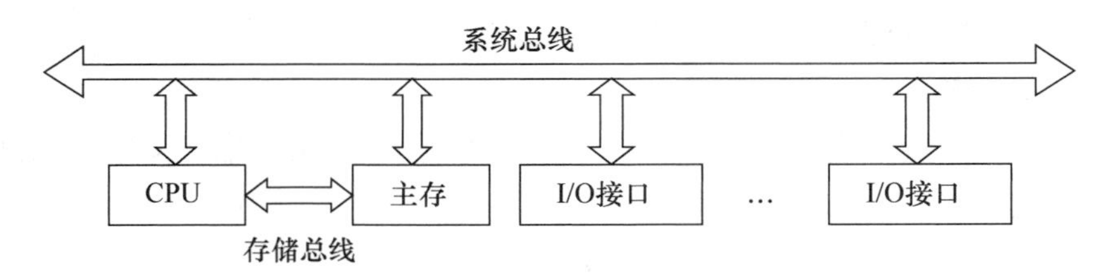

图 8—15 双总线结构

3. 三总线结构

图 8—16 所示的为三总线系统结构。三总线结构是在双总线结构的基础上增加 I/O总线形成的，其中系统总线是 CPU、主存和通道（IOP）之间进行数据传送的公共通路，而 I/O 总线则是多个外围设备与通道之间进行数据传送的公共通路。

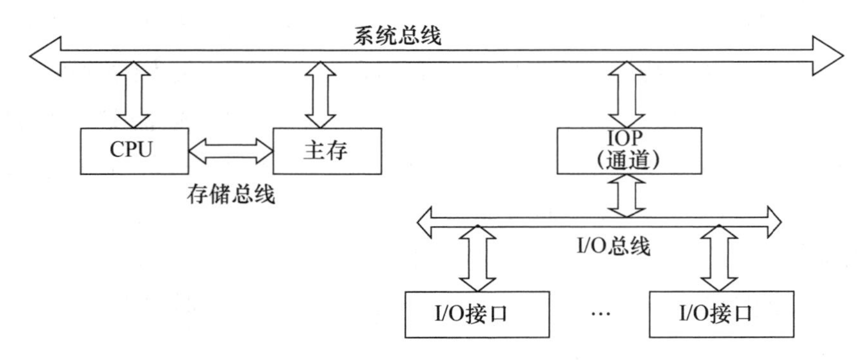

图 8—16 三总线结构

8.3.7　总线的仲裁

总线上的设备一般分为总线主设备和总线从设备。总线主设备是指具有控制总线能力的模块，通常是CPU或以CPU为中心的逻辑模块，在获得总线控制权之后能启动数据信息的传输；与之相对应的总线从设备，是指能够对总线上的数据请求做出响应但本身不具备总线控制能力的模块。在早期的计算机系统中，一条总线上只有一个主设备，就是CPU，总线一直由它占用，技术简单，实现也比较容易。

随着应用的发展，主要是工业控制、科学计算的需求，多个主设备共享总线的情况越来越多，这对总线技术提出了新的要求。根据这类系统的特点，需要解决各个主设备之间的资源争用等问题，这使得总线的复杂性大为增加。

总线仲裁就是在多个总线主设备的环境中提出来的。在多处理机系统中，每个处理机都可以作为总线主设备，都要共享资源，都必须通过系统总线才能访问其他资源，总线也可视为一种重要的公共资源。由于每个处理机都会随机地提出对总线使用的要求，这样就可能发生总线竞争现象。为了防止多个处理机同时控制总线，就要在总线上设立一个处理上述总线竞争的机构，按优先级次序合理地分配资源，这就是总线仲裁问题。用硬件来实现总线分配的逻辑电路称为总线仲裁器（bus arbiter）。它的任务是响应总线请求，通过对分配过程的正确控制达到对总线的最佳使用。

系统总线为多个部件所共享，在任一时刻只允许一对部件利用总线进行信息传输，为了避免多对部件同时使用总线时发生信息的碰撞，必须对系统总线进行控制和管理。对多个主设备提出的占用总线请求，一般采用优先级或公平策略进行仲裁。主设备持续控制总线的时间称为总线占用周期。

根据总线仲裁电路的位置不同，仲裁方式可分为集中式仲裁与分布式仲裁两类。总线仲裁电路基本集中在一处的，称为集中式总线仲裁。总线仲裁电路分布在总线各部件中的，称为分布式总线仲裁。

1. 集中式仲裁

集中式总线仲裁是三总线、双总线和单总线结构机器中主要采用的方式，它主要有以下三种：(1) 链式查询方式；(2) 计数器定时查询方式；(3) 独立请求方式。

(1) 链式查询方式。

链式查询方式如图8—17所示。

总线请求信号（BR）：若BR＝1，则表示一个或几个外设要求使用总线；若BR＝0，表示外设无总线请求。

总线同意信号（BG）：总线控制部件接到总线请求信号BR以后，向外设发出回答信号，表示同意某外设使用总线（BG＝1）。

总线忙信号（BS）：某外设控制总线后，向总线控制部件发出该信号（BS＝1），

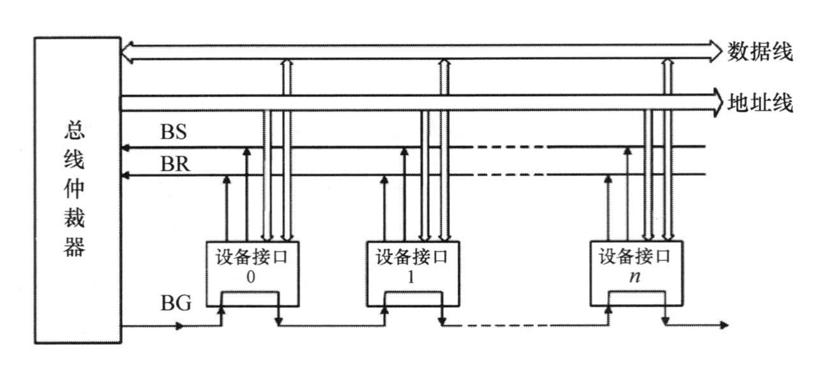

图 8—17 链式查询方式

表示某外设正在执行输入/输出操作，此时其他外设不能控制总线，直至操作结束。

优点：只用很少几根线就能按一定的优先级次序实现总线控制，并且这种链式结构容易扩充设备。

缺点：对电路的故障敏感；查询的优先级固定。

（2）计数器定时查询方式。

设置一个计数器，在查询过程中，计数器的值一边加 1，一边与每个设备的设备码进行比较。若有设备获得总线控制权，此时计数器停止计数，当操作完后 BS 为低电位，计数器继续计数，再查询其他外设。

计数器定时查询方式如图 8—18 所示。

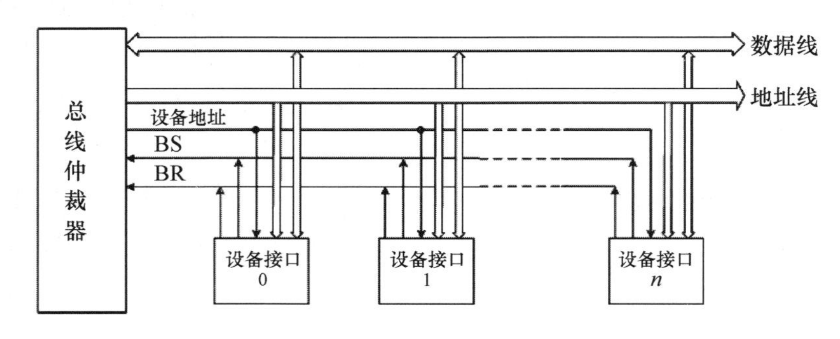

图 8—18 计数器定时查询方式

优点：优先权平等，可通过改变计数器的初值来挑选某台设备。

缺点：不容易扩展，速度不快。

（3）独立请求方式。

独立请求方式如图 8—19 所示。

独立请求方式对优先级次序的控制相当灵活，它可以由硬件固定，也可以通过程序来改变优先级次序，还可以用屏蔽某个请求的办法不响应来自无效设备的请求。

优点：响应时间快，优先级设置灵活。

缺点：控制线数多，n 台设备需要 $2n$ 条控制线。

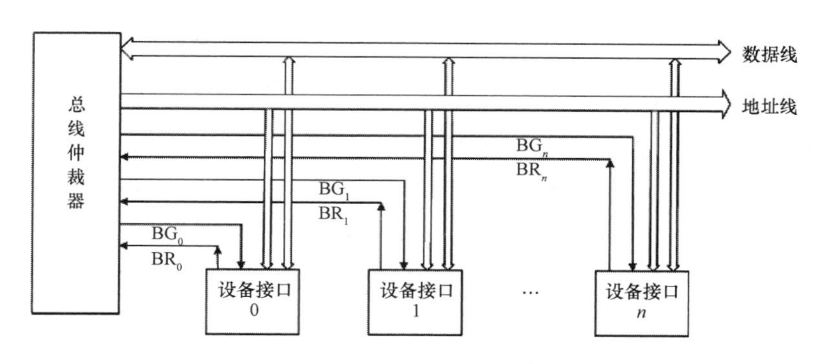

图 8—19　独立请求方式

2. 分布式仲裁

分布式仲裁不需要中央仲裁器，每个可能的主设备都有自己的仲裁号和仲裁器。当主设备有总线请求时，把自己唯一的仲裁号发送到共享的仲裁总线上，每个仲裁器将仲裁总线上得到的号与自己的号进行比较。如果仲裁总线上的号大，则该设备的总线请求不予响应，并撤消它的仲裁号。最后，获胜者的仲裁号保留在仲裁总线上。显然，分布式仲裁以优先级仲裁策略为基础。

分布式仲裁如图 8—20 所示。

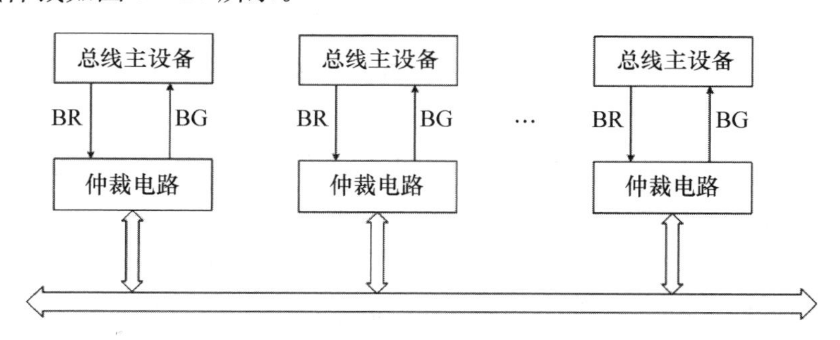

图 8—20　分布式仲裁

分布式仲裁的优点：线路可靠性高（不会因为某个总线主设备的仲裁电路故障而导致系统不能够工作），设备扩展灵活性较大。

缺点：系统往往需要进行超时判断以确定总线主设备是否还在正常工作，由于每个总线主设备需要在其接口电路中包含仲裁电路，因而设备设计的复杂性较大。

8.3.8　常见的总线标准

1. 系统总线

（1）ISA。

ISA（industry standard architecture，工业标准结构）总线是由 IBM PC/XT 和PC/AT 使用的 8 位总线发展而来的总线标准。ISA 是 8/16 位兼容总线，因此 I/O 插槽有 8 位和 8/16 位两种类型：8 位扩展槽由 62 个引脚组成，其中包括 20 条地址线和 8 条数据线，用于8位数据传输；8/16位扩展槽除了一个8位62线的连接器外，还有一个附加的36线连接器，这种扩展插槽既可以支持8位插接板，也可以支持16位插接板（24条地址线和16条数据线）。ISA总线的应用范围很广，一般用于连接中速、低速I/O设备。

（2）PCI。

PCI（peripheral component interconnect，外设部件互连）总线是1991年由Intel、IBM、Compaq、Apple等几家公司联合推出的。PCI既是一个与处理器无关的高速外围总线，又是至关重要的层间总线，可支持10台外部设备，它采用同步时序协议和集中式仲裁策略，并且具有自动配置能力。

使用PCI总线的计算机系统里有如下三种不同的总线：

1）HOST总线：又称宿主总线，该总线不仅连接主存，还可以连接多个CPU。

2）PCI总线：用于连接各种高速PCI设备。PCI设备可以是主设备，也可以是从设备，或兼而有之。在PCI设备中不存在DMA的概念，这是因为PCI总线支持无限的猝发式传送，于是，传统总线上用DMA方式工作的设备移植到PCI总线上时，只要采用主设备工作方式即可。系统中允许有多条PCI总线，它们可以使用HOST桥与HOST总线相连，也可以使用PCI-PCI桥与PCI总线相连，从而扩充整个系统的PCI总线负载能力。

3）LEGACY总线：可以是ISA、EISA这类性能较低的传统总线，以便充分利用市场上丰富的适配器卡，支持中速、低速I/O设备。

在PCI总线体系结构中有三种桥：HOST桥、PCI-PCI桥、PCI-LEGACY桥，其中，HOST桥又是PCI总线控制器，含有中央仲裁器。桥具有很重要的作用，它一方面连接两条总线，使彼此之间相互通信；另一方面又是一个总线转换部件，可以把一条总线的地址空间映射到另一条总线的地址空间上，从而使系统中任意一个总线主设备都能看到同样的一份地址表。桥本身的结构可以十分简单（如只有信号缓冲能力和信号电平转换逻辑），也可以相当复杂（如有规程转换、数据快存、装拆数据等）。

（3）AGP。

AGP（accelerated graphics port，加速图形端口）总线标准是在PCI总线难以适应高总线频率和高视频带宽需求的情况下出现的。随着Pentium Ⅱ的出现，PC机的总线频率达到了66MHz，甚至100MHz；另一方面，多媒体的深入应用需要大量显存和更高的总线带宽，PCI已不能满足快速数据传输的要求。于是，AGP应运而生。AGP是微型计算机系统中专门为3D显示而设置的加速图形接口，它以66MHz（AGP的基频）PCI 2.1规范为基础，支持点对点连接，允许3D图形数据越过PCI总线，解决了PCI总线系统设计对于超高速系统的瓶颈问题。

（4）PCI Express。

随着Pentium 4前端总线频率的迅速提高（高达1GHz以上），原有的PCI总线标准已难以适应新的要求，因此，统一总线标准、提高总线带宽成为业界的普遍呼声，这时，PCI Express 应运而生。PCI Express 是一种基于串行技术、高带宽连接点、芯片到芯片连接的新型总线技术。有别于 PCI 并行技术，PCI Express 采用 4 根信号线，两根差分信号线用于接收，另外两根差分信号线用于发送；信号频率 2.5GHz，采用 8/10 位编码；定义了用于多种通道的连接方式，如×1、×4、×8、×16 以及×32 通道的连接器，分别对应于 500MB/s、2GB/s、4GB/s、8GB/s 和 16GB/s 的带宽。

PCI Express 卡支持热插拔和热交换，采用的三个电压是＋3.3V、＋3.3V 和＋12V。用于取代 AGP 插槽的接口是×16 的，带宽为 5GB/s，有效带宽为 4GB/s。

采用 PCI Express 总线标准的最大意义在于其通用性和兼容性，通过与 PCI 软件模块的完全兼容，可以确保现有设备和驱动程序不用修改仍能正常工作。PCI Express 不仅可以与其他设备连接，延伸到芯片组之间的连接，还可以用于图形芯片的连接，这样就将整个 I/O 系统统一起来了，进一步优化微机系统的设计，增加计算机的可移植性和模块化。

2. 外部总线

(1) USB。

USB 是 1994 年底由 Intel、Campaq、IBM、Microsoft 等多家公司联合提出的。USB 是英文 Universal Serial Bus（通用串行总线）的首字母缩写，而其中文简称为“通串线”，是一个外部总线标准，用于规范计算机与外部设备的连接和通讯。是应用在 PC 领域的接口技术。USB 接口支持设备的即插即用和热插拔功能。

自 1994 年 11 月 11 日发布了 USB V0.7 版本以来，USB 版本经历了多年的发展，已经发展为 3.1 版本，成为当前计算机的标准扩展接口。各 USB 版本间能很好地兼容。USB 用一个 4 针（USB 3.0 标准为 9 针）插头作为标准插头，采用菊花链形式可以把所有的外设连接起来，最多可以连接 127 个外部设备，并且不会损失带宽。USB 需要主机硬件、操作系统和外设三个方面的支持才能工作。当前的主板一般都采用支持 USB 功能的控制芯片组，主板上也安装了 USB 接口插座，而且除了背板的插座之外，主板上还预留了 USB 插针，可以通过连线接到机箱前面作为前置 USB 接口以方便使用。而且 USB 接口还可以通过专门的 USB 连机线实现双机互连，并可以通过 Hub 扩展出更多的接口。USB 具有传输速度快（USB 1.1 是 12Mbps，USB 2.0 是 480Mbps，USB 3.0 是 5 Gbps）、使用方便、支持热插拔、连接灵活、独立供电等优点，可以连接鼠标、键盘、打印机、扫描仪、摄像头、闪存盘、MP3 机、手机、数码相机、移动硬盘、外置光软驱、USB 网卡、ADSL Modem、Cable Modem 等几乎所有的外部设备。不同版本 USB 的信息如表 8—1 所示。USB 接口如图 8—21 所示。

表 8—1　　不同版本 USB 的信息

版本	最大传输速率	最大输出电流	推出时间
USB1.0	1.5Mbps（192KB/s）低速（low-speed）	500mA	1996 年 1 月
USB1.1	12Mbps（1.5MB/s）全速（full-speed）	500mA	1998 年 9 月
USB2.0	480Mbps（60MB/s）高速（high-speed）	500mA	2000 年 4 月
USB3.0	5G～10Gbps（640MB/s）超速（super-speed）	900mA	2008 年 11 月

图 8—21　USB 接口

（2）ATA：PATA，SATA。

ATA 是广为使用的 IDE 和 EIDE 设备的相关标准。ATA 是 AT attachment 的缩写，意思是 AT 计算机上的附加设备。ATA 可以使用户方便地在 PC 机上连接硬盘。

ATA 硬盘一般使用 IDE 接口，分为 PATA 硬盘（即 parallel ATA，并行 ATA 硬盘接口规范）和 SATA 硬盘（即 serial ATA，串行 ATA 硬盘接口规范）。

PATA 硬盘现在已经不常见。PATA 硬盘接口从 ATA33/66 发展到 ATA100/133 一直到目前最高的 ATA150。而 SATA 硬盘为目前常见类型。目前 PATA100 硬盘的一般写入速度为 65MB/s，而第一代 SATA 硬盘的写入速度为 150MB/s，第二代 SATA 硬盘的写入速度则高达 300MB/s，比第一代的速度提高了一倍。SATA 硬盘接口规范的出现其实是要取代 PATA。

SATA 和 PATA 相比，主要的优势首先就是速度，第二代 SATA 的传输速度为 300MB/s，第三代 SATA 产品的传输速度已经提高至 600MB/s。另外，在传输方式上，SATA 也比 PATA 有优势。SATA 采用的是单通道传输，PATA 是多通道传输。

SATA 的单数据通道并没有像 PATA 那样限制速度频率。SATA 传输线的传输速度比 PATA 要快了近 30 倍。PATA 必须在数据线中一次传输 16 个信号，如果信号没有及时到达或者发生延迟，错误数据就会产生。因此比特流传输的速度必须减缓以纠正错误。而 SATA 一次只传输一个比特的数据，此时比特流的传递速度要快得多。这就好比是运球游戏，每次运一个球要比一次运 16 个球容易得多。而且，SATA 的另一个进步在于它的数据连线，它的体积更小，散热也更好，与硬盘的连接相当方便。与 PATA 相比，SATA 的功耗更低，同时独有的 CRC 技术让数据传输也更为安全。

SATA 总线使用嵌入式时钟信号，具备了更强的纠错能力，与以往相比其最大的区别在于能对传输指令（不仅仅是数据）进行检查，如果发现错误会自动矫正，这在很大程度上提高了数据传输的可靠性。串行接口还具有结构简单、支持热插拔的优点。

（3）RS-232。

RS-232 是个人计算机上的通讯接口之一，是由电子工业协会（Electronic Industries Association，EIA）所制定的异步传输标准接口。通常 RS-232 接口有 9 个引脚（DB-9）或 25 个引脚（DB-25），一般个人计算机上会有两组 RS-232 接口，分别称为 COM1 和 COM2。

RS-232-C 是美国电子工业协会制定的一种串行物理接口标准。RS 是英文 recommended standard 的缩写，232 为标识号，C 表示修改次数。RS-232-C 总线标准设有 25 条信号线，包括一个主通道和一个辅助通道。

在多数情况下主要使用主通道，对于一般双工通信，仅需几条信号线就可实现，如一条发送线、一条接收线及一条地线。

RS-232-C 标准规定的数据传输速率为 50、75、100、150、300、600、1 200、2 400、4 800、9 600、19 200、38 400bps。

RS-232-C 标准规定，驱动器允许有 2 500pF 的电容负载，通信距离将受此电容限制，例如，采用 150pF/m 的通信电缆时，最大通信距离为 15m；若每米电缆的电容量减小，通信距离可以增加。传输距离短的另一原因是 RS-232 属单端信号传送，存在共地噪声和不能抑制共模干扰等问题，因此一般用于 20m 以内的通信。

8.4　输入输出设备

输入输出设备是计算机输入输出数据和信息的设备，是计算机与用户或其他设备通信的桥梁。

1. 输入设备

常见的输入设备如键盘、鼠标、画图板等，用于用户向计算机输入命令行文本，或者鼠标的光标定位。扫描仪可以将文本和图像方便地输入计算机。这些设备可以直接连接计算机或者通过无线方式连接。

2. 输出设备

打印机可以打印文档，监视器可以观察计算机的运行。话筒和耳机可以输出声音等。

有些设备既可以输入也可以输出。例如，硬盘可以保存文件，USB 闪存和 CD/DVD 可以很方便地从一台计算机拷贝文件到另一台计算机。另一个例子是网络摄像头和耳麦可以接收和发送数据。

8.4.1 输入设备

1. 键盘

键盘是最常用也是最主要的输入设备，通过键盘可以将英文字母、数字、标点符号等输入计算机中，从而向计算机发出命令、输入数据等。

(1) 键盘的工作原理。

键盘一般由按键、外壳、导电胶、编码器、接口等组成。在键盘上通常有上百个按键，计算机通常采用行列扫描法来确定按键所在的行和列的位置。行列扫描法是指将按键排列成 n 行×m 列的行列点阵，把行线和列线分别连接到两个并行接口双向传送的连接线上，即每个键位都对应矩阵电路中的一行，也对应矩阵电路中的一列。当有键按下时，键盘就会向主机发送按键所在的行列点阵的位置编码，称为键扫描码。

键盘输出的编码存储在字符 ROM 中，击键实际上是将该点行和列相连，并由扫描产生键盘扫描信息。扫描信息再送到字符 ROM 中，然后查出对应键位的编码，输出给主板。键盘电路的基本工作原理如图 8—22 所示。

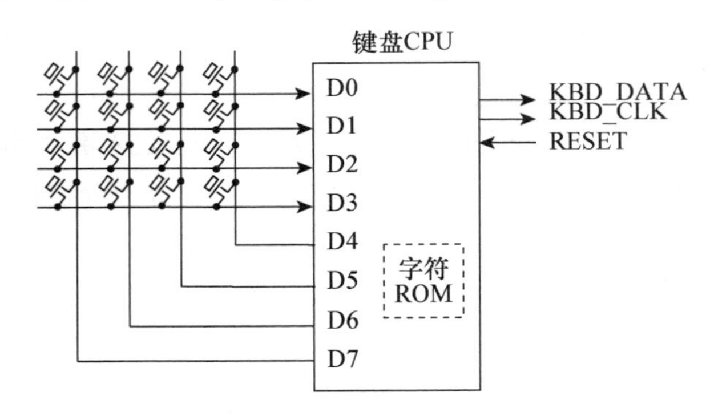

图 8—22 键盘工作原理

(2) 各种键盘的介绍。

1) 机械式键盘。

机械式键盘一般以类似金属接触式开关的原理使触点导通或断开。在实际应用中机械开头的结构形式很多，最常用的是交叉接触式。它的优点是结实耐用，缺点是不防水。敲击比较费力，打字速度快时容易漏字。不过现在比较好的机械键盘都增加了 Click 功能。Click 功能实际上就是在机械结构上进行了改进，加大了缓存，防止快速打字时漏掉字符。它的使用寿命大约是 5 000 万到一亿次，普通用户 10 年大约敲击键盘 20 万次，所以一款好的机械式键盘够用一辈子了。

2）塑料薄膜式键盘。

塑料薄膜式键盘内有四层，塑料薄膜一层有凸起的导电橡胶，当中一层为隔离层，上下两层有触点。通过按键使橡胶凸起按下，使其上下两层触点接触，输出编码。这种键盘无机械磨损，可靠性较高，目前在市场占相当大的比重。它最大的特点就是低价格，低噪音，低成本。

3）导电橡胶式键盘。

导电橡胶式键盘触点的接触是通过导电的橡胶接通。其结构是有一层带有凸起的导电橡胶，凸起部分导电，而这部分对准每个按键，互相连接的平面部分不导电，当键帽按下去时，由于凸起部分导电，把下面的触点按通，不按时，凸起部分会弹起。目前该键盘使用的也较多。

4）电容式键盘

电容式键盘采用类似电容式开关的原理，通过按键改变电极间的距离而产生电容量的变化，暂时形成震荡脉冲允许通过的条件。电容的容量是由介质、两极的距离及两极的面积决定的。所以，当键帽按下时，两极的距离发生变化，这就引起电容容量发生改变，当参数设计合适时，按键时就有输出，而不按键时就无输出，这个输出经过整形放大后驱动编码器。由于电容器无接触，所以这种键在工作过程中不存在磨损、接触不良等问题，耐久性、灵敏度和稳定性都比较好。为了避免电极间进入灰尘，电容式按键开关采用了密封组装。使用寿命为 1 000 万到 3 000 万次。电容式键盘的价格比较高。

5）无线键盘。

无线键盘与计算机之间没有直接的物理连线，通过红外线或无线电波将输入信息传送给特制的接收器。接收器的连接与普通键盘基本相同，也只需简单地连接到 PS/2 或 COM 口、USB 口等，现在大部分产品频点都在 900MHz，455MHz，330MHz。

2. 鼠标

鼠标是计算机输入设备之一，分有线和无线两种。也是计算机显示系统纵横坐标定位的指示器，因形似老鼠而得名“鼠标”。“鼠标”的标准称呼应该是“鼠标器”，英文名为 Mouse。鼠标的使用是为了使计算机的操作更加简便，以代替键盘那些烦琐的指令。

鼠标是一种很常用的电脑输入设备，它可以对当前屏幕上的游标进行定位并通过按键和滚轮装置对游标所经过位置的屏幕元素进行操作。

（1）鼠标的历史。

鼠标于 1968 年出现，由美国科学家道格拉斯・恩格尔巴特（Douglas Englebart）在加利福尼亚率先制作。道格拉斯博士的“鼠标器”是极其原始的，它只能进行很简单的定位，谈不上有什么精度指标。然而在那个年代并没有 PC 机出现，主流的计算机为大型机、中型机和小型机，它们大多用在与国防有关的关键场合，运算能力是决定优劣的唯一指标。至于人机操作界面却没有人注重，因为这类计算机的操作者都是那些水平高超的计算机科学家。在后来的二十余年中，道格拉斯博士的这项发明基本上被束之高阁。

1981 年，施乐对其 Alto 鼠标进行了升级，推出了集成图形用户界面的 8081 系统控制器 Star，它是首个推向商用市场的鼠标，单是一个初级 8081 系统的售价就高达 7.5 万美元。

1983 年，苹果公司在推出的 Lisa 机型中也使用了鼠标，尽管 Lisa 机型并未获得多大的成功，苹果公司也开始走下坡路，但鼠标对计算机的影响开始体现。紧接着，微软在 Windows 3.1 中也对鼠标提供了支持，而到了 Windows 95 时代，鼠标已经成为 PC 机不可缺少的操作设备。在此之后，鼠标得到了迅速普及。

与主流 PC 部件相比，鼠标的技术革新显得非常保守，从道格拉斯博士的原始鼠标，再到后来的纯机械鼠标、光电鼠标、光机鼠标，以及光学鼠标，鼠标技术只经历了寥寥几次大变革，其中真正算得上成功的其实只有光机鼠标和光学鼠标，它们也是当前鼠标技术的主流形态。其中，光机鼠标为过去的主流，至于光学鼠标，则是鼠标技术的发展方向，它已经开始大面积取代过时的光机鼠标。

（2）鼠标的分类。

鼠标按其工作原理及其内部结构的不同可以分为机械式、光机式、光电式和光学式。

1）机械鼠标。

装在辊柱端部的光栅信号传感器产生的光电脉冲信号反映出鼠标器在垂直和水平方向的位移变化，再通过电脑程序的处理和转换来控制屏幕上光标箭头的移动。

原始鼠标只是作为一种技术验证品而存在，并没有被真正量产制造。在鼠标开始被正式引入 PC 机之后，相应的技术也得到革新。依靠电阻不同来定位的原理被彻底抛弃，取而代之的是纯数字技术的“机械鼠标”。

与原始鼠标不同，这种机械鼠标的底部没有相互垂直的片状圆轮，而是改用一个可四向滚动的胶质小球。这个小球在滚动时会带动一对转轴转动（分别为 X 转轴、Y 转轴），在转轴的末端都有一个圆形的译码轮，译码轮上附有金属导电片与电刷直接接触。当转轴转动时，这些金属导电片与电刷就会依次接触，出现“接通”或“断开”两种形态，前者对应二进制数“1”，后者对应二进制数“0”。接下来，这些二进制信号被送交鼠标内部的专用芯片作解析处理并产生对应的坐标变化信号。只要鼠标在平面上移动，小球就会带动转轴转动，进而使译码轮的通断情况发生变化，产生一组组不同的坐标偏移量，反映到屏幕上就是光标可随着鼠标的移动而移动。其工作原理如图 8—23 所示。

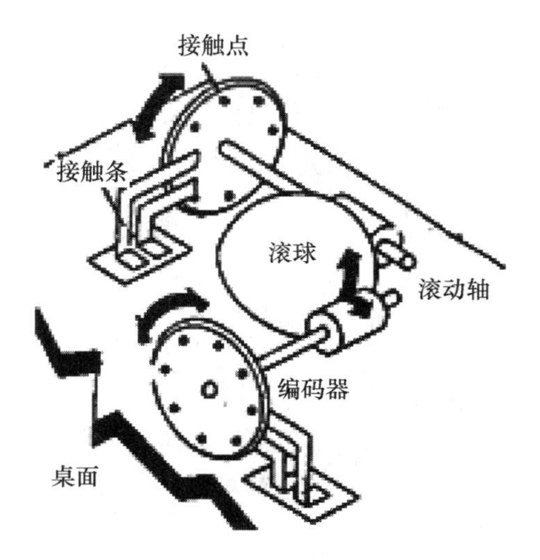

图 8—23　机械鼠标的工作原理

与原始鼠标相比，这种机械鼠标在可用性方面大有改善，反应灵敏度和精度也有所提升，制造成本低廉，成为第一种大范围流行的鼠标产品。但由于它采用纯机械结构，鼠标的 X 轴和 Y 轴以及小球经常附着一些灰尘等脏物，导致定位精度不高，加上频频接触的电刷和译码轮磨损得较为厉害，直接影响了机械鼠标的使用寿命。

2）光机鼠标。

为了克服纯机械鼠标精度不高及机械结构容易磨损的弊端，罗技公司在 1983 年成功设计出了第一款光学机械鼠标，一般简称为“光机鼠标”。光机鼠标是在纯机械鼠标的基础上进行改良，通过引入光学技术来提高鼠标的定位精度。与纯机械鼠标一样，光机鼠标同样拥有一个胶质的小滚球，并连接着 X、Y 转轴，所不同的是光机鼠标不再有圆形的译码轮，取而代之的是两个带有栅缝的光栅码盘，并且增加了发光二极管和感光芯片。当鼠标在桌面上移动时，滚球会带动 X、Y 转轴的两个光栅码盘转动，而 X、Y 发光二极管发出的光便会照射在光栅码盘上。由于光栅码盘存在栅缝，在恰当时机二极管发射出的光便可透过栅缝直接照射在两颗感光芯片组成的检测头上。如果接收到光信号，感光芯片便会产生“1”信号，若没有接收到光信号，则将之定为信号“0”。接下来，这些信号被送入专门的控制芯片内运算生成对应的坐标偏移量，确定光标在屏幕上的位置。其工作原理如图 8—24 所示。

借助这种原理，光机鼠标在精度、可靠性、反应灵敏度方面都大大超过原有的纯机械鼠标，并且保持成本低廉的优点，在推出之后迅速风靡市场，纯机械鼠标被迅速取代。光机鼠标也有其先天缺陷：底部的小球并不耐脏，在使用一段时间后，两个转轴就会因粘满污垢而影响光线通过，出现诸如移动不灵敏、光标阻滞之类的问题，因此，为了维持良好的使用性能，光机鼠标需要每隔一段时间必须将滚球和转轴作一次彻底的清洁。在灰尘多的使用环境下，甚至要求每隔两三天就清洁一次。另外，随着

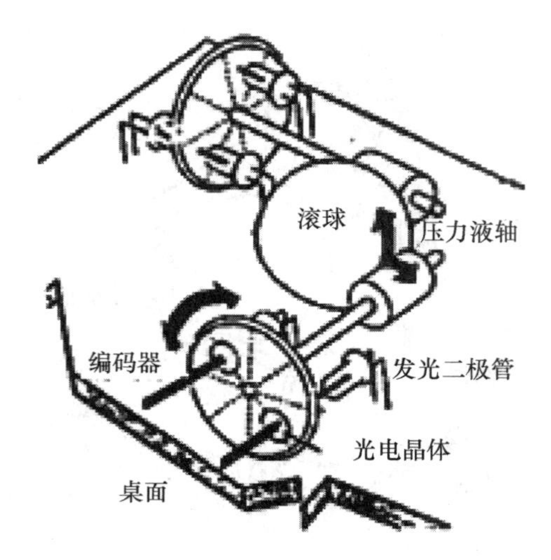

图 8—24　光机鼠标的工作原理

使用时间的延长，光机鼠标无法保持原有的良好工作状态，反应灵敏度和定位精度都会有所下降，耐用性不尽如人意。

3）光电鼠标。

光电鼠标是通过检测鼠标的位移，将位移信号转换为电脉冲信号，再通过程序的处理和转换来控制屏幕上的光标箭头的移动。

与光机鼠标发展的同一时代，出现了一种完全没有机械结构的数字化光电鼠标。设计这种光电鼠标的初衷是将鼠标的精度提高到一个全新的水平，使之可充分满足专业应用的需求。这种光电鼠标没有传统的滚球、转轴等设计，其主要部件为两个发光二极管、感光芯片、控制芯片和一个带有网格的反射板（相当于专用的鼠标垫）。工作时光电鼠标必须在反射板上移动，X 发光二极管和 Y 发光二极管会分别发射出光线照射在反射板上，接着光线会被反射板反射回去，经过镜头组件传递后照射在感光芯片上。感光芯片将光信号转变为对应的数字信号后将之送到定位芯片中专门处理，进而产生 X—Y 坐标偏移数据。其工作原理如图 8—25 所示。

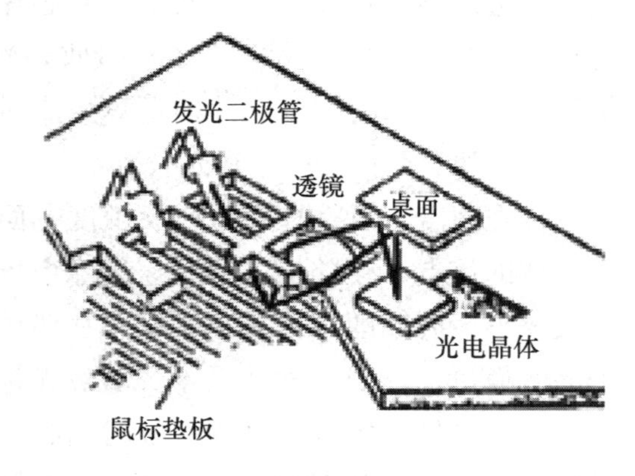

图 8—25　光电鼠标的工作原理

此种光电鼠标在精度指标上的确有所进步，但它在后来的应用中暴露出大量的缺陷。首先，光电鼠标必须依赖反射板，它的位置数据完全依据反射板中的网格信息来生成，倘若反射板有些弄脏或者磨损，光电鼠标便无法判断光标的位置所在。倘若反射板不慎被严重损坏或遗失，那么整个鼠标便就此报废。其次，光电鼠标使用非常不人性化，它的移动方向必须与反射板上的网格纹理相垂直，用户不可能快速地将光标直接从屏幕的左上角移动到右下角。最后，光电鼠标的造价颇为高昂，数百元的价格在今天来看并没有什么了不起，但在那个年代人们只愿意为鼠标付出 20 元左右资金，光电鼠标的高价位显得不近情理。由于存在大量的弊端，光电鼠标并未得以流行，充其量也只是在少数专业作图场合中得到一定程度的应用，但随着光机鼠标的全面流行，光电鼠标很快就被市场所淘汰。

4）光学鼠标。

光学鼠标器是微软公司设计的一款高级鼠标。它采用 IntelliEye 技术，在鼠标底部的小洞里放置一个小型感光头，面对感光头的是一个发射红外线的发光管，这个发光管每秒钟向外发射 1 500 次，然后感光头就将这 1 500 次的反射回馈给鼠标的定位系统，以此来实现准确的定位。所以，这种鼠标可在任何地方无限制地移动。

虽然光电鼠标惨遭失败，但全数字的工作方式、无机械结构以及高精度的优点让业界为之瞩目，倘若能够克服其先天缺陷必可将其优点发扬光大，制造出集高精度、高可靠性和耐用性的产品在技术上完全可行。而最先在这个领域取得成果的是微软和安捷伦科技公司。1999 年，微软推出一款名为“IntelliMouseExplorer”的第二代光电鼠标，这款鼠标所采用的是微软与安捷伦合作开发的 IntelliEye 光学引擎，由于它更多的是借助光学技术，故也被外界称为“光学鼠标”。

它既保留了光电鼠标的高精度、无机械结构等优点，又具有高可靠性和耐用性，并且使用过程中无须清洁亦可保持良好的工作状态，在诞生之后迅速引起业界瞩目。2000 年，罗技公司也与安捷伦合作推出相关产品，而微软在后来则进行独立的研发工作并在 2001 年末推出第二代 IntelliEye 光学引擎。这样，光学鼠标就形成以微软和罗技为代表的两大阵营，安捷伦科技虽然也掌握光学引擎的核心技术，但它并未涉及鼠标产品的制造，而是向第三方鼠标制造商提供光学引擎产品，市面上非微软、罗技品牌的鼠标几乎都是使用它的技术。

光学鼠标的结构与上述所有产品都有很大的差异，它的底部没有滚轮，也不需要借助反射板来实现定位，其核心部件是发光二极管、微型摄像头、光学引擎和控制芯片。工作时发光二极管发射光线照亮鼠标底部的表面，同时微型摄像头以一定的时间间隔不断进行图像拍摄。鼠标在移动过程中产生的不同图像传送给光学引擎进行数字化处理，最后再由光学引擎中的定位 DSP 芯片对所产生的图像数字矩阵进行分析。由于相邻的两幅图像总会存在相同的特征，通过对比这些特征点的位置变化信息，便可以判断出鼠标的移动方向与距离，这个分析结果最终被转换为坐标偏移量以实现光标的定位。

毫无疑问，集各项完美指标于一身的光学鼠标诞生起就注定它将具有光明的前途，尽管在最初几年光学鼠标价格昂贵，消费市场鲜有人问津，但在2001年之后情况逐渐有了转变，各鼠标厂商纷纷推出光学鼠标产品，消费者也认识到其优点所在。同时，光学鼠标的技术也不断向前发展，分辨率提高到800dpi精度，刷新频率高达每秒6 000次，在激烈的竞技游戏中也可灵活自如，而困扰光学鼠标的色盲症也得到了良好的解决。加上顺利的量产工作让其成本不断下滑，百元左右便可买到一款相当不错的光学鼠标（廉价型产品可能只需30～40元），光学鼠标在近两年进入爆发式的成长期，绝大多数装机用户都将它作为首选产品。而与此形成鲜明对照的是，光机鼠标日薄西山，市场份额不断缩小，虽然在低价领域还有一定的需求，但逐渐被光学鼠标所取代，最终退出市场的趋向表现得非常明显。

3. 触摸屏技术

触摸屏（touch screen）又称为“触控屏”、“触控面板”，是一种可接收触头等输入信号的感应式液晶显示装置，当接触了屏幕上的图形按钮时，屏幕上的触觉反馈系统可根据预先编写的程序驱动各种联结装置，可用以取代机械式的按钮面板，并借由液晶显示画面制造出生动的影音效果。触摸屏作为一种最新的电脑输入设备，它是目前最简单、方便、自然的一种人机交互方式。它赋予了多媒体以崭新的面貌，是极富吸引力的全新多媒体交互设备，主要应用于公共信息的查询、领导办公、工业控制、军事指挥、电子游戏、点歌点菜、多媒体教学、房地产预售等。触摸屏作为一种新的人机交互设备，它是目前最简单、最方便的输入设备。

通常，触摸屏系统由触摸检测传感部件和触摸屏控制器两部分器件组成。前者采集用户的触摸信息并传送到控制器，后者通过对接收到的信息进行处理，得到用户的触摸位置，并将位置信息发送给上一层的主机，同时接收主机发送的控制命令并加以执行。

从技术原理上区分，触摸屏可以分成四个基本种类：红外技术触摸屏、表面声波触摸屏、电阻触摸屏、电容触摸屏。下面将对以上四种触摸屏技术进行简单的介绍。

（1）红外技术触摸屏。

该触摸屏由安装在触摸屏外框上的红外发射和接收器件构成。发射器件在屏幕表面形成红外检测网，任何物体都可改变触点的红外线而实现触摸的检测。红外触摸屏不受电流、电压和静电干扰，适合条件恶劣的工作环境，价格低，安装方便，响应速度快。红外技术触摸屏现在应用开始广泛化了，一般都用于大型设备，比如电视上主持人的触摸大电视，寿命一般，准确率高，支持多点，透光率最好，最高100%。

（2）表面声波触摸屏。

表面声波是沿介质表面传播的机械波。此类触摸屏由触摸屏、声波发生器、反射器和声波接收器组成。其中声波发生器产生一种高频声波跨越屏幕表面，在手指触摸时，触电上的声波被阻止，声波接收器由此确定坐标位置。表面声波触摸屏不受温度、湿度等环境因素的影响，分辨率极高，有极好的防刮性，使用寿命长，透光率好，没有漂移，表面也不怕划，缺点是怕水和油污，脏了要维护。

（3）电阻触摸屏。

电阻触摸屏是一块与显示屏表面匹配的多层复合薄膜。该结构以一层玻璃作为基层，表面涂一层透明的导电层（ITO，氧化铟锡），上层再覆盖一层防刮的塑料层，它的内表面也涂有一层 ITO，四线和八线触摸屏由两层具有相同表面电阻的透明阻性材料组成，五线和七线触摸屏由一个阻性层和一个导电层组成，通常在两层导电层之间有许多细小（小于千分之一英寸）的透明隔离点把它们分隔开。当触摸屏表面受到的压力（如通过笔尖或手指进行按压）足够大时，顶层与底层之间会产生接触。所有的电阻式触摸屏都采用分压器原理来产生代表 X 坐标和 Y 坐标的电压。

为了在电阻触摸屏的特定方向上测量一个坐标，需要对一个阻性层进行偏置：将它的一边接 V_{REF}，另一边接地。同时，将未偏置的那一层连接到一个 ADC 的高阻抗输入端。当触摸屏上的压力足够大，使两层之间发生接触时，电阻性表面被分隔为两个电阻。它们的阻值与触摸点到偏置边缘的距离成正比。触摸点与接地边之间的电阻相当于分压器中下面的那个电阻。因此，在未偏置层上测得的电压与触摸点到接地边之间的距离成正比。电阻式触摸屏的优点是它的屏和控制系统都比较便宜，反应灵敏度也很好，而且不管是四线电阻触摸屏还是五线电阻触摸屏，它们都是一种对外界完全隔离的工作环境，不怕灰尘和水汽，能适应各种恶劣的环境。它可以用任何物体来触摸，稳定性能较好。缺点是电阻触摸屏的外层薄膜容易被划伤，导致触摸屏不可用；多层结构会导致很大的光损失，对于手持设备通常需要加大背光源来弥补透光性不好的问题，但这样也会增加电池的消耗。

（4）电容触摸屏。

电容触摸屏的结构主要是在屏幕上镀上一层透明的导电层（ITO），再在外层覆盖一块保护玻璃，双玻璃结构能更有效地保护导体层及感应器。按工作原理的不同，电容触摸屏又可大致分为表面电容触摸技术（surface capacitive touch，SCT）和投射式电容触摸技术（projected capacitive touch，PCT）。

1）表面电容触摸技术（SCT）。

SCT 面板是一片分布均匀的 ITO 层，面板四个角落各有一条引线与 SCT 控制器相连接。SCT 控制器内部的驱动电路对面板进行充电，形成一个均匀的电场，当手指触摸时，电场改变，引起微量的电流流动。此时 IC 内的检测电路分别解析四条连线的电流量，并根据各点的数据量推算出 X、Y 坐标。为了克服干扰，可以利用硬件过滤器或软件滤波器对推算出来的坐标值进行处理。

2）投射式电容触摸技术（PCT）。

PCT 是建立在矩阵的概念上的。在触摸屏制作部分，PCT 面板的 ITO 经过蚀刻而产生特定图案，以提高各触点的信噪比，增强识别精度。根据扫描方式，一般又可以分成自电容和互电容两种。

自电容，通常是指扫描电极与地构成的电容。在玻璃表面，用 ITO 制成横向和纵向的扫描电极，这些电极与地之间构成一个电容的两极，当人手指触摸时，人体产生的电容将并联到电路之中引起电容的变化，电容控制器通过检测到这一变化值推算出触点的坐标值。

互电容，一般是指在玻璃表面的横向和纵向 ITO 电极之间形成的耦合电容。互电容的检测方式就是通过检测每个交叉点的电容变化来判断触摸点的位置。当人体触摸时，电极的电场受到人体的影响而减小，从而影响耦合电容的大小。电容控制器能够检测到电容值的变化，通过对这些变化进行处理，就能得到精确的坐标信息。因为互电容的扫描方式是检测每个交叉点的电容值变化，所以它需要的扫描时间较长，需要检测 X×Y 个数据，但正是由于这种检测方式，它可以实现真正的多点触摸检测。

对以上几种触摸屏技术进行比较可以发现，对于一般公共信息及工控领域，使用触摸屏的尺寸都比较大，对稳定性的要求较高，故而红外技术触摸屏和表面声波触摸屏由于其强抗干扰性和稳定性，具有较大的市场。而对于便携式设备（手机、MP4 等娱乐设备），电阻触摸屏和电容触摸屏是更好的选择。

在触摸屏手机的发展浪潮中，电容触摸屏轻触就能感应，使用方便，而且手指与触控屏的接触几乎没有磨损，性能稳定，经机械测试使用寿命长达 30 年。随着制造工艺的提高以及电容触摸技术的发展，电容触摸屏模组的价格逐步下降，电阻触摸屏由于其自身长期为人们所诟病的使用寿命和透光率等问题，将逐渐被电容触摸屏所取代。

8.4.2 输出设备

1. 显示设备

显示设备由显示器件和有关电路组成，能提供符合视觉感受因素的视觉信息。根据所用显示器件的不同，显示设备主要分为 CRT 显示设备、平板型显示设备。

（1）CRT 显示设备。

CRT 显示设备采用阴极射线管（cathode ray tube，CRT）技术。CRT 是一根真空管，里面有一个或多个电子枪，电子枪射出电子束，电子束射到真空管前表面的内侧时，前表面内侧上的发光涂料受到电子束的击打而发光。CRT 显示设备的结构如图 8—26 所示。

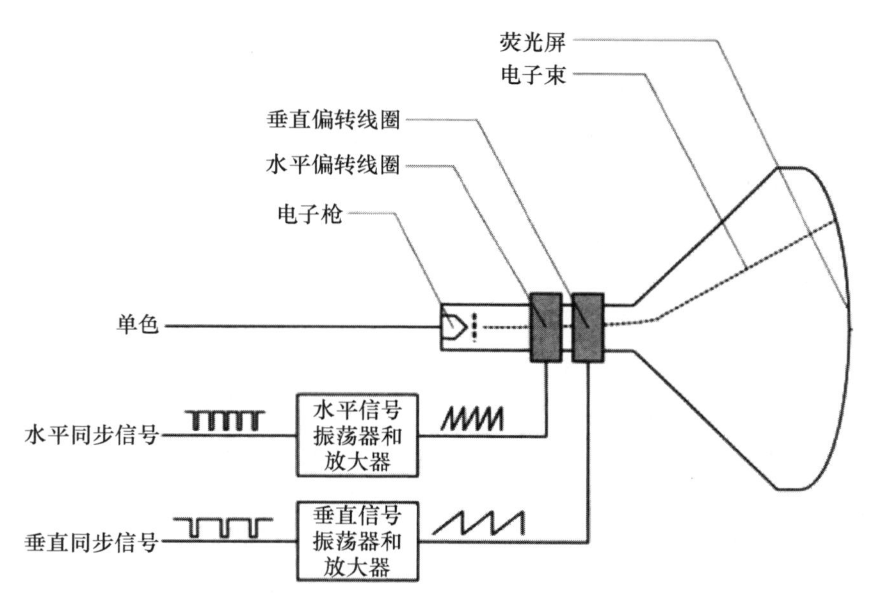

图 8—26　CRT 显示设备的结构图

1）电子枪。

显示器的中心处就是电子枪，位于 CRT 的最底端。从本质上讲，电子枪不过是体积更大、功率更大的二极管。电子在电子枪处获得动能，电子到达 CRT 前表面内侧时撞击荧光粉（磷质）而失去动能，荧光粉受到撞击而发光、发热，这是一个动能向光能、热能的转换过程。

2）偏转线圈。

从电子枪射出的电子束是直线发射的，显示器要成像，电子束必须连续不断地从左到右、从上到下地向 CRT 前面板发射电子束，那么电子束怎样才能改变发射方向呢？这就需要用到偏转线圈。它能产生强大的、不断变化的磁场，电子束通过该磁场时发生偏转；磁场方向不断变化，电子束就能连续不断地对荧光屏进行扫描。

当电子束射到平面时，图像的左右边缘看起来就有些弯曲。这是因为电子束只能在有限范围内发生偏转，到达荧光屏时会丢失一些目标（荧光粉），于是电子束就会激活离目标最近的荧光粉，这样电子束的目标就从一个增加到数个，因而造成图像边缘看起来有些“弯曲”（实质上并没有弯曲）。

3）彩色图像的产生。

单色 CRT 显示器只有单独一支电子枪，只能产生黑色或白色图像。而彩色显示器、彩色电视机都有三支电子枪，分别发射红色、蓝色和绿色电子束。红、蓝、绿三种色彩混合，通过改变它们各自的比例就能产生不同的色彩。

彩色显示器、彩色电视机也是同样的道理，改变电子束的发射强度也就改变了红、蓝、绿三种颜色各自所占的比例，就能产生不同的色彩。

电子枪的数量增加了，随之而来的后果是分辨率的降低。在过去，由于技术和成本的原因，三支电子枪只能共用一个偏转线圈，所以彩色显示器的分辨率反而比单色显示器低。现在的彩色显示器都是三支电子枪各拥有一个自己的偏转线圈，不仅分辨率比过去更高，而且能生成 1 600 万种色彩。

4）回程转换器。

电子束的扫描顺序是从左到右、从上到下，当电子束扫完从一端到另一端的扫描路线后，需要回到起始方向再进行下一次扫描，这项返回工作由回程转换器完成。

回程转换器的工作特点与引擎点火线圈很相似。在电子束扫描过程中，回程转换器输入低电压，把电能转换成磁场能并贮存在其中；当电子束走完一次路线后，回程转换器切断输入电压，并在瞬间把磁场能转换成电能进行放电，放电时的电压是非常高的，它为偏转线圈在返回电子束的起始方向时提供高电压。

5）垂直和水平同步。

有了电子枪、偏转线圈、回程转换器等器件后，显示器是如何让它们协同工作的呢?

这些器件都必须同步工作。在 CRT 中，需要应用两种同步信号：一种是水平同步信号，它决定了 CRT 在屏幕上从左到右扫描一条信号线所需的时间；另一种是垂直同步信号，它决定了 CRT 在屏幕上从上到下再返回开始位置扫描所需的时间。

描绘一幅图像涉及两个重要参数：描完一条线所需的时间和绘完整个帧（也就是整幅屏幕大小的图像）所需的时间。前者由水平同步信号决定，后者由垂直同步信号决定，也就是通常所说的刷新频率。

现在的显卡都能为显示器提供合适的水平和垂直同步信号。显示器接收到显卡传来的信号后，内部电路就开始工作，如发射电子束、磁场偏转、击打发光涂料。

显示器内部有一些振荡电路。人们通常所说的刷新频率，指的就是振荡电路的频率。刷新频率的计算公式是：水平同步扫描线×帧频＝刷新频率。普通显示器的刷新频率在 15. 75kHz～95kHz 之间。15. 75kHz 是人体对显示器最低要求的刷新频率，是由 525（线）×30(fps)＝15. 75kHz 计算所得。

由此，我们可以逆推出显示器扫描一条水平线所需的时间：众所周知，时间和频率是倒数关系，即 1/频率＝时间。这里，1/15. 75kHz＝63. 5μs（微秒），也就是说在每帧 525 线、每秒 30 帧的模式下，显示器扫描一条水平线所需的时间是 63. 5 微秒。

如果我们再追根究底，就会问这个 525 线又是怎么来的呢? 很简单，前面已经介绍了垂直同步信号从上到下扫描完一条竖线后，必须再回到起始位置进行下一次扫描。在这个过程中，电子枪关闭，回程转换器放电。525 就是指垂直同步信号从终点回到起点、又从起点到终点重复的次数。比如，在 63. 5 微秒这段时间内，显示器需完成 1 帧画面的描绘工作，那么电子枪从上到下、从左到右要扫描 525 次。

6）隔行扫描。

显示器显示的画面，无论是动态的还是静态的，都是重复显示的。不要认为静态画面显示器只显示“一次”，实际上在这段时间内已经显示了 n 次，只不过重复显示的画面是相同的，我们感觉不到显示器是在重复显示。如果重复显示的画面有差异，则画面就开始动起来了。动画片也是根据这个原理制作出来的。

在播放动态图像的时候，由于上一帧和下一帧的画面不相同，连续显示时我们就会觉察到画面是“抖动”的，或者说不平滑，看上去很不舒服。那么怎样来消除抖动呢？有人说，把刷新频率提高不就可以了吗？事实上，这并不通用，而且有更简单的方法来实现。

CRT 显示器在描绘整个帧的画面时，分两个步骤进行。先扫描完所有奇数行（从上到下所有水平线定义为奇数行或偶数行），再扫描所有偶数行。采用隔行扫描方式，不仅有效减弱了画面的抖动感，而且避免了电子枪高频工作带来的老化问题。

（2）平板型显示设备。

以平板显示器件为主体组成的显示装置。矩阵式平板显示器件的像素点对应于两组（x，y）电极交叉点。在（x_i，y_j）两根电极上加电压，电极交点（x_i，y_i）受两电极间的电压差激励而发光（或吸收光）。需要其他点发光时则把电压加在另外的 x、y 电极上。这种激励像素点的方法称为矩阵选址。矩阵选址一般用扫描方式，在 x（或 y）电极组内逐根电极顺次加驱动电压，而每次在 y（或 x）电极组的若干根电极上同时加驱动电压，因此处于同一 x（或 y）电极上的若干像素点一起被激励；x（或 y）电极组内所有电极被激励电压扫过一遍就构成一幅由被激励像素点组成的图形。平板型显示器包括液晶显示器、等离子体显示器、电致发光显示器、真空荧光显示器、平板型阴极射线管和发光二极管等。

（3）LCD 显示器。

1888 年奥地利植物学家发现了一种白浊有黏性的液体，后来，德国物理学家发现了这种白浊物质具有多种弯曲性质，认为这种物质是流动性结晶的一种，由此而取名为 Liquid Crystal，即液晶。

液晶显示器的工作原理是利用液晶的物理特性，在通电时导通，使液晶排列变得有秩序，使光线容易通过；不通电时，排列则变得混乱，阻止光线通过。

液晶的驱动方式分为三种，分别是：静态驱动——段式液晶；无源矩阵驱动（液晶等效为高电阻的容性负载）——STN 型液晶；有源矩阵驱动——TFT 型液晶。

液晶具有一定的视角特性，与从垂直角度观看时相比，斜看的时候，当转至画面品质已经变化到无法接受的临界角度时，称之为该显示器的视角。

晶体中的折射光分成两条，一条光的折射行为遵循折射定律，这条折射线为寻常光线；另一条光线则不同，一般情况下，折射线往往不在入射面内，即不遵循折射定律，称为非常光线。这两条线都是线偏振光。

从不同的观察方向所看到的液晶分子有效长度（投影长度）不同，非常光线也会进入视线，在视觉效果上表现为视角的变化。具体表现为对比度下降、灰阶反转、色差、亮度下降等。

当温度较高时，液晶响应速度加快；当温度较低时，液晶响应速度降低。通常液晶屏所提供的响应时间都是室温下的。

2. 打印设备

（1）针式打印机。

针式打印机是通过打印头中的 24 根针击打复写纸，从而形成字体。在使用中，用户可以根据需求来选择多联纸张，一般常用的多联纸有 2 联、3 联、4 联纸，其中也有使用 6 联的打印机纸。多联纸一次性打印只有针式打印机能够快速完成，喷墨打印机、激光打印机无法实现多联纸打印。

对于医院、银行、邮局、彩票、保险、餐饮等行业用户来说，针式打印机是它们的必备产品之一，因为只有通过针式打印机才能快速完成各项单据的复写，为用户提供高效的服务，而且还能为这些窗口行业用户存底。另外，还有一些快递公司，为了提高工作效率，使用针式打印机来取代以往的手写工作，大大提高了工作效率。

针式打印机的种类繁多，形式各异，一般分为打印机械装置以及控制与驱动电路两大部分。针式打印机在正常工作时有三种运动，即打印头的横向运动、打印纸的纵向运动和打印针的击针运动。这些运动都是由软件控制驱动系统通过一些精密机械进行的。

1）工作原理。

打印机本身就是一个微型计算机系统，全机的工作都由 CPU 控制。它的控制程序存放在 ROM 中，使 CPU 开机就可以工作。CPU 可以接收面板的各种控制指令，也可以接收来自主机的指令，并对各种指令进行解释和执行。这些连接都是通过计算机的接口完成的。一般针式打印机有两种工作方式：文本方式（text mode）和位映像方式（bit image print mode）。

①文本方式。

针式打印机的打印数据是通过与计算机的接口从主机得到的。打印机得到的打印数据是要打印的字符的 ASCII 码，这些 ASCII 码存放在打印机内的打印缓冲区中。主机每次传送的数据装满打印缓冲区后，打印机给主机发送一个“BUSY”（忙）信号，主机接到该信号后暂停发送数据，然后打印机开始打印。

打印开始后，打印机内的 CPU 从打印缓冲区中取出打印字符的 ASCII 码，经过计算得到该字符对应的字符点阵存储区的首地址。按地址逐个取出每列的点阵码，驱动打印针，撞击色带，在打印纸上形成打印字符。打印机的字符发生器 ROM 中通常存有 96 种 ASCII 码及一些特殊字符的字型编码（有的打印机内也有汉字的点阵码，如 LQ-1600K)。当缓冲区内的数据打印完成后，又一次开放打印机，接收主机送来的新打印数据，开始新的打印过程。

如果需要打印的是图形或汉字（对于没有汉字字库的打印机），则由主机送出图形的像素信号或汉字字型码即可。很明显，这种打印方式和显示器显示字符的方式是类似的。

②位映像方式。

在此方式下计算机送出的打印数据就是控制打印针的出针、收针的数据，所以程序设计人员可以直接编写程序来控制每根打印针，从而打印出图形、表格和汉字。

2）打印头工作原理。

针式打印机的主要部件是打印头，通常所讲的 9 针、16 针和 24 针打印机指的就是打印头上的打印针的数目。打印头按击针方式可分为螺管式、拍合式、储能式、音因式和压电式。这里以 24 针打印机 LQ-1600K 和 AR3240 的打印头为例说明其工作原理。图 8—27 是 LQ-1600K 打印头的工作原理图，它是拍合式打印头。在每根打印针的前面（从打印针的后面向前看）有一个环行扼铁，其四周排列着 12 个线圈和 12 根打印针（LQ-1600K 打印头分为两层，每层 12 根打印针，上层 12 根为长针，下层 12 根为短针），每层 12 根打印针在圆周上均匀排列，并沿导向板上的导向槽在打印头顶部穿出，形成两列平行排列的打印针。

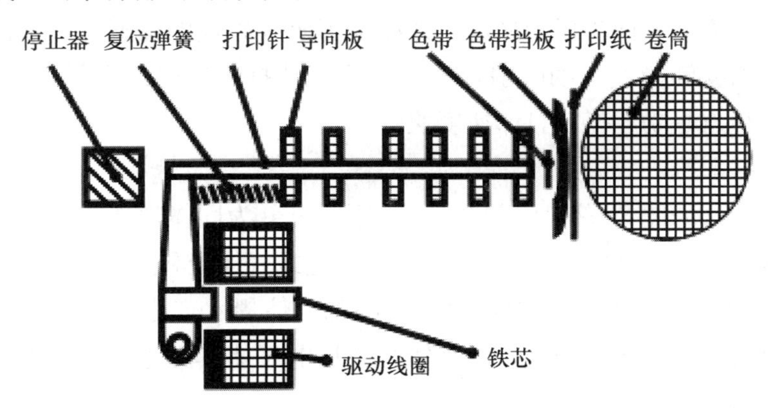

图 8—27　LQ-1600K 打印头示意图

从图 8—27 可以看出，平时打印针受复位弹簧的弹力作用处于离开驱动线圈状态，当驱动线圈通过电流时，激励打印针尾部的衔铁向驱动线圈运动，同时带动打印针沿着多层导向板向色带撞击，使色带和打印纸压向卷筒。这时，色带上的油墨因打印针的撞击渗透到打印纸上，留下一个小圆点。当驱动线圈中的电流消失后，打印针被复位弹簧复位，回到原始状态，完成一次打印动作。这种拍合式打印头，打印针加速快，出针频率高，由于打印针分为两层，因而更有利于更换打印针，且长针断了可以作短针使用。

图 8—28 是 AR3240 打印头的工作原理图，它是储能式打印头。在每根打印针的后面（从打印针的后面向前看）有一个环行扼铁，其四周排列着 24 个去磁线圈、24 个衔铁弹簧片和 24 根打印针。24 根打印针在圆周上均匀排列，并沿导向板上的导向槽在打印头顶部穿出，形成两列平行排列的打印针。

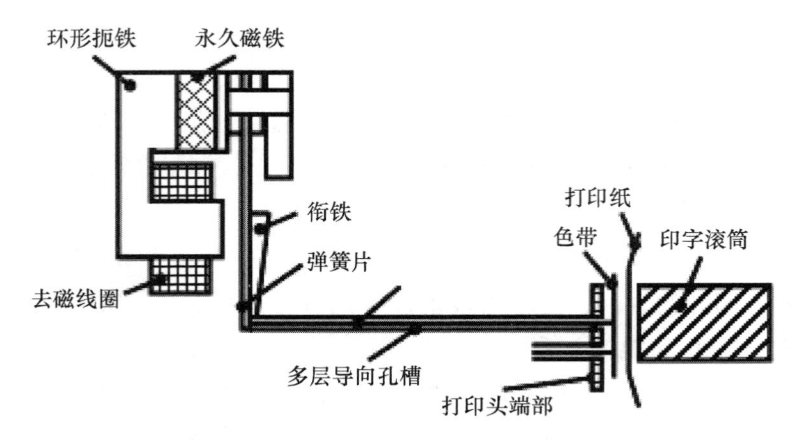

图 8—28　AR3240 打印头的工作原理图

从图 8—28 中可以看出，储能式打印头的工作原理是用永久磁铁作用于弹簧，使打印针缩在打印头内处于储能状态，即打印针储存了击打能量，当去磁线圈通电后，产生与永久磁铁磁场方向相反的磁场，即减少了永久磁铁的磁通量，抵消了永久磁铁对打印针后部衔铁和弹簧片的吸引，使弹簧片驱动打印针向前飞行，完成打印动作。此种打印头的优点是功耗低，打印速度快。

（2）喷墨打印机。

喷墨打印机（如图 8—29 所示）按工作原理可分为固体喷墨和液体喷墨两种（现在后者更为常见），而液体喷墨方式又可分为气泡式（佳能和惠普）与液体压电式（爱普生）。气泡技术（bubble jet）是通过加热喷嘴，使墨水产生气泡，然后喷到打印介质上的。压电技术利用压电陶瓷，由晶体管施加电压使其产生变形，挤压液体产生高压而将液体喷出。

热感应式喷墨技术（thermal inkjet technology）利用一个薄膜电阻器，在墨水喷出区中将小于 0.5%的墨水加热，形成一个气泡。这个气泡以极快的速度（小于 10 微秒）扩展开来，迫使墨滴从喷嘴喷出。气泡继续成长数微秒后便消逝回到电阻器上。当气泡消逝后，喷嘴的墨水便缩回。接着表面张力会产生吸力，拉引新的墨水补充到墨水喷出区中。热感应式喷墨技术便是由这样一个整合的循环技术程序所架构出来的。而在压电式喷墨技术中，墨水是由一个和热感应式喷墨技术类似的喷嘴所喷出的，但是形成方式是借由缩小墨水喷出的区域来形成的，而喷出区域的大小是借由施加电压到喷出区内一个或多个压电板来控制的。由于墨水在高温下易发生化学变化，墨水

图 8—29　喷墨打印机

微粒的方向性与体积大小不好掌握，打印线条边缘容易参差不齐，在一定程度上影响了打印质量，这都是它的不足之处。微压电打印头技术是利用晶体加压时放电的特性，在常温状态下稳定地将墨水喷出。它有着对墨滴控制能力强的特点，容易实现 1 440dpi的高精度打印质量，且微压电喷墨时无须加热，墨水就不会因受热而发生化学变化，故大大降低了对墨水的要求。爱普生、佳能、惠普三家公司生产的液态喷墨打印机代表了市场的主流产品。

喷墨打印机在打印图像时，需要进行一系列的繁杂程序。当打印机喷头快速扫过打印纸时，它上面的无数喷嘴就会喷出无数的小墨滴，从而组成图像中的像素。打印机头上一般都有 48 个或 48 个以上的独立喷嘴喷出各种不同颜色的墨水。例如，Epson Stylus photo 1270 的 48 个喷嘴分别能喷出 5 种不同的颜色：蓝绿色、红紫色、黄色、浅蓝绿色和淡红紫色，另外还有喷出黑色墨水的 48 个喷嘴。一般来说，喷嘴越多，打印速度越快。不同颜色的墨滴落于同一点上，形成不同的复色。用显微镜可以观察到黄色和蓝紫色墨水同时喷射到的地方呈现绿色，所以，打印出的基础颜色是在喷墨覆盖层中形成的。通过观察简单的四颜色喷墨的工作方式，很容易理解打印机的工作原理：每一像素上都有 0～4 种墨滴覆盖于其上。不同的组合能产生 10 种以上的不同颜色。一些打印机还可通过颜色的组合，如“蓝绿色和黑色”或者“红紫色，黄色和黑色”的组合，产生 16 种不同的颜色。

（3）激光打印机。

激光打印机与影印机的打印过程基本相同。不同的是对于激光打印机而言，影像在打印动作发生之前就已经产生了。首先，计算机把需要打印的内容转换成计算机读得懂的代码，然后再把这些代码传送给打印机。这时，打印机语言再把这些代码破译成点阵的图样——这个破译过程是相当重要的。优秀的打印机语言所产生的点阵图样与显示器屏幕上的图样完全一致，这种一致性就是激光打印机一直追求的“所见即所得”（What You See Is What You Get）。破译后的点阵图样被送到激光发生器，激光发生器根据图样的内容迅速作出开与关的反应，把激光束投射到一个经过充电的旋转鼓上，鼓的表面凡是被激光照射到的地方电荷都被释放掉，而那些激光没有照到的地方却仍然带有电荷。

激光打印机一般分成六大系统：供电系统（power system）；直流控制系统（DC controller system)；接口系统（formatter system)；激光扫描系统（laser/scanner system)；成像系统（image formation system)；搓纸系统（pick-up/feed system)。下面将对这六大系统分别进行阐述。

1）供电系统。

供电系统作用于其他 5 个系统，根据需要，输入的交流电被调控为高压、低压、直流电。高压电一般作用于成像系统，许多型号的打印机都有单独的高压板，像 HP4、HP4V、方正文杰 280、Xerox P8E、Canon BX/BX2 等。但随着集成化的增强，很多打印机的高压板、电源板以及 DC 控制板被集成在一起，像 HP5L/6L、HP4L/4P、HP5P/6P、HP4000、HP5000 等。低压电主要用来驱动各个引擎马达，其电压根据需要而定，像 HP5L/6L 主要有 5V、12V 电压，而 HP5000 主要有 3.4V、5V、24V 电压。直流电主要用来驱动 DC 板上的各种型号的传感器、控制芯片以及 CPU 等。

2）直流控制系统。

直流控制系统主要用来协调和控制打印机的各系统之间的工作，从接口系统接收数据、驱动控制激光扫描单元、测试传感器、控制交直流电的分布、过压/欠流保护、节能模式、控制高压电的分布等。其电路构成比其他 5 个系统都复杂，涉及很多电路，如放大电路、反馈电路、整流电路等。

3）接口系统。

接口系统是打印机和计算机连接的桥梁，它负责把计算机传递过来的一定格式的数据翻译成 DC 板能处理的格式，并传递给 DC 板。接口系统的构成一般有三个部分：接口电路、CPU 、BIOS 电路。在接口电路里主要有一些负责产生稳压电流的芯片（为了保护和驱动其他芯片）。CPU 的主要任务是翻译接口电路传递过来的数据，控制信号以及传递给 DC 板翻译过的数据。有些型号的打印机的接口电路也做进 CPU，像 HP4L/4P。BIOS 电路这部分主要有打印机自身的一些配置，以及生产厂家的一些相关信息。但有的打印机接口系统并没有 BIOS 电路，一般不能打印自检测试页，如文杰 280、Epson 5700/5800 等。

4）激光扫描系统。

激光扫描系统的主要作用是产生激光束，在 OPC（感光鼓）表面曝光，形成映象。激光扫描系统主要有三个部分：多边形旋转马达、发光控制电路、透镜组。旋转马达主要通过高速旋转的多棱角镜面，把激光束通过透镜折射到 OPC 表面。发光控制电路主要是产生调控过的激光束，主要由激光控制电路和发光二极管组成。透镜组主要通过发散、聚合功能把光线折射到 OPC 表面。

5）成像系统。

成像系统的工作过程大体上分为两个过程：前期的准备工作和后期的定影成形工作。其整个工作过程大体分为 7 个步骤：

①充电：通过充电辊给 OPC 表面充上高压电。

②曝光：利用 OPC 表面的光导特性，使 OPC 表面曝光，形成一定形状不等位的电荷区。

③显影：碳粉颗粒在电场作用下吸附在 OPC 表面被曝光的区域。

④转印：当打印纸通过转印辊时，被带上与碳粉相反的电荷，使碳粉颗粒按一定的形状转印到纸上。

⑤分离：纸张从 OPC 和转印辊上分离出来。

⑥定影：已经印上字的打印纸上的碳粉颗粒需要熔化才能渗透到纸里。

⑦OPC 清洁：OPC 表面的碳粉并未完全转印到纸上，通过刮刀清理后可完成下一轮转印成像过程。

在其后的定影成形过程中，加热组件是个很重要的部件，它通过一定范围的高温将碳粉熔化。目前加热部件主要有两种形式：陶瓷加热和灯管加热。陶瓷加热的特点是加热速度快，预热时间短；缺点是易爆、易折。而灯管加热则相对稳定，缺点是预热时间较长。现在有很多打印机都采用双灯管加热，如 HP5SI、HP8100、HP4500 等。但不论哪能种形式的加热，其温控都是通过热敏元件感应温度变化时自动闭合完成的。

6）搓纸系统。

操作系统主要由进纸系统和出纸系统构成。现有的大部分机型都可扩充多个进纸单元，而出纸系统也是应打印介质的需要，设置成两个出纸口。打印纸在整个输纸路中的走动都有严格的时间范围，超出了这个时间范围，打印机就会报卡纸。而对具体位置的监控则是通过一系列的传感器监测完成的。目前激光打印机中的传感器大部分是由光敏二极管元件构成的。

各种型号的激光打印机在机型和具体到某个系统的设计方面可能不同，但是它们的工作原理基本相同，只不过某个局部的功能根据设计的需要得到了增强。

8.4.3　其他输入输出设备

1. 网卡

计算机与外界局域网的连接是通过在主机箱内插入一块网络接口板（或者是在笔

记本电脑中插入一块 PCMCIA 卡）实现的。网络接口板又称为通信适配器或网络适配器（network adapter）或网络接口卡 NIC（network interface card），简称为网卡。

网卡上面装有处理器和存储器（包括 RAM 和 ROM）。网卡和局域网之间的通信是通过电缆或双绞线以串行传输方式进行的。而网卡和计算机之间的通信则是通过计算机主板上的 I/O 总线以并行传输方式进行的。因此，网卡的一个重要功能就是要进行串行/并行转换。由于网络上的数据率和计算机总线上的数据率并不相同，因此在网卡中必须装有对数据进行缓存的存储芯片。

在安装网卡时必须将管理网卡的设备驱动程序安装在计算机的操作系统中。这个驱动程序以后就会告诉网卡，应当从存储器的什么位置将局域网传送过来的数据块存储下来。网卡还要能够实现以太网协议。

网卡并不是独立的自治单元，因为网卡本身不带电源，必须使用所插入的计算机的电源并受该计算机的控制，因此网卡可视为一个半自治的单元。当网卡收到一个有差错的帧时，它就将这个帧丢弃而不必通知它所插入的计算机。当网卡收到一个正确的帧时，它就使用中断来通知该计算机并交付给协议栈中的网络层。当计算机要发送一个 IP 数据包时，它就由协议栈向下交给网卡组装成帧后发送到局域网。图 8—30 是网卡的两个实例。

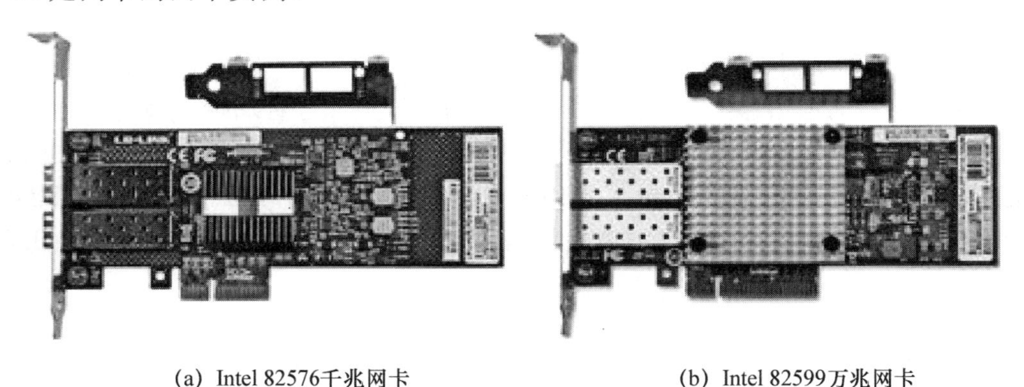

(a) Intel 82576千兆网卡　　(b) Intel 82599万兆网卡

图 8—30　网卡

随着集成度的不断提高，网卡上芯片的个数不断减少，虽然各个厂家生产的网卡种类繁多，但其功能大同小异。

2. 无线网卡

所谓无线网络，就是利用无线电波作为信息传输的媒介构成的无线局域网（WLAN）。无线网络与有线网络的用途十分类似，最大的不同在于传输媒介的不同，利用无线电技术取代网线，可以与有线网络互为备份。

无线网卡是终端无线网络的设备，是无线局域网的无线覆盖下通过无线连接网络进行上网使用的无线终端设备。具体来说，无线网卡就是使你的电脑可以利用无线来上网的一个装置，但是即使有了无线网卡，也还需要一个可以连接的无线网络。如果你在家里或者所在地有无线路由器或者无线 AP（access point，接入点）的覆盖，就可以通过无线网卡以无线的方式连接无线网络来上网。

无线网卡的工作原理是微波射频技术，笔记本有 WIFI、GPRS、CDMA 等几种无线数据传输模式来上网，后两者由中国移动和中国电信（中国联通将 CDMA 售予中国电信）来实现，对于前者电信或网通有所参与，但大多主要是自己拥有接入互联网的 WIFI 基站（其实就是 WIFI 路由器等）和笔记本用的 WIFI 网卡。基本概念是差不多的，就是通过无线形式进行数据传输。无线上网遵循 802.1q 标准，通过无线传输，由无线接入点发出信号，用无线网卡接收和发送数据。图 8—31 是无线网卡的实例。

按照 IEEE 802.11 协议，无线局域网卡分为媒体访问控制（MAC）层和物理（PHY）层。在两者之间，还定义了一个媒体访问控制—物理（MAC-PHY）子层（sublayers）。MAC 层提供主机与 PHY 层之间的接口并管理外部存储器，它与无线网卡硬件的 NIC 单元相对应。

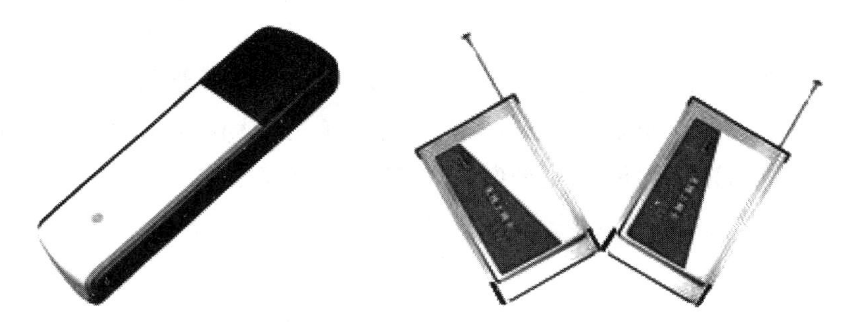

图 8—31　无线网卡

PHY 层具体实现无线电信号的接收与发射，它与无线网卡硬件中的扩频通信机相对应。PHY 层提供空闲信道估计 CCA 信息给 MAC 层，以便决定是否可以发送信号，通过 MAC 层的控制来实现无线网络的 CCSMA/CA 协议，而 MAC-PHY 子层主要实现数据的打包与拆包，把必要的控制信息放在数据包的前面。

IEEE 802.11 协议指出，PHY 层必须至少有一种提供空闲信道估计 CCA 信号的方法。无线网卡的工作原理如下：当物理层接收到信号并确认无错后提交给 MAC-PHY 子层，经过拆包后把数据上交 MAC 层，然后判断是否为发给本网卡的数据，若是，则上交，否则丢弃。

如果 PHY 层接收到的发给本网卡的信号有错，则需要通知发送端重发此包信息。当网卡有数据需要发送时，首先要判断信道是否空闲。若空，随机退避一段时间后发送；否则，暂不发送。由于网卡以时分双工方式工作，所以，发送时不能接收，接收时不能发送。

第八章习题

1. 从以下供选择的答案中，选择出正确答案，分别填入＿＿＿中。

（1）计算机系统中的输入输出接口是＿A＿之间的交界面。主机一侧通常是标准的＿B＿。一般这个接口就是各种＿C＿。

供选择的答案：

A：①存储器与 CPU；②主机与外围设备；③存储器与外围设备。

B：①内部总线；②外部总线；③系统总线。

C：①设备控制器；②总线适配器。

（2）中断处理过程中保护现场的工作就是＿A＿的。保护现场中最基本的工作是保存断点和当前状态，其他工作就是保存当前寄存器的内容等。后者与具体的中断处理有关，常在＿B＿用＿C＿实现，前者常在＿D＿用＿E＿实现。设 CPU 中有 16 个通用寄存器，某中断处理程序运行时仅用到其中的 2 个，则进入该处理程序前要把这＿F＿个寄存器内容保存到内存中去。若某机器在响应中断时，由硬件将 PC 保存到主存 00001 单元中，而该机允许多重中断，则进入中断程序后，＿G＿将此单元的内容转存到其他单元中。

供选择的答案：

A：①必需的；②可有可无。

B，D：①中断发生前；②响应中断前；③具体中断服务程序执行时；④响应中断时。

C，E：①硬件；②软件。

F：①16；②2。

G：①不必；②必须。

（3）设置中断触发器保存外设提出的中断请求，是因为＿A＿和＿B＿。后者也是中断分级、中断排队、中断屏蔽、中断禁止与允许、多重中断等概念提出的缘由。

供选择的答案：

A，B：①中断不需要立即处理；②中断设备与 CPU 不同步；③CPU 无法对发生的中断请求立即进行处理；④可能有多个中断同时发生。

2. 简述中断处理过程。指出其中哪些工作是由硬件实现的，哪些是由软件实现的。

3. 中断屏蔽的作用是什么？计算机中有一些故障或者事件是不允许屏蔽的，掉电中断允许屏蔽吗？

4. 假定某外设向 CPU 传送信息，最高频率为 40K 次/秒，而相应的中断处理程序的执行时间为 $40\mu s$，问该外设是否可采用中断方式工作？为什么？

5. 选择填空。

在 DMA 的三种工作方式中，传送同样多的数据，CPU 暂停方式速度__A__。采用程序中断方式传送数据时，需暂时中止正在执行的 CPU 程序；而采用 DMA 方式传送数据时，__B__暂时中止正在执行的 CPU 程序。

供选择的答案：

A：①最快；②最慢。

B：①也需要；②不需要。

参考文献

1. ［美］John L. Hennessy，David A. Patterson 著，白跃彬译. 计算机系统结构——量化研究方法（第四版）. 北京：电子工业出版社，2007

2. ［美］David A. Patterson，John L. Hennessy 著，郑伟民等译. 计算机组成与设计——硬件/软件接口（第三版）. 北京：机械工业出版社，2007

3. ［美］Randal E. Bryant，David R. O'Hallaron 著，龚奕利，雷迎春译. 深入理解计算机系统. 北京：机械工业出版社，2010

4. ［美］W. 斯托林斯著，张昆藏等译. 计算机组织与体系结构——性能设计（第七版）. 北京：清华大学出版社，2006

5. ［美］拉贝艾等著，周润德等译. 数字集成电路——电路、系统与设计（第 2 版）. 北京：电子工业出版社，2010

6. ［美］John P. Hayes 著. 计算机组成与结构（第 3 版）（英文版）. 北京：清华大学出版社，2001

7. 王爱英主编. 计算机组成与结构（第 5 版）. 北京：清华大学出版社，2013

8. 白中英，戴志涛主编. 计算机组成原理（第五版）. 北京：科学出版社，2013

9. 唐朔飞编著. 计算机组成原理（第 2 版）. 北京：高等教育出版社，2013

10. 蒋本珊编著. 计算机组成原理（第 2 版）. 北京：清华大学出版社，2008

11. 王诚主编. 计算机组成原理（第 3 版）. 北京：清华大学出版社，2004

12. 张钧良，林雪明主编. 计算机组成原理（第 2 版）. 北京：电子工业出版社，2004

13. 李伯成，顾新编著. 计算机组成与设计. 北京：清华大学出版社，2011

14. 李文兵主编. 计算机组成原理（第 4 版）. 北京：清华大学出版社，2011

15. 王诚，宋佳兴编著. 计算机组成与体系结构（第 2 版）. 北京：清华大学出版社，2011

16. 袁春风编著. 计算机体系基础. 北京：机械工业出版社，2014

17. 朱正伟等编著. 数字电路逻辑设计（第 2 版）. 北京：清华大学出版社，2011

18. 纪禄平，刘辉，罗克露等编著. 计算机组成原理（第 3 版）. 北京：电子工业出版社，2014

19. 黄颖，王进，尚凤军等编著. 计算机组成原理. 北京：清华大学出版社，2013

20. 维基百科，http://en.wikipedia.org/wiki/Main_Page

21. 百度百科，http://baike.baidu.com

22. B. C. Lee, E. Ipek, O. Mutlu, and D. Burger, "Architecting phase-change memory as a scalable DRAM alternative", ACM SIGARCH Computer Architecture News, 37 (3): 2-13, 2009.

23. Y. Huai, "Spin-transfer torque MRAM (STT-MRAM): Challenges and prospects", AAPPS Bulletin, 18 (6): 33-40, Dec. 2008.

24. J. Chen, Q. Wei, C. Chen, and L. Wu, "FSMAC: A file system metadata accelerator with non-volatile memory", Proceedings of the IEEE 29th Symposium on Mass Storage Systems and Technologies (MSST'13), 2013.

25. A. Leventhal, "Flash Storage Memory", *Communications of ACM*, vol. 51, no. 7, pp. 47-51, Jul. 2008.

26. J. P. Eckert, The ENIAC, 1944. in N. Metropolis, et al. (Ed.), *History of Computing in the Twentieth Century*, Academic Press, 1980.

27. M. V. Wilkes, "Computers Then and Now, 1967 Turing Award Lecture", *Journal of the ACM*, Vol. 15, No. 1, pp. 1-7, Jan. 1968.

28. J. P. Eckert, "Thoughts on History of Computing", *Computer*, Vol. 9, No. 12, pp. 58-65, Dec. 1976.

29. N. Metropolis, et al. (Ed.), *History of Computing in the Twentieth Century*, Academic Press, 1980.

图书在版编目（CIP）数据

计算机组成原理/杨楠，付虹蛟，柴云鹏编著. —北京：中国人民大学出版社，2015.7
教育部面向21世纪信息管理与信息系统系列教材
ISBN 978-7-300-21192-3

Ⅰ.①计… Ⅱ.①杨…②付…③柴… Ⅲ.①计算机组成原理-高等学校-教材 Ⅳ.①TP301

中国版本图书馆CIP数据核字（2015）第088517号

教育部面向21世纪信息管理与信息系统系列教材
计算机组成原理
杨　楠　付虹蛟　柴云鹏　编著
Jisuanji Zucheng Yuanli

出版发行	中国人民大学出版社		
社　　址	北京中关村大街31号	**邮政编码**	100080
电　　话	010－62511242（总编室）		010－62511770（质管部）
	010－82501766（邮购部）		010－62514148（门市部）
	010－62515195（发行公司）		010－62515275（盗版举报）
网　　址	http://www.crup.com.cn		
	http://www.ttrnet.com（人大教研网）		
经　　销	新华书店		
印　　刷	北京宏伟双华印刷有限公司		
规　　格	185 mm×260 mm　16开本	**版　　次**	2015年7月第1版
印　　张	19.5插页1	**印　　次**	2015年7月第1次印刷
字　　数	446 000	**定　　价**	38.00元